TÚ HAS ESCRITO ESTE LIBRO

DAVID DEL ROSARIO

TÚ HAS ESCRITO ESTE LIBRO

Neurociencia aplicada al día a día para tu bienestar

Autoconocimiento

DIANA

Obra editada en colaboración con Editorial Planeta – España

Maquetación: Toni Clapés

Bajo el sello editorial DIANA M.R.
Avenida Presidente Masarik núm. 111,
Piso 2, Polanco V Sección, Miguel Hidalgo
C.P. 11560, Ciudad de México
www.planetadelibros.com.mx

Primera edición impresa en España: febrero de 2024
ISBN: 978-84-1119-085-5

Primera edición impresa en México: noviembre de 2024
ISBN: 978-607-39-2014-8

Impreso en los talleres de Corporación en Servicios
Integrales de Asesoría Profesional, S.A. de C.V.,
Calle E #6, Parque Industrial
Puebla 2000, C.P. 72225, Puebla, Pue.
Impreso en México – *Printed in Mexico*

Al bloque rojo por traerme a Aïda.
A Aïda por traerme a Aleu.

ÍNDICE

INTRODUCCIÓN

Lo digo en serio. Siempre estamos equivocados en un 99.5 %.

Ha pasado mucho tiempo desde que la neurociencia me enseñó que solo un 0.5 % de la información que nos rodea alcanza la consciencia humana.[1] Y es que, hoy por hoy, el cuerpo humano no dispone de rayos X para detectar objetos peligrosos en el equipaje de mano, sentidos para escuchar el chismecito bioquímico que se traen nuestros huesos[2] o sensores para captar el «Sí quiero» infrasónico de dos elefantes. Pero, como diría Alaska, «¿a quién le importa?» Basándonos en ese 0.5 % de información que algunos llaman «realidad», yo decido si tú me caes bien o mal, si estudiar peluquería o iniciar una guerra. Loco, ¿no? Así fue como descubrí que no vine al mundo a intentar cambiarlo. Vine a asumir mi ignorancia. Y a investigarla.

La ciencia, con sus cacharros y estadísticas, o la espiritualidad, con su mirada compasiva y conexión con el instante presente, nos permiten acceder a espacios de ese 99.5 % de información que no vemos, ayudándonos no solo a tomar mejores decisiones, sino también a aprender a comportarnos de manera coherente con la forma de funcionar de nuestra mente, de nuestro cerebro y de la vida. Más que un libro, tienes entre tus manos un cuaderno de laboratorio. Un ir y venir a los confines de la costumbre humana. Un agujero de gusano hacia un universo de infinitas posibilidades.

Durante este viaje por el universo de las posibilidades, cinco lecciones de anatomía comparada harán que las emociones dejen de ser algo primitivo y carente de inteligencia. En consecuencia, el pensamiento pasará de ser el ombligo de nuestro mundo a convertirse en una herramienta de autodescubrimiento. Con la bata de investigadores sobre los hombros, un experimento revelará la estrecha relación entre las cosas que pensamos y las cosas que sentimos. Acompañados de otros investigadores como nosotros, surcaremos los hemisferios cerebrales, aprenderemos que aquello llamado «mundo» es más bien un conjunto de recipientes vacíos que cada cerebro riega de significado personal, iremos de gira con Lady GABA, aprenderemos a sentir, a lidiar con el pensamiento inútil y a abandonar, de una vez por todas, una mentalidad superviviente.

Es oficial: la razón ha fracasado en su empeño por hacernos felices. Si de verdad quieres conocerte, te propongo algo: deja de intentar cambiarte.

David del Rosario

Capítulo 1

CEREBROS SUSPENDIDOS EN FORMOL AL 10%

Año 2067. Paulo Coelho continúa imparable su producción literaria. El modelo estándar de la física se tambalea. La humanidad sufre una extraña amnesia colectiva que nos impide recordar los conceptos «pensamiento» y «emoción» a lo Jack Malik en *Yesterday*, donde, tras un accidente, solo el protagonista recuerda a los músicos más influyentes de la historia del pop. Las palabras «pensamiento» y «emoción» son borradas de cualquier diccionario, revista de espectáculos o publicación científica. El cerebrito de Platón nunca vio en el pensar y el sentir dos fuerzas opuestas. [1] ¿Seríamos capaces de encontrar en el laboratorio dos fenómenos cognitivos separados llamados «pensamiento» y «emoción» atendiendo únicamente a los datos registrados por escáneres cerebrales o tecnologías actuales? La respuesta, por extraña que parezca, es... ¡NO![2]

Desde tiempos inmemoriales, las emociones han rebasado la razón.[3] La metáfora del amo y el esclavo —esa idea de que la razón debe mantener a raya las emociones si queremos que el mundo no sea un auténtico desastre— tal vez sea un resumen rudo de la historia de las emociones,[4] quién iba a negarlo, pero resulta muy útil para hacernos una idea sin morir en el intento. La tendencia a esconder lo que sentimos tras una actitud racional es una forma de machismo afectivo tan presente en nuestras vidas que domesticar las emociones con el látigo del pensamiento es algo automático, como vestir de azul a los niños y de rosa a las niñas. Salvo contadas excepciones —Aristóteles, Spinoza, Hume, Jean-Paul Sartre o Bob Esponja—, las personas comunes y corrientes que cerramos la bolsa de papas fritas con pinzas para la ropa o sobornamos a nuestros hijos para que dejen los dientes de leche bajo la almohada, vemos la emoción negativa como una amenaza carente de inteligencia, primitiva y mucho menos confiable que la razón.[5] Nada más lejos de la realidad. Como estamos a punto de descubrir.

¡Tres cerebros! *What the f#ck?!*

Año 1890. Clément Ader prepara su primer vuelo —un salto destartalado que apenas alcanzará los cincuenta metros—, el botiquín no conoce la Aspirina y Christofredo Jakob acaba de graduarse en Medicina. Las estanterías de la universidad donde trabaja exhiben diferentes tipos de preparados, algunas tinciones, microscopios y dos o tres cerebros nuevos al año suspendidos en formol al 10 %. Su pasión por revelar los secretos anatómicos del cerebro humano se ve truncada por la falta de órganos. Es un problema serio. Cuando el Gobierno argentino contacte con el neurocientífico para liderar el laboratorio de la Clínica Psiquiátrica y Neurológica de las Mercedes en Buenos Aires no podrá negarse. Trescientos cerebros. Trescientos cerebros al año. Trescientos cerebros suspendidos en formol al 10 %. La historia cuenta con voz de vieja que, quizá nublado de emoción, Christofredo Jakob zarpó de su Alemania natal a la capital argentina con un diccionario alemán-portugués bajo el brazo. Como muchas de sus expectativas, de poco serviría.

El motivo de que Christofredo Jakob nos acompañe en esta aventura de conocernos son sus pininos en el campo de la anatomía comparada. Relacionando el sistema nervioso de peces, reptiles y mamíferos, el neurocientífico dividió por primera vez el cerebro humano en tres jerarquías evolutivas cuyas funciones sustentan los instintos, las emociones y la razón.[6] Sus ideas dieron el disparo de salida para una carrera de relevos que cambiaría por completo la forma de entender el cerebro humano.

El neurólogo norteamericano James Papez toma la estafeta veintiséis años más tarde. Ampliando las ideas de Jakob, describe cómo la versión electroquímica de una ruptura sentimental llega al tálamo —el recepcionista del cerebro— y viaja por dos vías: el «circuito del pensamiento» con destino al neocórtex y el «circuito del sentimiento» hacia el hipotálamo.[7] James Papez, tal vez receloso de Broca y su área del lenguaje —con quien tomaremos un café más pronto que tarde—, auguró un tejido neuronal exclusivo para las emociones, idea que fue recibida con los brazos abiertos por la comunidad científica. Tanto es así que el circuito de Papez cuenta en la actualidad con un espacio reservado en los libros de neurociencia, en la mente del vendedor de enciclopedias o en la de la odontóloga.

La carrera final hacia la teoría de los tres cerebros es cosa de Paul MacLean. El neurocientífico tomará prestadas las jerarquías evolutivas de Christofredo Jakob y el área emocional de Papez para dar origen al sistema límbico moderno. De acuerdo con las investigaciones de Paul MacLean, la evolución ideó una arquitectura neuronal en forma de matrioska donde el cerebro reptiliano —la muñeca pequeña— domina los instintos sexuales y las disputas territoriales, el sistema límbico —la muñeca intermedia— es la sede de las emociones desde el Pleistoceno, y el tercer cerebro o neocórtex —la matrioska exterior— sería como el anillo único: un cerebro para dominarlos a todos.[8]

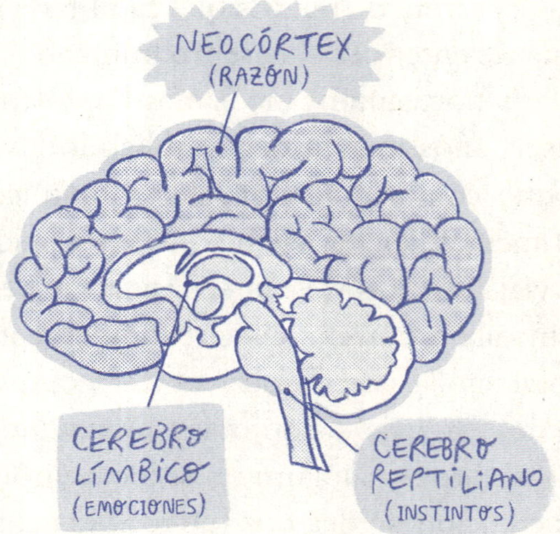

Te presento al cerebro reptiliano —ganglios basales, tallo cerebral y cerebelo—, el cual permanece intacto desde hace miles de años. Es instintivo, primitivo y automático. El miedo es su consentido. Mientras el cerebro emocional y sus secuaces —tálamo, hipotálamo, hipocampo, septo, corteza cingulada, ínsula y amígdala— controlan las pasiones, las emociones y las motivaciones, el cerebro racional o neocórtex dirige las funciones mentales superiores como el pensamiento, la planificación o la inteligencia.[9] La metáfora del amo y el esclavo encontró cobijo en la teoría del cerebro triuno de Paul MacLean.

El modelo de «los tres cerebros» ha sido aceptado en todo Occidente. La idea de que la razón debe poner firmes a don instintos y a doña emociones se ha paseado desde la clínica hasta los tribunales;[10] visitando ramas de la psicología popular, como la inteligencia emocional,[11] el mundo del desarrollo personal, el *coaching* o el neuromarketing.[12] Aunque la neurociencia contemporánea ha dado la espalda a las ideas de Jakob, Papez y MacLean[13] como veremos a continuación, muchas personas seguimos tratando de controlar nuestras emociones con la vara del pensamiento, argumentando que la vida sería un auténtico desastre sin su supervisión. *What the f#ck?!* ¡Como si no lo fuera ya! Como si no existieran el hambre, las hipotecas, el Prozac, el *reggaeton* o el cambio climático.

Mira a tu alrededor. Vivimos en un mundo de locos. Un mundo donde aquel que siente o expresa sus emociones en voz alta es un animal o un chiflado. ¿Cuántos años llevamos tratando de librarnos de las emociones negativas a golpes de pensamiento? ¡¿Cientos?! ¡¿Miles?! ¡Y siguen ahí! Por más que dejamos la carta de renuncia en el escritorio de nuestra jefa para acabar con la desmotivación, por más que aplicamos a un trabajo con la esperanza de calmar la inseguridad ocasionada por un futuro incierto o abrimos una cuenta de Tinder para desterrar la soledad; la desmotivación, la inseguridad y la soledad siguen ahí. Al acecho. Escondidas a la vuelta de cualquier esquina. Entretanto, el pensamiento continúa con lo suyo, prometiendo sensaciones placenteras cuando empiece ese nuevo proyecto o termine aquel otro; cuando deje a esa persona o encuentre a esa otra; cuando cumpla este sueño o renuncie a aquel otro. Con cada promesa dejamos de sentir. Solo cuando la gota derrama el vaso y algo dentro de nosotros dice «¡Basta!» nos abrimos a sentir. Perdóname. Pero eso no es sentir. Es explotar. Este libro pretendía ser la breve historia de por qué la razón fracasó en su empeño por hacernos felices, pero terminará siendo una guía detallada para la prevención del *bullying* emocional.

El cerebro reptiliano y *Tomates verdes fritos*

Volvamos a la idea del cerebro triuno. Según Paul MacLean y el instructor del curso «Vas a vender hasta los calzones», en el interior del cráneo del espectador de infomerciales descansa el cerebro de un reptil. Dueño y señor de los instintos más primitivos, esta porción del cerebro humano ha jugado —supuestamente— a las escondidas con la evolución durante millones de años. Ahora bien: aunque estudios comparativos clásicos apunten a un *bauplan* —en cristiano, un plan anatómico común para todos los vertebrados—,[14] insinuar que existen porciones cerebrales ajenas a la evolución es jugar a la ruleta rusa.

Una cosa es cierta. El cerebro reptiliano humano —los tres mosqueteros: ganglios basales, tallo cerebral y cerebelo— comparados con los sesos de un reptil guardan cierto parecido. (Al menos a simple vista). Pero si Christofredo Jakob se levantara de la tumba, mirara los ganglios basales de un lagarto en un dispositivo de resonancia magnética de última generación mientras observa sus células a la luz de un potente microscopio, llegaría a otras conclusiones: su morfología, conectoma —una especie de mapa de carreteras neuronales— y su tipología celular son muy diferentes a las del cerebro humano.[15] ¡Y lo que es peor! Estas diferencias se mantienen a lo largo y ancho del reino animal, tanto si hablamos de anfibios, de aves o de otros mamíferos.[16] Primera lección de anatomía comparada: usar el mismo nombre para referirnos a una porción del cerebro de diferentes especies no implica que sean almas gemelas.

Pero la gota todavía no derrama el vaso. Para colmo, existen reptiles con funciones y habilidades cognitivas alucinantes. Un cerebro de lagarto ofrece a sus huéspedes una personalidad única que va desde niveles exclusivos de agresividad hasta una inteligencia genuina a la hora de enfrentarse a nuevos retos.[17] Son capaces de resolver acertijos, de aprender a girar un tubo con sus garras para merendarse un suculento ratoncito o, si la ocasión lo requiere, hacer uso consciente de la gravedad.[18] Entre las habilidades más fascinantes del cerebro reptil encontramos una curva de aprendizaje de vértigo, una facilidad sobrehumana para soltar viejos patrones de comportamiento —aun cuando no hay alimento de por medio—,[19] e inesperadas habilidades para la contabilidad.[20] ¡Y todo sin hipocampo! ¡Sin el área humana del aprendizaje, la memoria o la navegación espacial![21] En su lugar, el cerebro reptil utiliza la corteza medial, la cual, para envidia de muchos, es capaz de autorregenerarse tras ser destruida químicamente en el laboratorio.[22] (*Homo sapiens…* ¡Toma eso!).

Y aún hay más. Si bien la observación clásica no encontró patrones sociales —los reptiles son bastante tímidos e interactúan con menos frecuencia si se les observa—,[23] colocando rastreadores satélite en el lomo de una comunidad de lagartos en Australia del sur[24] revelaremos su agitada vida social. Se buscan, coquetean, socializan, planifican emboscadas, cazan en grupo. Incluso, a veces, los reptiles evitan a propósito al insoportable del vecino —ese que te detiene en la puerta cuando vas cargando las bolsas del mandado— y viven romances del tipo *Tomates verdes fritos.*[25] ¡La tasa de divorcio reptil es envidiable! Teniendo en cuenta su esperanza de vida, menos del 34 % de los lagartos australianos firman los papeles del divorcio a los 15.7 años humanos de relación —una cifra equiparable a la duración promedio de los matrimonios en España según el Instituto Nacional de Estadística—[26] y se han registrado amoríos lagartos de toda una vida.[27]

El misterio de los náufragos de Ka'ū

La siguiente lección de anatomía comparada nos lleva a las costas de Cabo Cañaveral, en Florida. Ajenas a las operaciones espaciales de la NASA y Elon Musk, una manada de tortugas bobas está lista para su próxima misión: volver a casa. Un acontecimiento prodigioso que, como tantos, carece de cobertura mediática.

El fondo del mar es un reino turbio y sin puntos de referencia visuales, donde la dispersión de la luz nos impide guiarnos por el sol o las estrellas.[28] El buzo más experimentado del mundo es un trozo de carne a merced de las corrientes oceánicas sin su GPS. En cambio, la tortuga boba —un auténtico cerebro reptiliano experto— es capaz de orientarse en las profundidades marinas y navegar desde las islas Azores portuguesas hasta el cabo Cañaveral, para, posteriormente, regresar al punto de partida como si nada.[29] Y todo con una precisión asombrosa. ¡Piénsalo! Si Paul MacLean estuviera en lo cierto y las personas tuviéramos un cerebro reptil impasible frente al paso del tiempo…, ¡¿no deberíamos los seres humanos orientarnos en el mar con nuestro primer cerebro reptiliano igual que la tortuga boba?! ¿O acaso estamos frente a una causalidad —la tortuga es arrastrada por corrientes oceánicas como botella mensajera— y no ante una función cerebral exclusiva?

Un boleto de avión de último minuto a Hawaii nos sacará de dudas. Según una antigua tradición, en las costas de Ka'ū, tras un naufragio, los familiares buscan a seres queridos en una playa u otra dependiendo del estatus social. No estamos frente a una superstición. ¡Es física en estado puro! Brilla el sol. La temperatura y la salinidad del agua se elevan repercutiendo en la densidad del mar, un desequilibrio que da vida a las corrientes oceánicas. Revelar el misterio de los náufragos de Ka'ū es reparar en que el peso de un objeto determina la dirección de arrastre de los cuerpos suspendidos en el agua. En consecuencia, los cadáveres rechonchos de la alta sociedad acaban varados en la orilla de *Ka-Milo-Pae-Ali'i* al tiempo que los escuálidos cuerpos de quienes no llegan a fin de mes terminan en la playa de *Ka-Milo-Pae-Kanaka.*[30] Recapitulando. Si las tortugas se dejan arrastrar sin más por la corriente, sus caparazones se repartirían por mares y océanos en función del peso al igual que con los náufragos hawaianos y no ocurre así. El motivo es que el cerebro reptiliano de la tortuga boba utiliza el campo magnético de la Tierra para orientarse y rectificar su rumbo.[31] Al parecer, el cerebro reptil ofrece a sus huéspedes funciones cognitivas inexistentes en la raza humana. (Segunda lección de anatomía comparada).

Seamos minuciosos. La navegación magnética tampoco es exclusiva del cerebro de la tortuga boba. Es una habilidad presente en peces como el salmón[32] y el tiburón,[33] en crustáceos[34] o moluscos.[35] Sin ir más lejos, la babosa marina *ochui naranja gigante* es capaz de orientarse en el océano utilizando únicamente seis de sus siete mil neuronas.[36] Gracias a las señoritas LPd5, RPd5, LPd6, RPd6, LPd7 y RPd7, el molusco es capaz de traducir el campo magnético de la Tierra a un lenguaje electroquímico que su sistema nervioso es capaz de entender influyendo así en la dirección de desplazamiento.[37] ¡Aquí está! ¡Aquí está! Lección de anatomía comparada número tres: distintas especies —moluscos, peces o reptiles— pueden desarrollar las mismas funciones cognitivas —navegación magnética— mediante diferentes estrategias neuronales. ¿No es alucinante?

La *New York Fashion Week* de la evolución

Tortugas que surcan el océano con un cerebro reptiliano. Babosas primitivas que nos dan una paliza en orientación acuática. Lagartos con identidad propia que socializan sin neocórtex o regeneran sus neuronas bajo la perpleja mirada de microscopios humanos. ¡Esto es una broma! Parece que el enredo de la evolución nunca fue la *New York Fashion Week* donde, en lugar de raquíticos modelos, desfilan por la pasarela peces, anfibios, reptiles, aves, mamíferos y humanos en una secuencia ordenada de menor a mayor grado de evolución. Es el momento de ahuyentar el mito con el matamoscas de la ciencia.

Todos los seres vivos actuales, absolutamente todos, tenemos pegado en el refrigerador un calendario evolutivo igual de largo: la babosa de mar. Mi gato Tofu. Michelle Obama. Jesulín de Ubrique. Todos somos LUCA, el último antepasado común universal—[38] manifestándose de diferente forma. Las desigualdades entre especies no son necesariamente mejorías, sino, más bien, formas singulares de adaptación.[39] Lo que significa que no existen formas de vida más primitivas, inferiores, superiores o avanzadas que otras,[40] tan solo existen diferentes formas de transitar el Árbol de la vida. Por esta razón, el cerebelo —tradicionalmente vinculado al movimiento—[41] o el tronco encefálico —asociado a la respiración—[42] no se limitan en exclusiva a funciones primitivas. Al espiar al cerebro humano por la mirilla de la neuroimagen, veremos a este batallón de células perteneciente al cerebro primitivo de caballería entrar en la pista de baile cuando se nos cae la lagrimilla recordando el final de *Forrest Gump* —tarea afectiva—,[43] a la hora de decidir si tomamos el paraguas tras echar un ojo al cielo —planificación y toma de decisiones—,[44] o al pensar en una palabra[45] o buscar un sinónimo en nuestra mente[46] —tarea lingüística—.[47] La expansión del cerebelo a lo largo del proceso evolutivo es tan evidente[48] que algunos investigadores lo llamaron «neocerebelo».[49]

El paciente RH-1951

Dejemos atrás el cerebro reptil. La noche es un puñado de estrellas sobre tonos grises y azulados. En la llanura de la neurociencia, acampados en el sistema límbico de James Papez, encenderemos la fogata de las emociones para contar la historia del paciente RH-1951.

Roger era un tipo normal. Con una infancia de actividades deportivas y calificaciones promedio, nunca supo si le gustaba más el beisbol o el futbol. En cualquier caso, la secundaria dio paso a la universidad y poco después se graduó en Administración de Empresas. El amor llega sin avisar durante un trabajo de verano en el Parque Nacional de Yellowstone. Por primera vez sueña con formar una familia. Si bien el verano pone fin al romance, Roger sienta cabeza tras comenzar a trabajar de gerente en una inmobiliaria. Comienzan los dolores de cabeza. Las náuseas. La fiebre alta. Tiene veintiocho años. Daniel Goleman no ha popularizado todavía el cerebro triuno en su bestseller *La inteligencia emocional*[50] cuando, en urgencias del hospital, el doctor de guardia rubrica en el informe: «Encefalitis por virus del herpes simple tipo I en tratamiento con Vidarabina». Los antivirales de los ochenta no pueden evitar la catástrofe. Roger entra en coma. El herpes primero inflama y luego destruye su sistema límbico.[51] De la noche a la mañana, Roger se convierte en el paciente HR-1951.

Nueve días después se despierta desorientado. Amnésico. Sin gusto. Sin olfato. En la exploración neuropsicológica su cociente intelectual, nivel de atención, habla, lenguaje, sistema ejecutivo y memoria son normales.[52] El paciente HR-1951 reconoce expresiones faciales de miedo o disgusto aun con la amígdala hecha trizas[53] y es capaz de experimentar en toda regla emociones de ira o felicidad sin sistema límbico.[54] ¡Desconcertante! Perturbador al descubrir que, el de Roger, no es un caso aislado.[55]

Por más que continúa en boca de todos,[56] su esencia está cambiando. Hoy por hoy, el sistema límbico no es imprescindible para las emociones y participa en diversos menesteres que van desde el procesamiento de señales corporales[57] o la memoria[58] hasta la sexualidad masculina[59] y femenina,[60] pasando por el movimiento,[61] la empatía,[62] la conciencia de uno mismo[63] o los pensamientos.[64] Tan es así que algunos investigadores han pedido públicamente su cabeza alentando a la comunidad científica a abandonar el concepto de sistema límbico a falta de base empírica.[65] La polémica está servida.[66]

Entretanto, una gigantesca red de neuronas conocida como red interoceptiva se ilumina como un árbol de Navidad cuando nos despedimos de un ser querido en el aeropuerto o vemos un anuncio llamativo,[67] involucrando tanto al cerebro reptiliano —cerebelo— como al límbico

—corteza cingulada, ínsula, amígdala, tálamo, hipotálamo e hipocampo— y neocórtex —corteza prefrontal medial, motora suplementaria o área de Broca entre otros—,[68] mientras en el laboratorio los estimuladores magnéticos transcraneales —una especie de cable enrollado capaz de inducir corrientes eléctricas en un conjunto de neuronas—[69] hacen desaparecer las emociones a lo David Copperfield tras anestesiar tramos de esta red interoceptiva.[70] El paciente RH-1951 nos sirve en bandeja la cuarta lección de anatomía comparada: hace falta más que un sistema límbico para emocionarnos.

La miopía del neocórtex

Vivir en ciudades. Pagar una comisión por mantener tu cuenta en el banco. Enviar cohetes a la Luna. Invertir en criptomonedas. Solicitar el permiso de obra en el ayuntamiento. Sumar un millón de seguidores en Instagram. Conducir un Tesla. La humanidad aparenta estar a años luz de cualquier otra forma de vida sobre la Tierra. ¿Acaso viste a un puercoespín protagonizar *Pasión de gavilanes* o a una oveja aplaudir al aterrizar un Boeing 737 de Ryanair? Conquistamos nuevos horizontes día tras día, desentrañando los misterios del universo cuando el resto de los animales continúan en la Edad de Piedra. ¡¿Se puede saber qué nos hace tan especiales?! El cerebro humano lo tiene claro. Aquello que nos hace *supercalifragilisticosespialidosos* es… tambores por favor… ¡¡¡el cerebro humano!!! «Es el órgano más maravilloso, complejo y misterioso», escribe el cerebro de

May-Britt Moser —premio Nobel de Medicina— al abrir un prólogo.[71] «Es la estructura más compleja y enigmática en el universo con más neuronas que estrellas existentes en la galaxia», afirma el cerebro del neurólogo Facundo Manes durante una entrevista.[72] Si de algo podemos estar seguros es de una cosa: el cerebro humano no tiene abuela.

Solemos atribuir el ingenio de nuestra especie a la corteza cerebral o neocórtex.[73] Aunque esta gorra de baño de unos tres milímetros que todos llevamos puesta desempeña un papel primordial en las funciones cerebrales superiores,[74] suponer que la supremacía humana es algo exclusivo de una porción de cerebro es meterse en camisa de once varas. Inicialmente pensamos que sus pliegues eran la fuente de nuestros superpoderes, pero al expresar el gen ARHGAP11B en embriones de primates de cerebro liso y plegar su corteza como si fuera un tutú,[75] no vimos a los mamíferos pagar la renta o cantar *I Will Always Love You* a todo pulmón durante su baño matutino.[76] Además, el cerebro reptiliano también está plegado. Si estiramos la corteza cerebelosa con un *software* informático como si fuera envoltura de dulce, obtenemos una superficie equivalente al 78 % de la superficie total de un neocórtex humano promedio,[77] por lo que tampoco parece un asunto de tamaño. Sea como sea, el neocórtex en solitario no ha podido explicar por qué somos tan inteligentes.[78] A estas alturas nadie se sorprenderá si los dispositivos de neuroimagen se tiran a la calle para reivindicar el papel del cerebro reptiliano y el sistema límbico en las funciones cognitivas superiores[79] o si aquello que nos hace humanos resulta estar más relacionado con la forma de conectarse y funcionar del sistema nervioso en conjunto[80] que con una región aislada. He aquí la última lección de anatomía comparada.

Vivimos tiempos de cambio. Ha pasado mucho desde que en la antigua Grecia Platón y los estoicos popularizaran el pensamiento como herramienta de gestión emocional[81] o desde que los siete pecados capitales fueran el manual de *coaching* más cotizado de la Edad Media —en él se dictaba qué emociones reprimir (soberbia, avaricia, lujuria, ira, gula, envidia o pereza) y qué emociones sentir (compasión, amor, confianza, honestidad o fe)—.[82] Luego Descartes y su «Pienso, luego existo» hicieron de la razón un instrumento terapéutico capaz de curar el alma[83] y la psicopatología pasó a ser la herramienta de gestión emocional de moda.[84] Con la llegada de Darwin y el cerebro triuno, la ciencia, contra todo pronóstico, se transformó en la nueva herramienta de gestión emocional. En la actualidad, la visión clásica de los tres cerebros de Paul MacLean y la neurociencia aplicada al día a día son dos trenes que chocan de frente.[85] Por la misma vía solo puede circular uno.

Un nuevo modelo de la mente se está gestando. Los investigadores del ayer examinaron su realidad psicológica en busca de respuestas. En cambio, los investigadores del presente utilizan el método científico como una herramienta de autoindagación capaz de transformar su realidad psicológica. En lugar de investigar para que sus descubrimientos ratifiquen una forma personal de ver el mundo —lo llaman «tener razón»—, un investigador del presente como nosotros investiga para que sus propios descubrimientos transformen su visión del mundo. ¿Comenzamos?

Capítulo 2

LAS PENSACIONES

¿Qué tal la bata? ¿Es de tu talla? El blanco te favorece. Tal vez la encuentres un poco rígida. Al principio es normal. Con cada capítulo, con cada lavada, la tela se vuelve maleable hasta que un día te acostumbras sin más y pasa a ser una segunda piel. ¿¡Cómo!? ¿Que a qué bata me refiero? Tranquilo. No perdiste la cabeza. (Al menos todavía no). Hablamos de una bata invisible. ¡Aun así tienes que ponértela! Es vital. De suma importancia. No hay alternativa. Embarcarte en esta aventura de la neurociencia aplicada al día a día sin tu bata de investigador es como ser un marinero sin tatuajes. Un Jedi sin espada láser. Un boxeador con cerebro. Veamos por qué.

En el nivel más básico de comprensión, las cosas se dicen o se explican. Un ejemplo notable son las clases de universidad. A pesar de las cosas fascinantes que sabemos acerca del cerebro humano y el aprendizaje, en las facultades todavía las cosas se dicen o se explican. Una anticuada costumbre que, en estos momentos, ya está cambiando. Un salto evolutivo en la comprensión humana es «contar en vez de decir», el famoso *storytelling* de la gente en onda.

Te presento al recurso estrella de escritores, abogadas y *speakers* más astutos. Este libro ni siquiera pretende contarte algo. ¡Quiere que lo vivas! Y para poder vivirlo, tienes que ponerte la bata. Tienes que mudarte a tu laboratorio mental en cada página. Tienes que ver por ti mismo cómo un problema puede dejar de ser un problema sin que a tu alrededor nada haya cambiado. Tienes que sentarte en el filo de la cotidianidad y ver más allá de la arrogancia y del «Yo sé»; dos sesgos cognitivos más dañinos para la ciencia que cualquier terraplanista. Cada vez que un cerebro da algo por supuesto en lugar de vivirlo, cada vez que una mente convierte un argumento racional en un hecho «Porque yo lo valgo», la vida es golpeada en la entrepierna sin remordimientos.

Una mosca molesta en la oreja de Darwin

La noche antes de un experimento cuesta dormir. Igual y no te dan «las diez y las once, las doce, la una, las dos y las tres» como canta Sabina, pero un par de vueltas en la cama no te las quita nadie. Son las siete de la mañana. Hace frío. Tengo un ojo abierto desde las seis. La app asegura que el taxi llegará en cuatro minutos. Un dato poco fiable si tenemos en cuenta que, ahora mismo, el coche circula sobre un edificio según la pantalla de Google Maps. Repaso los detalles por última vez. Todo en orden. Tan solo falta que el taxi baje de la azotea, nos recoja en la puerta del hotel y paremos en casa del profesor Elohim Monard antes de llegar a la Universidad de Lima. Una vez que lleguemos a la capital de la información dará comienzo nuestro experimento. ¡Ahí está! Llegó el taxi.

Tras la visita rutinaria de Elohim a la máquina de café llegamos al aula. Los participantes toman asiento y rellenan el consentimiento informado en una atmósfera de misterio y expectación. Siempre suele ser así. Tras unas instrucciones directrices, el ambiente se relaja. Nadie se convertirá en rana. Ahí va el primer video. Un hombre de unos cuarenta años habla a la cámara arqueando la ceja derecha. Ojos azules, vidriosos. Sudadera gris. Cabello claro. Rompe en llanto. Los participantes miran con atención. El silencio es sepulcral. El hombre comienza a hablar. Nadie oye una palabra. (El video no tiene sonido). Aun así, en pocos milisegundos, el sistema nervioso de los participantes se ve arrollado por el impulso incontrolable de llenar su rostro de significado. Nadie puede evitarlo. El llorón misterioso es un recipiente vacío, una tentación con forma de manzana que el cerebro muerde dando paso al pecado del significado personal. ¿Qué emoción verá el cerebro de cada participante en el rostro del llorón misterioso?

Según la visión clásica, las emociones vienen de fábrica en las personas igual que el sensor para estacionarse en los coches o las notas en el instrumento. Una guitarra suena a «do re mi fa sol la si» con la misma naturalidad que el cuerpo humano entona alegría, ira, miedo, asco, sorpresa o tristeza. A medio camino entre las emociones básicas se encuentran los sostenidos y bemoles; emociones secundarias que suenan a diversión, desprecio, culpa, orgullo, alivio, satisfacción o vergüenza.[1] No importa si hablamos de

Oprah Winfrey o del cazador más torpe de la tribu fore de Papúa Nueva Guinea.[2] La visión anticuada y tonta de las emociones asegura que una situación de vida —el dedo del guitarrista— toca la cuerda de la emoción básica en el cerebro del llorón misterioso, haciendo que los cuarenta y tres grupos musculares de su rostro bailen al son de la emoción. No falla. Las motoneuronas encargadas de conectar el encéfalo con los músculos faciales lo delatan. Los participantes leerán con precisión el estado emocional del llorón misterioso a partir de su configuración facial. ¡Pan comido! Reímos de felicidad, fruncimos el ceño poseídos por la tristeza y apretamos los dientes de rabia. La emoción es automática, universal e innata.

La mayoría de los libros y experiencias acaban aquí. En Wikipedia, Ekman o el omnipresente Darwin. Sin embargo, un mundo increíble nos espera más allá de la costumbre. Y es que estamos tan acostumbrados a pensar la vida que se nos olvida vivirla. Al no vivir, damos a los pensamientos la condición de hecho sin pestañear. Un experimento es el resultado de decir «sí» a la vida. Solo viviendo, ves con tus propios ojos cómo el participante noventa y tres ve arrepentimiento en la expresión facial del llorón misterioso; el cerebro número veintidós, pena; el ciento diez ve paz; el cerebro número cinco, rabia; el dos, tristeza, o el veintidós, angustia en los ojos del hombre misterioso. Mientras tanto, y para meter si cabe más el dedo en la llaga, el voluntario cincuenta y cuatro de nuestro experimento ve esperanza, mientras que el cincuenta y seis anota «liberación» en el cuaderno de laboratorio. Pregunto: si todos los cerebros reciben la misma información —una expresión facial del llorón misterioso controlada por los hilos de emociones automáticas y universales—, ¡¿no deberían todos los participantes ver la misma emoción?! ¿Por qué en el cerebro del participante veintidós suena el acorde de la pena o en el cincuenta y seis el de la liberación?

La variabilidad emocional o, hablando claro, que un único rostro dé lugar a todo un abanico de interpretaciones emocionales —desde el arrepentimiento a la esperanza, pasando por la paz, la rabia, la tristeza y la angustia— es la tónica habitual en nuestro día a día y no algo anecdótico. He repetido el experimento en diferentes países con miles de cerebros. La variabilidad emocional es una mosca molesta en la oreja de Darwin desde que argumentó que la tristeza o la felicidad son innatas por encontrarse en otros animales y universales por pertenecer a todas las culturas.[3] «David… ¡¿Hablamos de Darwin?! ¡Además, está en internet por todos lados! ¡Hasta lo dijeron el otro día en el noticiero!», podríamos argumentar. Tenemos dos opciones. Uno. Darle un buen jalón de orejas a la corteza occipito-temporal, al giro fusiforme, a la corteza temporal lateral[4] y prefrontal[5] de los participantes —los encargados de poner nombre a las expresiones emocionales—. O dos. Abrirnos a la posibilidad de estar equivocados, o, en otras palabras, a considerar que las emociones no sean tan universales e innatas como pensamos.

Exploremos la segunda opción.

La regla del PLAC y Freddy Mercury

Simplemente, no estaba en el guion. ¿Quién invitó a la variabilidad emocional a la fiesta? Cerebros en un 99.9 % genéticamente idénticos[6] viendo los cuarenta y tres grupos musculares del llorón misterioso debían informar la misma emoción. Y punto.

La explicación más plausible es que las expresiones faciales no sean territorio exclusivo de las emociones.[7] Y es que no siempre vemos ira en un ceño fruncido y alegría en unas mejillas apretadas.[8] El ceño se arruga en un cerebro concentrado o ante una dificultad inesperada, cuando no cumplimos expectativas[9] o levantamos una mancuerna de veinte kilos.[10] De hecho, podríamos argumentar —no sin cierta malicia—, que hacer caca coquetea con el ceño o las comisuras de los ojos, produciendo una expresión facial universal y reconocible en todas las culturas. ¿Veríamos ira en la expresión facial de un supuesto estreñido misterioso si ocultamos el contexto? Probablemente sí.[11]

¿Cómo se siente el individuo de la foto? De buenas a primeras, un cerebro promedio detecta rabia o enojo en el rostro A. Ahora bien, una vez revelado el contexto, el reconocimiento emocional puede verse alterado.

Observa con atención. El contexto manipula el significado de las expresiones faciales de forma temprana —concretamente entre los cien y doscientos milisegundos después de ver el rostro—[12] y lo hace sin avisar. En una situación de vida cualquiera existe un contexto exterior repleto de personas, lugares, animales o cosas que aportan información valiosa a la hora de imaginar qué sienten los demás[13] y cuáles son sus intenciones. Pongamos la imagen anterior como testigo. El contexto se disfraza de postura corporal,[14] adopta la forma de objetos, lugares[15] o rostros de desconocidos,[16] incluso se cobija en el lenguaje[17] y en las cuerdas vocales.[18] No obstante, aunque es cierto que el contexto exterior tiene voz y voto en la variabilidad emocional,[19] a la hora de la verdad no ofrece una explicación convincente por sí solo.

El experimento del llorón misterioso está diseñado minuciosamente para que todos los cerebros se alimenten del mismo estímulo, haciendo del contexto exterior una constante. Los participantes están en la misma sala. Ven las mismas expresiones faciales. Hablan el mismo idioma. Y están más sanos que una manzana. (Es importante que estén sanos. La afasia, un trastorno del habla que tocaremos en el próximo capítulo,[20] o la demencia semántica[21] eliminan por completo la capacidad de percibir las emociones en categorías de rabia o alegría). A pesar de todo, la variabilidad emocional sigue ahí. Impasible. Algo se nos escapa.

He aquí ese algo. A menudo olvidamos que vemos el mundo a través de los ojos de la mente. En la sección de cereales del súper no vemos cajas de cartón impreso. Vemos Zucaritas y Choco Krispis. Vemos significado. Ideas. Pensamientos. Recuerdos. Proyecciones. Sensaciones. Calorías. Cada uno de estos acontecimientos cognitivos dan forma al contexto interior. Para aclarar la idea, las calorías, sin ir más lejos, no se esconden en el trigo o el chocolate. Son un concepto. Una idea que nace, crece, se reproduce y muere en nuestra mente. Un acuerdo que permite imaginar la cantidad de energía que recibirán nuestras lonjas al zamparse un tazón de Choco Krispis. En la fila del punto de información de la librería, más de lo mismo. No vemos personas. Está la pretenciosa que trae bajo el brazo un ensayo de Sartre o el intelectual de turno que entra por un lado anunciando «Solo quiero hacer una consulta rápida» mientras nuestro cerebro exclama «¡¿Y este?! ¡Qué piensa que queremos hacer los que estamos en la fila del punto de información! ¡¿Jugar a la lotería?!». En consecuencia, nadie se relaciona a secas con personas, lugares, animales o cosas. Nuestro día a día está hecho de sensaciones, de «me gustas» y «no me gustas», de pensamientos, «pensé que» y «creí que». Dar la espalda al contexto interior nos convierte en esclavos emocionales. Sacos de boxeo cuyo destino es recibir puñetazos de rabia o alegría asestados por un llorón misterioso, el intelectual de turno o una caja de Choco Krispis. Esta visión exteriocentrista del mundo tiene sus días contados.

Repitamos el experimento del llorón misterioso con el ojo puesto en el contexto interior de los participantes. Ahí va el primer video. Un hombre de unos cuarenta años habla a la cámara arqueando la ceja derecha. Ojos azules, vidriosos. Sudadera gris. Cabello claro. Rompe en llanto. Los participantes miran con atención. El voluntario número noventa y tres asegura que la persona del video «Conducía borracho, atropelló a alguien y está arrepentido». Las imágenes le despiertan «comprensión» y «empatía» porque, cito literalmente, «Todo el mundo se puede equivocar». En cambio, para el cerebro de la participante cincuenta y cuatro el llorón misterioso «Atraviesa una crisis personal, aunque estoy convencida de que la superará», pensamiento que viene acompañado de una sensación de esperanza. «Acaba de fallecer su pareja después de muchos años juntos y está muy apenado», relata el cerebro número veintidós, si bien el participante ciento diez ve con claridad como «Se está liberando de algo que le dolía» y siente «paz», o el número cinco reporta rabia en los ojos del llorón misterioso asegurando que «Le pusieron el cuerno». Para el 17 se fumó un porro y está drogado. ¿En qué quedamos? ¿El hombre del video acaba de perder a un ser querido, se está liberando de algo que le dolía, es víctima de una infidelidad o es pariente lejano de Bob Marley y se ha fumado un Freddy Mercury? (Un paréntesis. La mente humana no deja de sorprenderme. Nunca antes reparé en la amplia variedad de formas que existen para referirse a los porros: toque, mota, bacha, gallo, churro, *blunt*, carrujo, puro, garrote, bazuca, flauta, *fly*, faso, canuto, hierba, maría, mora, mosca, mostaza, pasto, grifa, mole, *weed*, pitillo, bacha, dedo de momia, *joint* o, el que más me fascina… ¡Un Freddy Mercury!).

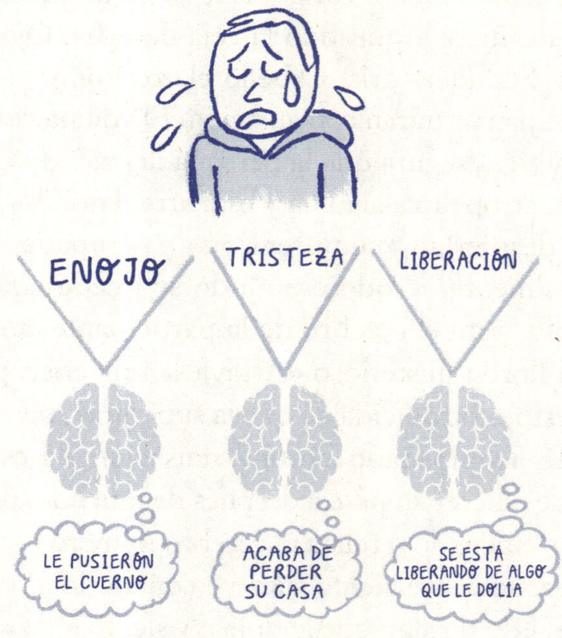

Participante	Pensamiento	Emoción proyectada	Emoción sentida
2	«Acaba de perder su casa»	Tristeza	Tristeza
5	«Le pusieron el cuerno»	Rabia	Inquietud
8	«Tiene un hijo muy enfermo»	Pena	Compasión
17	«Se fumó un porro y está drogado»	Enfado	Diversión
19	«No lo conozco. Debió dejarlo su pareja»	Pena	Indiferencia
22	«Acaba de fallecer un ser querido después de muchos años juntos»	Angustia	Pena
39	«Asesino retractándose del crimen que cometió para salir de la cárcel y estar con su familia»	Dolor	Conmoción
54	«Atraviesa una crisis personal, aunque estoy convencida que la superará»	Esperanza	Alegría
56	«Está pidiendo perdón»	Liberación	Compasión
59	«Se peleó»	Dolor	Tristeza
77	«Es un mensaje de suicidio»	Ansiedad	Miedo
93	«Conducía borracho y atropelló a alguien. Todo el mundo se puede equivocar»	Arrepentimiento	Comprensión, empatía
110	«Se está liberando de algo que le dolía»	Liberación	Paz
178	«¡Me da igual! Total, no lo conozco de nada»	Ninguna	Indiferencia
180	«Está fingiendo»	Indiferencia	Rabia

Participante	Pensamiento	Emoción proyectada	Emoción sentida
191	«Está emocionado porque ocurrió algo maravilloso en su vida que no se esperaba»	Sorpresa, esperanza	Felicidad
212	«¿Qué estará diciendo?»	No sé	Curiosidad
231	«Su mujer lo dejó»	Tristeza	Pena, liberación

Si los participantes de nuestro experimento hubieran sentido una única emoción, las emociones seguirían siendo universales, la tabla anterior no existiría y, muy probablemente, este libro tampoco. Pero no ocurre así. Y es que pocas cosas en la vida son tan implacables como la coherencia entre las cosas que pensamos, sentimos y proyectamos. Todos los pensamientos comparten el mismo contexto externo —el llorón misterioso—. Observa la relación entre la «emoción proyectada» —la emoción que cada participante cree que siente el llorón misterioso— y el pensamiento o la «emoción sentida» —la emoción experimentada por cada uno al ver el video— y el pensamiento. ¡Fascinante! La coherencia entre aquello que pensamos, sentimos y percibimos en el mundo exterior es demoledora.

El contexto externo es constante. La información que circula por el nervio óptico de los participantes es constante. Y, sin embargo, sienten cosas diferentes. ¿Por qué? ¡Porque piensan cosas diferentes! Existe una coherencia universal entre los pensamientos, el mundo que percibimos —emociones proyectadas— y las cosas que sentimos —emociones sentidas—.[22] De este modo, el cerebro que piensa «Se está liberando de algo que le dolía» siente paz

—no tristeza o diversión— y el que llega a la conclusión «Acaba de perder su casa» experimenta tristeza. Hasta el pensamiento «¡Me da igual! Total, ni lo conozco de nada» en el cerebro del participante ciento setenta y ocho pasea del brazo de la indiferencia. El 85 % del tiempo sentimos lo que pensamos. Y dado que no sentimos lo que pensamos únicamente con llorones misteriosos, sino también con otras personas, lugares, animales o cosas, te presento «la regla del PLAC». Dice así: «Una persona, un lugar, un animal o una cosa no tiene la capacidad de hacerme sentir, tan solo me hace sentir la idea que mi cerebro asocia a una persona, lugar, animal o cosa». (Por si alguien está en la luna, PLAC es el acrónimo de «persona», «lugar», «animal» o «cosa»).

Avancemos un poco más. Ahora sustituye al llorón misterioso por tu suegra —sí, también es una persona— y aplica la regla del PLAC. *¡Aghsdsfhjk!* ¡¿No?! O mejor. Aplica la regla cuando pases por la próxima gasolinera y veas que subió el precio de la gasolina. Presta atención a ese pensamiento que dice «¡¿En serio?! No sé cómo voy a llegar a fin de mes» y aplica la regla del PLAC. Observa cómo los escalofríos que sientes no son generados por el precio de la gasolina. El aumento de precio tuvo lugar hace una semana. Si el origen de tu sentir fuera el precio de la gasolina, uno, deberías haber sentido sus efectos desde el preciso momento del aumento y, dos, todos compartiríamos la misma emoción. Y no ocurre así. El sistema nervioso de tu primo noruego piensa «¡Qué barata!» y se siente Flex, o el cerebro de la vecina del quinto piso piensa «Menos mal que me compré un coche eléctrico» y siente alivio.

Pensamiento y emoción son una dupla inseparable. Son Shrek y Burro. Sam y Frodo. Los C-3PO y R2-D2 de la cognición. Bienvenido al maravilloso mundo de las pensaciones.

No sabemos vivir. Deambulamos por la vida dando por supuesto que las cosas que sentimos vienen generadas por las personas, los lugares, los animales o las cosas que nos rodean. La neurociencia aplicada al día a día nos brinda la posibilidad de hacernos responsables de las cosas que sentimos. De liberar a los demás de nuestras proyecciones. ¿Y por qué es importante liberar al mundo de nuestras sensaciones? Muy sencillo. Cada vez que proyectamos una emoción renunciamos a sentirla y, cada vez que renunciamos a sentir una emoción, nos convertimos en víctimas de lo que ocurre. Por lo tanto, no seremos libres el día que nos dejen en paz o vivamos en la casa de nuestros sueños. Seremos libres el día que dejemos de llamar «realidad» a un mundo que no existe más allá de nuestra imaginación.[23]

Capítulo 3

LOS HEMISFERIOS CEREBRALES y EL JOVEN MANOS DE TIJERA

Viven entre nosotros. Obsesionados con lo que dicen los demás o con el impuesto de las bebidas azucaradas, los exteriocentristas aparentan ser personas comunes y corrientes. Sin embargo, disponen de rayos X para saber qué siente el otro, siempre tienen la razón y sus emociones, misteriosamente, vienen generadas por el tuit o el llorón misterioso de turno. Una mezcla explosiva que hace de la política de moda, del conductor sin intermitentes o de este libro —por qué no— el blanco emocional perfecto. Seguramente conocerás a muchos. Incluso puede que seas uno de ellos. Yo, sin ir más lejos, he sido exteriocentrista la mayor parte de mi vida. No importa. Puedes dejar de serlo ahora (si quieres). Tan solo estás a un pensamiento de distancia. Concretamente, el pensamiento: «Cambiar esto es muy difícil porque llevo toda una vida haciéndolo» de distancia.

«Llorón misterioso» es el nombre de la embarcación que nos permite avistar la orilla de un Nuevo Mundo emocional, una tierra inexplorada y salvaje regida por reglas muy diferentes a las que estamos acostumbrados. En el Nuevo Mundo, los interiocentristas —sujetos abiertos a asumir la conexión entre sus pensamientos y sus emociones— viven la vida con la única finalidad de aprender a comportarse de manera coherente con la forma de funcionar de su mente y su cerebro. Estas páginas son el diario de viaje de los primeros colonizadores del Nuevo Mundo emocional que dieron con el tesoro de las pensaciones.

El hemisferio derecho de Jackson

Año 1859. Ajeno a las ciudades del *scooter* y el bitcoin, John Hughlings Jackson se interesó por la epilepsia a raíz de la precoz muerte de su esposa. La joven presentó un tipo de epilepsia en el que los movimientos espasmódicos, las posturas extrañas y la parálisis corporal eran el pan de cada día.[1] En los albores de la máquina de escribir o del *fish and chips*, el médico ejercía en el Hospital para Paralizados y Epilépticos de Queen Square fundado con dinero de la realeza, según las malas lenguas, por puro interés, pues varios miembros de la monarquía padecían la enfermedad.[2] Quizá el caso más sonado sea el del príncipe Juan. Apartado de la vida pública a los once años, el joven pasó el resto de sus días en la casa de Wood Farm, donde un agresivo ataque epiléptico le sorprendió mientras dormía, poniendo punto final a su corta vida.

Durante su trayectoria profesional, John Hughlings Jackson describió con precisión de relojero cómo un daño en el hemisferio derecho da pie a problemas visuales,[3] un déficit conocido como «agnosia»[4] en el mundo del jarabe y las salas de espera. Acercando el trabajo de Jackson al de sus contemporáneos, aprenderemos cómo se las ingenia un cerebro humano a la hora de dar vida a cada recipiente vacío —a cada llorón misterioso o pareja sentimental—, para, posteriormente, llenarlo de significado personal. Visitemos los laboratorios de la University College de Londres en la recién estrenada década de los setenta y recibamos junto a Elizabeth Warrington a los participantes de un nuevo experimento. (No olvides tu bata invisible).

La prueba de «perspectivas inusuales» consiste en mostrar a los participantes la fotografía de un objeto desde un ángulo poco convencional y, acto seguido, el mismo objeto desde una perspectiva habitual o prototípica. (Véase la imagen de la página siguiente). Tal y como auguró Jackson, los participantes con lesiones en el lóbulo occipital del hemisferio derecho —mano sobre la nuca— tienen menos puntería que los malos de Star Wars a la hora de identificar objetos con una perspectiva inusual. Con una lesión en la parte posterior derecha sabremos de qué objeto se trata si nos presentan la imagen desde una perspectiva habitual. En cambio, si la perspectiva es inusual, el vínculo objeto-significado se rompe y nos haremos bolas.[5]

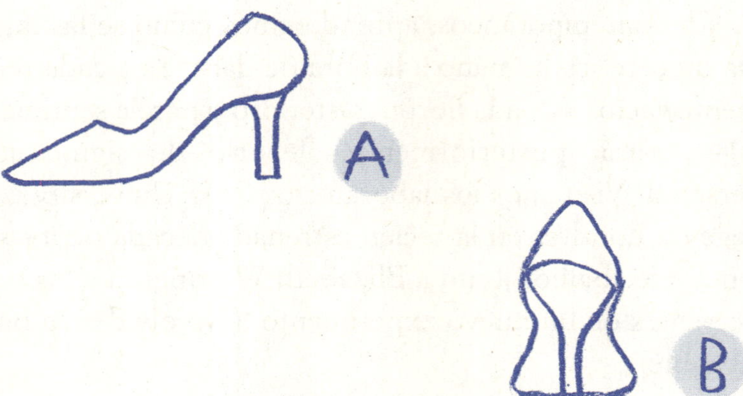

Estas dos imágenes podrían perfectamente formar parte del test clásico de «perspectivas inusuales». El estudio original de Elizabeth Warrington se dividió en tres grupos: personas sanas —grupo uno—, pacientes con lesiones en el hemisferio izquierdo —grupo dos— y pacientes con lesiones en el hemisferio derecho —grupo tres—. Tan solo los integrantes del grupo tres mostrarán problemas serios a la hora de nombrar o describir objetos desde una perspectiva inusual, pues la autopista neuronal que conecta objeto y significado está bloqueada.

El trabajo de Elizabeth Warrington es un referente en el campo del reconocimiento visual. La corteza visual es una carnicera que divide el mundo en recipientes vacíos mientras que el hemisferio derecho identifica dichos recipientes sin importar la distancia a la que se encuentren, su luminosidad o su perspectiva. Es en esta «categorización perceptiva» donde los participantes con daños en el hemisferio derecho fallan. Más allá de las tareas de perspectiva inusual, el hemisferio derecho está involucrado cuando estimamos el número de pixeles de una pantalla,[6] al tratar de percibir objetos imposibles salidos de la imaginación de un investigador[7] o identificar el rostro de una persona.[8] Además, estudios recientes basados en estimulación magnética transcraneal —ya sabes, el arte de emplear un electroimán para obligar a un grupo de neuronas a despolarizarse—[9] dejan pocas dudas acerca de la obsesión del hemisferio derecho por la percepción visual.[10] En última instancia, una vez que el hemisferio derecho ofrece un recipiente vacío en forma de persona, lugar, animal o cosa, el izquierdo lo llena de significado personal.[11]

Tenemos hoja de ruta. Con la esperanza de asumir algún día las cosas que sentimos, echemos el ancla de la embarcación «Llorón misterioso» en el muelle del hemisferio derecho para descubrir cómo nuestro cerebro no ve el mundo. Lo imagina. Seguidamente, y con la proa en contra del viento, fondearemos en el hemisferio izquierdo —el capitán del lenguaje— con el fin de entender cómo el sistema nervioso riega el rostro del llorón misterioso con significado personal.

El joven manos de tijera y la percepción de unidad

Entre llevar a los niños al colegio e ir al supermercado, rara vez caemos en la cuenta de que aquello llamado «mundo» es un revoltijo de información sin sentido. Un *totum revolutum* de datos. De materia y energía. De electrones, bosones, fotones. Si eres un sistema visual, toca, antes que nada, dividir y separar esa maraña de información física, así que no es de extrañar que el primer acto de un cerebro al asumir la presidencia de la realidad sea la separación. Y aquí es donde entran en juego los sentidos. Los sentidos son esas diminutas herramientas que ordenan el mundo, auténticos jóvenes manos de tijera que dividen el espacio en recipientes vacíos a la espera de una experiencia que los llene de significado.[12]

A la hora de la verdad, una situación de vida es un galimatías de líneas, luces y texturas. Un semáforo oculta parte de la fachada de un restaurante italiano. La mujer que espera en la puerta del restaurante —supongamos a un detective privado que aceptará un peliagudo caso familiar— viste un overol de cuello alto que apenas deja entrever cabeza, pies y manos. Aun así, nadie percibe la cabeza o las extremidades de la damisela de manera fragmentada como si cada elemento fuera un ente separado e independiente. Vemos una unidad. Una persona. Un ser integrado. Esta «sensación de unidad» es una construcción neuronal. Resulta que la corteza visual primaria y sus secuaces —las áreas de asociación— solo tienen acceso al 10 % de la información disponible en la retina[13] y se ven obligados a jugar sucio, amplificando y distorsionando la información para hacerla más diferente entre sí de lo que realmente es. Entonces, cuando un punto brilla un poquito más de la cuenta, el cerebro lo hace brillar como una estrella de *rock*[14] o, cuando aparece una sombrita de la nada, la endurece sin escrúpulos, aclarando luces —inhibición lateral— e inventando colores —inducción del color—,[15] con la única finalidad de resaltar bordes y amplificar contrastes.[16] La vista vendría a ser como ese amigo exagerado que se acuesta con una y lo cuenta como si hubieran sido veinte. El hemisferio derecho pisa el acelerador. En los próximos doscientos milisegundos dará vida a un mundo repleto de personas, lugares, animales o cosas[17] que amaremos, odiaremos y, a veces, extrañaremos.

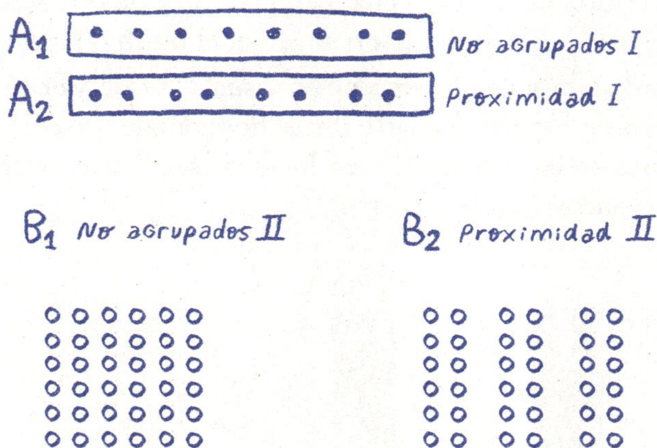

Un resumen de las tres estrategias más populares del sistema visual. Las imágenes A y B nos invitan a experimentar en carne propia el fenómeno de la categorización perceptiva.[18] El cerebro humano se entretiene agrupando elementos próximos entre sí para dar vida a la percepción de unidad.[19] En la imagen B1 percibimos un cuadrado. En la B2, tres rectángulos. La percepción de unidad varía al son del efecto de proximidad.

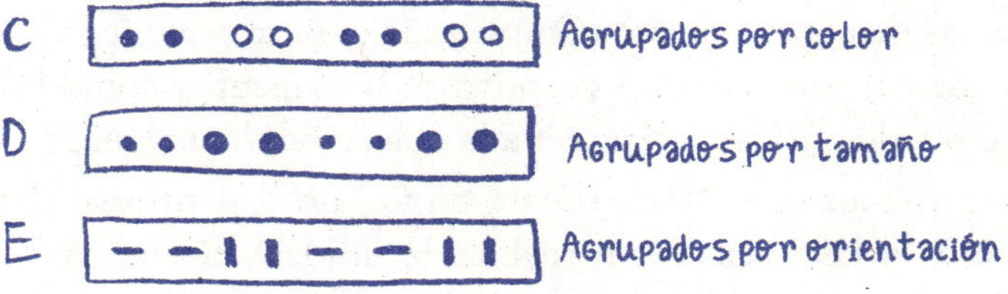

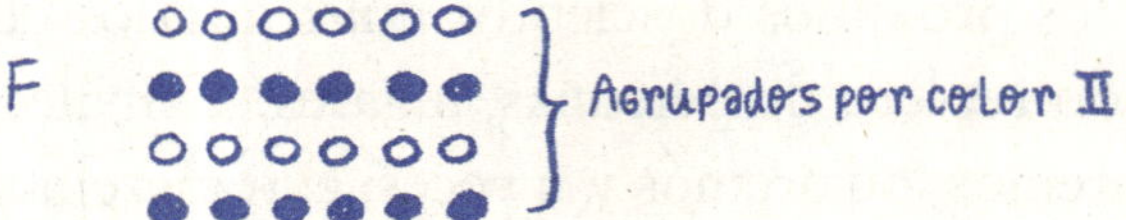

La percepción de unidad echa mano también de otros elementos como el color, el tamaño, la orientación, el brillo o la textura y su papel protagonista en la percepción visual.[20] Observa cómo el común de los mortales ve cuatro líneas horizontales de color blanco o azul oscuro en la imagen F en lugar de seis líneas verticales de puntos blancos y azules oscuros.

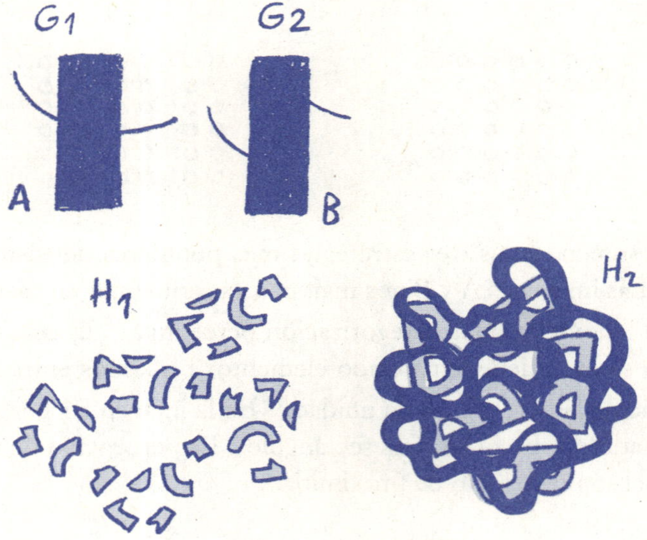

En tareas de agrupamiento complejas la cosa se pone fea y los sistemas de categorización perceptiva se las ingenian como buenamente pueden. Presta atención a la colección de imágenes G. En G1 percibimos continuidad. Pero en G2 no.[21] ¡Curioso! (Nunca sabremos si las líneas están realmente unidas). Respecto a H1 y H2, lo mismo. Los fragmentos son idénticos en ambos casos. Sin embargo, el hemisferio derecho reconocerá más fácilmente la letra B en H2 con un ligero empujoncito.[22]

Tras la sensación de unidad y la categorización perceptiva —proceso por el cual el hemisferio derecho de Jackson determina si tenemos delante una bolsa de Sabritas o un llorón misterioso—, el mundo deja de ser un amasijo de información sin sentido para dar paso a un universo ordenado de personas, lugares, animales o cosas. La pantalla led señala el turno del hemisferio izquierdo. Llevamos unos cuantos párrafos haciendo fila. El significado, en su configuración más básica, invade la mente en forma de pensamientos verbales. El mundo interior de los participantes se llena de palabras, verbos, adjetivos o sustantivos al ver al llorón misterioso. De lenguaje. De significado. Entender cómo funciona el lenguaje en el cerebro humano es el primer paso hacia la comprensión no solo de por qué hacemos lo que hacemos y por qué somos como somos, sino también de cómo hacer las paces con nuestros pensamientos de una vez por todas.

El hemisferio de Broca y la «Ley de la llanta de refacción»

Existe un París anterior a la Torre Eiffel. (Aunque parezca mentira). Un París donde los carros hacen fila en las paradas de taxi, en las calles hay más tierra que asfalto y los grandes almacenes abren sus puertas por primera vez. Los vestidos son de manga elegante y cuello alto. Los arrastres de las telas contra el suelo se pintan de violeta brillante. Las faldas femeninas se ensanchan esta temporada mientras, en la intimidad, el corsé se refuerza con tiras de ballena. Como buen hombre de época, el doctor Paul Broca viste una chamarra de cierre alto, chaleco, pantalones rectos, zapatos hasta los tobillos. Su camisa blanca de algodón y corbata de moño son el símbolo del hombre que no trabaja con las manos. Si bien el cabello corto es el más popular, a nuestro personaje —una bola de billar— no le queda otra que sumarse a la moda de las patillas despampanantes, sombrero negro en invierno y marrón en verano.

Sentado en su consultorio, el doctor Paul Broca abre el historial del paciente de las doce sin sospechar que está a punto de inscribir su nombre en los anales de la neurociencia. «Varón de cincuenta y un años de edad ingresado en el Hospital Bicêtre tras crisis epiléptica grave. Posible gangrena en extremidad inferior derecha a raíz de una parálisis unilateral. Se ruega valoración». Desde luego, las cosas extraordinarias a veces ocurren en la más absoluta normalidad. Paul Broca cierra el historial clínico. Sube las escaleras hasta la primera planta del departamento de cirugía por vigésima quinta vez aquella mañana. Toca la puerta de la habitación cortésmente. Comienza la entrevista.

—*Bonjour monsieur*, ¿podría decirme su nombre?

—Tan —responde el paciente.

—Bien, *monsieur* Tan. ¿Cómo ha pasado la noche?

—Tan, tan.

—¡¿Se encuentra usted bien?! —añade acercándose a la cama y tocando su frente con el dorso de la mano.

—Tan. ¡Tan-tan!

El paciente Tan-tan —así será recordado por la historia de la medicina— lee el periódico a diario, es adicto a los crucigramas y puede darte una paliza en el ajedrez como si nada, pero es incapaz de articular una palabra que no sea «tan». Louis Victor Leborgne, el verdadero nombre de *monsieur* Tan-tan, fallece en el quirófano un 17 de abril —el día de mi cumpleaños— debido a la gangrena. Durante la autopsia de rigor, el doctor Broca tropieza con una circunstancia extraña: la tercera circunvolución del lóbulo frontal del hemisferio izquierdo está dañada y el lado derecho permanece intacto. Inquietante. Quizá el hallazgo resulte común a los ojos de un lector del siglo XXI. Soy consciente. Sin embargo, que *monsieur* Tan-tan presente una lesión en el hemisferio izquierdo y no en el derecho es una auténtica revolución para un estudioso de la época. Veamos por qué.

El cerebro humano está dividido en dos mitades o hemisferios por una llamativa hendidura: la cisura sagital. Pese a todo, ambos hemisferios se comunican mediante un puente de fibras —el cuerpo calloso— al igual que los distritos de Brooklyn y Manhattan. En la época de Broca se pensaba que ambos hemisferios eran idénticos tanto en forma como en función o, en lenguaje común, creían que todo cerebro dispone de una llanta de refacción. Así, si una zona se poncha por el motivo que sea, se intercambia por la zona equivalente del hemisferio opuesto y a rodar. Las pruebas a favor de esta teoría eran contundentes. Trazando una línea imaginaria desde la punta de la nariz hasta el ombligo vemos dos ojos —uno a cada lado—, dos hombros, dos piernas y, por dentro, dos pulmones que lucen idénticos en forma y función. ¿Por qué no tener también dos cerebros con idéntica forma y función? La «ley de simetría» disipaba cualquier duda: dos cosas aparentemente idénticas desempeñan el mismo papel en el organismo.[23] Sanseacabó.

Teniendo en mente el contexto, imagina el revuelo que causó Paul Broca en la Sociedad de Antropología de París al exponer los detalles del caso. Sin ocultar su perplejidad, el investigador subrayó con marcatextos la relación entre una lesión del hemisferio izquierdo y la pérdida del habla de *monsieur* Tan-tan.[24] Jugaba con fuego. Él lo sabía. La Ley de simetría era clara. No tiene vuelta de hoja. Paul Broca habría sido señalado como un charlatán, y sus videos, censurados en YouTube —tal y como le ocurrió a Marc Dax anteriormente por sugerir ideas similares—,[25] de no ser uno de los fundadores de la sociedad. En aquella sala, a escasos veinte minutos del Sena, la idea de un hemisferio especializado en el lenguaje visitó por segunda vez la mente del hombre. Y esta vez vino para quedarse.

La vida de Paul Broca no fue un camino de rosas como cuentan los libros de texto. La comunidad científica nunca salió a la calle a corear su nombre o a celebrar sus hallazgos cual Día del Orgullo Gay. Sus ideas requerían transformar la mentalidad de toda una época. Le llovieron críticas y detractores,[26] aunque nada ni nadie le hizo cambiar de opinión. Gracias a su espíritu investigador, Paul Broca reunió diez casos similares al de *monsieur* Tan-tan en menos de cuatro años.[27] Desde entonces, la región del hemisferio izquierdo que está relacionada con la articulación del lenguaje se conoce como «el área de Broca», y las dificultades producidas por una lesión en la tercera circunvolución del lóbulo frontal, «afasia de Broca». Siglo y medio después de todo el drama, el cerebro del paciente Tan-tan descansa en el Museo Dupuytren de

París, en el número 15 de la Rue de L'École de Médecine,[28] suspendido, como de costumbre, en formol al 10 %.

El paciente Tan-tan nos enseña que es compatible no articular palabra con leer el periódico[29] o hacer crucigramas. Por lo visto, el área de Broca y otras regiones del lenguaje guardan silencio cuando decidimos a quién pasarle la pelota durante un partido de futbol o ponemos en el orden correcto las pilas del control de la televisión.[30] ¿Acaso las personas somos capaces de pensar sin palabras? Estamos a punto de cruzar la frontera de la neurolingüística. Bienvenidos al imperio del pensamiento.

Capítulo 4

Un MUNDO SIN PALABRAS

Pensar. Esa voz en la cabeza que nos dice después de un día interminable de trabajo «Qué ricos están los rollitos primavera» al pasar con el coche por ese restaurante tailandés que tanto nos gusta. Pensar. Pensar acarrea consecuencias. Dos minutos más tarde, un pad thai, dos rollitos primavera y una ensalada picante de papaya verde descansan en una bolsa de plástico a los pies del asiento del conductor. Luego abrimos la puerta de casa. Encendemos la smart TV. Entramos en Netflix. Y, justo cuando capturan a Tokio mientras habla con el profesor, esa voz entrometida vuelve a la carga: «¡¿Qué dijo?! Si bajo el volumen, no oigo los diálogos, y el helicóptero de turno me perfora el tímpano si lo subo. ¿Quién ajustó el volumen? ¡¿Un sordo?!». Pensar. Ya sabes de qué hablo.

Pasamos más de la mitad de nuestra vida inmersos en pensamientos verbales[1] parloteando en silencio con nosotros mismos. El resto del tiempo imaginamos personas, situaciones o cosas que no están presentes —visión interna—, jugueteamos con sensaciones —experiencias emocionales— o ponemos atención a la voz pregrabada que anuncia la siguiente parada del metro —eventos sensoriales—.[2] Dialogamos con nosotros mismos en español, catalán o inglés, a través de un tren ordenado de palabras y pausas. Sin embargo, aun siendo exactamente idénticas, las frases de este libro suenan distintas en la mente de cada lector. A su propio ritmo. Con su propia entonación. Y también, como veremos en unas páginas, con su propio significado.

Vayamos por partes como Jack el Destripador. ¿Qué papel desempeña el lenguaje en el pensamiento? Al enfrentarme a este tipo de cuestiones, a menudo me pregunto por qué demonios no me dediqué a actividades más sensatas, aunque no por ello menos desconcertantes, como probador de colchones o plañidero profesional —personaje que acude a tu entierro para hacer bulto y llora desconsoladamente por un módico precio—. En la literatura científica existen neurolingüistas para todos los gustos y colores. Están los de Pepsi —pensar es hablar sin emitir sonido alguno—[3] o los de Coca-Cola —existe un lenguaje universal llamado «mentalés» previo al pensamiento.[4] Aquí nadie va a jalarse del cabello con ningún neurolingüista. No somos teóricos. Somos investigadores del día a día. Y los investigadores del día a día no usan la ciencia para tener razón, sino para ver su cotidianidad desde una perspectiva diferente.

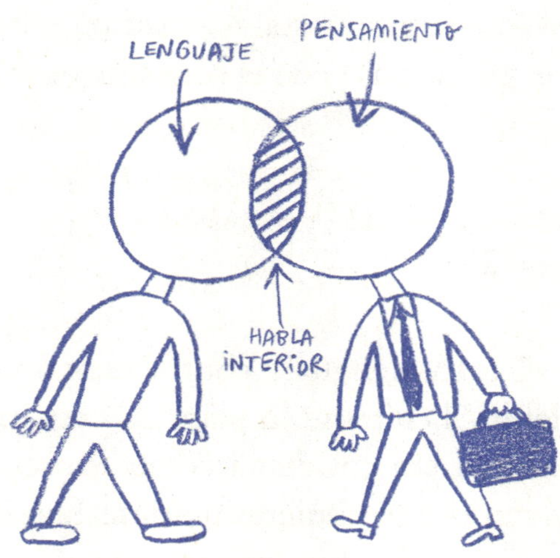

Vamos a ponerle nariz y boca al asunto transformando a los señoritos lenguaje y pensamiento en dos círculos que se cruzan en un momento dado. La región superpuesta vendría a ser la voz de nuestra cabeza,[15] una visión respetuosa tanto con la idea «pensamiento y lenguaje son la misma cosa» —los conductistas de Pepsi—, como con la fascinante posibilidad de pensar sin lenguaje —los mentalistas de Coca-Cola—. ¿Habla interior? ¡Un paso al frente por favor!

Al parecer, la voz de nuestra cabeza interviene en multitud de tareas cognitivas que van desde la memoria de trabajo,[6] los recuerdos autobiográficos,[7] la planificación futura, el razonamiento, la resolución de problemas[8] o la función ejecutiva,[9] hasta la conciencia o la motivación.[10] Ahora bien. Que el habla interior «intervenga» no quiere decir que sea condición *sine qua non*. Si la afasia de Broca borra el lenguaje del mapa del hemisferio izquierdo, la voz de nuestra cabeza se queda muda. Sería como sacar mentalmente el círculo del lenguaje de la ilustración. El habla interior —el área superpuesta— se esfuma. Pero… ¿y el pensamiento? ¡¿Qué pasa con el pensamiento?!

El pensamiento y la Real Academia de Abejas Españolas

Resolvamos el caso «lenguaje contra pensamiento». Los trastornos del habla alteran la plantilla cognitiva, convirtiendo una acción tan cotidiana como expresar nuestros deseos en un imposible. Quieres un descafeinado con hielo y pides un «Tan». O tienes que ingeniártelas con un mísero «Vot-vot» —otro paciente clásico de la neuroliteratura— para pedirle salir a ese chico que te gusta.[11] Surquemos la mente afásica hasta comprender qué relación guarda el habla interna con el pensamiento. Ponte la bata. Vamos a trabajar.

Imagina una habitación rectangular. En cada esquina una caja de cartón. Sentamos al participante en el centro de la sala sobre una silla giratoria. Escondemos una bolita roja en una de las cajas delante de sus narices y, antes de darle vueltas como en el juego de la gallinita ciega, vendamos sus ojos. Una vuelta. Dos, tres, cuatro. Cinco, seis y siete vueltas. Por último, retiramos la venda y le preguntamos por la bolita.[12]

¿Dónde se esconde la bolita roja? La tarea clásica de reorientación fue diseñada por Linda Hermer, de la Universidad Cornell, en compañía de Elizabeth Spelke, del MIT de Massachusetts,[13] y es similar a un juego de cubileteros —el viejo truco de los tres vasos y del «¿Dónde está la bolita?» usado para estafar a los turistas.

Las personas con trastornos del habla versus las que hablamos hasta por los codos empatamos en pruebas de reorientación. Eso significa que se puede dar con la pelotita sin que una voz en la cabeza retransmita el juego:[14] «A ver, David, giraste siete veces y un poco... ¡Tiene que estar en la caja de la derecha!». Por si fuera poco, niños sin más competencias lingüísticas que «Gugu-Tata»,[15] monos,[16] peces[17] o pollitos domésticos[18] son capaces de salir victoriosos en tareas de reorientación. Volviendo al cerebro afásico, la misma cantaleta se repite a la hora de sumar dos números,[19] jugar una partida de ajedrez,[20] reflexionar acerca de las intenciones de los demás[21] o adivinar cómo sobrevivir a una caída desde un edificio de cincuenta pisos y otros problemas de lógica.[22] (Para aquellos que se angustien por no dar con la solución, una persona que cae de un edificio de cincuenta pisos puede salvar el pellejo si lo hace desde el primer piso).

Además, los testimonios de personas que remitieron trastornos del habla respaldan los resultados de laboratorio.[23] Y es que la afasia es más común de lo que parece. Sentados en un banco de Times Square veremos pasar a más de ciento treinta mil personas al día. Contabilizando únicamente la causa más común —el accidente cerebrovascular en la arteria cerebral media—,[24] sesenta y ocho peatones podrían perfectamente ser *monsieur* Tan-tan[25] y, de esos sesenta y ocho, veintiséis recuperarán parte de sus habilidades lingüísticas con el tiempo,[26] ya sea porque la herramienta cognitiva «lenguaje» hace las maletas y se muda al hemisferio derecho[27] o bien, porque las neuronas vecinas del mismo hemisferio reciben clases particulares y aprenden a hablar.[28] ¡¿No es increíble?! Cuando *miss* afasia toca a la puerta, ninguna voz en tu cabeza dice «¡¿Cómo puede gustarle ese griterío?!» cuando visitas a tu madre los domingos y en la tele está puesto el programa de chismes en turno. Sin embargo, de algún modo, el cerebro afásico continúa pensándolo.

Tampoco es tan tan extraño. Las abejas juegan futbol[29] llevando la cuenta del marcador.[30] Y, que sepamos, los insectos no piensan «Voy a tirar el penal a la derecha porque Iker abeja suele lanzarse a la izquierda», ni reúnen a una comisión de académicos para discutir acerca de asuntos gramaticales en la RAAE —la afamada Real Academia de Abejas Españolas—. Los cuervos planifican el mañana[31] o fabrican herramientas[32] sin escuchar en su mente «Mi ramita extrae larvas mejor que la tuya», y una bandada de palomas distingue a un Monet de un Picasso,[33] a un Chagall de un Van Gogh,[34] presumiendo, cuando se les brinda la ocasión, de habilidades matemáticas[35] o del concepto de «injusticia»[36] sin creerse Alicia Florrick en *The Good Wife*. Dicho todo esto, me gustaría ofrece a alguien.

Manos que flotan en el océano de la mente

«Le tenía miedo a la luna. A pesar de todo, nunca dejó de mirarla. En vísperas del Día de Acción de Gracias quiso terminar con el misterio y averiguar de una vez por todas si realmente estaba viva. Tenía un plan. Salió a la calle. Caminó lo más rápido que pudo hasta que sus piernas no dieron más de sí y, con asombro infantil, vio a la luna seguirla a todas partes. Antes de irse, el astro sonrió. Y a la noche siguiente frunció el ceño tras presenciar cómo Inés y él robaban dos onzas de chocolate por el ventanal del comedor. Los azotes solían venir con más frecuencia cuando era visible. La luna era el soplón que informaba de sus fechorías al tutor del orfanato. Entonces supo quién era ella. Su madre. Era su madre porque, mientras mamá vivió, la luna nunca se dejó ver.»

El autor de este relato vivió catorce años desprovisto de cualquier tipo de lenguaje. Sordo de nacimiento, Theophilus d'Estrella dio a conocer esta y otras anécdotas acerca de su niñez tras aprender el lenguaje de señas bien entrada la adolescencia,[37] poniendo de manifiesto que regar el mundo de significado sin lenguaje es totalmente posible.

A diferencia de *monsieur* Tan-tan —el cual tenía la tercera circunvolución del lóbulo frontal izquierdo hecho un desastre—, el trastorno de Theophilus afecta únicamente al oído. Su sustrato neuronal está impoluto. Colándonos con permiso en el encéfalo de Theophilus d'Estrella antes y después de la adquisición del lenguaje, veremos al lenguaje de señas acurrucarse en la mismísima área de Broca[38] y utilizar una estrategia idéntica a la del lenguaje oral —vía corteza motora frontal— en tareas de producción de señas.[39] Curiosamente, el lenguaje verbal y el lenguaje de señas tiran de los mismos hilos neuronales. Veamos a continuación qué cambios se producen en la mente de Theophilus d'Estrella tras adquirir el lenguaje de señas norteamericano.

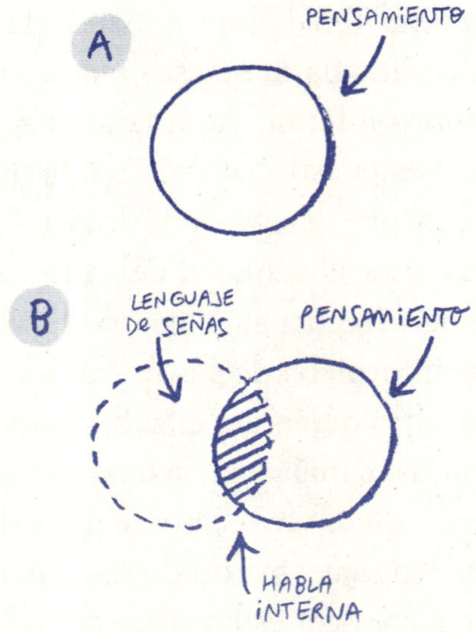

El escenario A resume el día a día de Theophilus d'Estrella antes de la adquisición del lenguaje de señas norteamericano. Sin lenguaje o habla interna, es capaz de llenar recipientes vacíos de significado o de atribuirles causas, pero no dispone de herramientas de comunicación. Más tarde, conforme la nueva lengua se va asentando en su anatomía cerebral, el habla interna —escenario B— se asoma en el campo mental. Ahora sí. Con ayuda del lenguaje de señas, Theophilus es capaz de compartir los significados que su cerebro otorga a las personas, lugares, animales o cosas que le rodean.

En lugar de escuchar una vocecita en la cabeza, los usuarios de este lenguaje ven un par de manos y unos labios flotando en el océano de la mente.[40] Sea como sea, una vez adquirida la lengua de señas, el pensamiento «Esta no me traga» o «Ayer se me descompuso la lavadora» se dibuja en la mente de Theophilus con la misma naturalidad que en los sesos de Barak Obama. En definitiva, el hemisferio derecho de Hughlings Jackson divide el mundo en recipientes vacíos haciendo del llorón misterioso o la lavadora un florero a la espera de flores. A continuación viene la ola de pensamiento. ¿Y qué significa pensar? «Pensar» quiere decir llenar el florero. Es el acto de inundar de significado un recipiente vacío. (A estas alturas la lavadora ya está descompuesta). En el tiempo extra, el hemisferio izquierdo de Broca retransmite la jugada ciñéndose al lenguaje disponible —oral, visual o táctil—.[41] Y aquí está. Te presento al pensamiento tal cual lo conocemos.

Tú (sí, tú) has escrito este libro

Desnudar el pensamiento por completo requiere abrirnos a una posibilidad. ¿A cuál? A la posibilidad de que el significado no esté en lo que ves, sino en los ojos que miran. Quizá las *reviews* de Amazon sean el ejemplo perfecto. Mientras *PapaAhorro* asegura «Tengo tres gatos. Aspiradora de gran potencia que funciona de maravilla con el pelo animal. Muy contento con la compra», unas líneas más abajo *ProyectorEmocionalRabioso* se ensaña con el electrodoméstico: «¡ATENCIÓN ESTAFA! Se dedica a llevar la suciedad de un lado a otro. Existen opciones mucho más serias. DEJEN DE ENGAÑAR A LA GENTE». ¡Maquiavélico! Una aspiradora. Dos experiencias opuestas. ¿Quién miente? Puede que nadie. Tan solo son los efectos secundarios del exteriocentrismo. Observa cómo la proyección nos devuelve sistemáticamente al punto de partida. Al dilema del llorón misterioso. A responsabilizar al mundo de nuestro sentir.

Abrirnos a la posibilidad de asumir que el significado que nuestro cerebro otorga a las personas, los lugares, los animales o las cosas que nos rodean está en nuestras manos. Pero ¿por dónde empezar? Por el ahora. El ahora es tu principio. En este momento estás leyendo un libro. En sesenta milisegundos sus letras encuentran la corteza visual —mano sobre la nuca— tras saludar al tálamo. Una décima de segundo después, son reconocidas como palabras y, décimas más tarde, se empapan de significado a su paso por las áreas temporal, parietal, occipital o la circunvolución frontal inferior del hemisferio izquierdo.[42] Al igual que ocurre en el cerebro de *ProyectorEmocionalRabioso* o *PapaAhorro* con el electrodoméstico, una ola de significado personal baña cada frase. Cada párrafo. Cada página. Cada capítulo. Puedes asumirlo o proyectarlo. Si lo asumes, «leer» se convierte en el gesto cognitivo de dar un significado personal a un recipiente vacío. En consecuencia, descubres que tú has escrito este libro conmigo,[43] y que existen, además, tantas versiones diferentes como lectores.

¿Podemos asumir por un momento esta posibilidad? ¿Podemos asumir el significado que nuestro cerebro otorga al mundo? ¿Podemos dejar de creer que los demás solo están en lo cierto cuando dan a un recipiente vacío un significado parecido al nuestro? O mejor aún. ¿Podemos dejar de defender nuestros significados? Yo dije sí. Y al dejar de defenderlos, descubres que lo único que nos diferencia de nuestro peor enemigo es el significado que nuestro cerebro otorga a un recipiente vacío.

Capítulo 5

TIRITAS PA ESTE CEREBRO PARTÍO

Somos arquitectos del mundo que percibimos. Literalmente. Y los pensamientos son el plano de la obra. Una retransmisión en vivo y en directo del comentarista que todos llevamos dentro que nos brinda la oportunidad de mirar a los ojos del significado. Sin pensamientos, la posibilidad de responsabilizarnos del significado que nuestro cerebro le otorga al mundo no existiría. Sin la oportunidad de responsabilizarnos del significado, vivimos sumidos en el exteriocentrismo como coches teledirigidos por la arrogancia, atrapados en una realidad psicológica superviviente donde competir por la verdad parece lo más sensato.

En este camino de liberar a los demás del significado que nuestro cerebro otorga al mundo, aprenderemos que intentar huir de nuestros propios pensamientos o tratar de hacerlos más positivos es un desatino. Después de todo, el pensamiento es la guía Michelin del comensal. Un maestro zen hecho a medida. Entender cómo el cerebro humano fabrica el significado será el empujoncito que necesitamos para hacer las paces con el pensamiento de una vez por todas.

Gandalf el Gris y la red neuronal por defecto

La respiración parece algo reservado a las clases de yoga o a los raritos espirituales. El resto de los mortales recurrimos a ella para relajarnos cuando la cosa se pone fea, a sabiendas de que su eficacia como tranquilizante es pasajera. Sus efectos terminan en hacer sonar el claxon. Cuando no pagamos la renta. En el pantallazo azul de Windows. Hoy vamos a usar la respiración para revelar uno de los secretos mejor guardados del pensamiento. El experimento es sencillo. Consiste en, a la cuenta de tres, dejar de respirar para siempre. Puedes seguir leyendo si quieres. Pero pase lo que pase, no respires. (Se recomienda inhalar la mayor cantidad de aire posible antes de comenzar. Para siempre es mucho tiempo). ¿Listo? A la una. Inhala. A las dos. Un poco más. Un poco más. ¡Y a las tres!

Le pediste a tu cerebro que bloquee el diafragma y las vías respiratorias superiores. El oxígeno ya no llenará tus alveolos ni se difundirá a través de sus paredes. Mientras tanto, la hemoglobina —un repartidor capaz de llevar átomos de oxígeno a cualquier rincón del organismo— no halla qué entregar. Sin trabajo, pasará las tardes en el parque fumando a escondidas con los amigos. Es oficial. Estás en huelga de oxígeno. (Continúa aguantando la respiración). El nivel de dióxido de carbono se eleva por segundos. Tu cerebro cuenta con soplones infiltrados en las arterias aorta y carótida, los cuales, al alcanzar cierto umbral de CO_2, presionan el botón de emergencia situado en el centro respiratorio. Inmediatamente el sistema nervioso autónomo toma el control. Tu bulbo raquídeo

—mano en la nuca— le da un buen regaño al diafragma y compañía con la intención de hacerles entrar en razón. «¡Corran, insensatos!», gritaría Gandalf el Gris. Tu cerebro te fuerza a respirar.[1] Fin de la historia.

Por más que nos empeñemos, resulta prácticamente imposible dejar de respirar a voluntad. Vistas las orejas al lobo, el sistema nervioso autónomo toma las riendas, lo que significa que, en cierto modo, tú no respiras. Respira tu cerebro. Y la mente no puede hacer nada para evitarlo. (Nos pongamos como nos pongamos). Ahora viene lo mejor. Todo cuanto acabamos de aprender acerca del sistema nervioso no solo es aplicable a los pulmones y a la respiración, sino también al cerebro y a los pensamientos. Puedes probarlo por ti mismo. A las tres, no pienses en un sol. A la una. A las dos… ¡¿Acaso no pensaste ya en un sol?! El mío era amarillo y prototípico. (Tenía rayitos y todo). O mejor aún. A las tres, deja de pensar para siempre. ¿Estás listo? Tómate el tiempo que necesites. Vamos allá. Una. Dos. ¡Y tres!

Cricrí… Cricrí… Cricrí.

Muy probablemente, una vez más, fracasamos. Sin embargo, en este caso el malo de la película no es el bulbo raquídeo, sino la red neuronal por defecto; una red asociada con el pensamiento espontáneo[2] que alcanza varios kilómetros de longitud a su paso por diferentes estructuras cerebrales, desde la corteza prefrontal —el sistema ejecutivo de «usar o tirar»—, la corteza temporal lateral —lenguaje— o el hipocampo —memoria.[3] En consecuencia, tú no piensas. Piensa tu cerebro. Y lo hace con la misma naturalidad con la que tu corazón bombea sangre o los pulmones, aire. Es su función pensar. (Entre muchas otras).

Del respiracionismo al pensamiento

Imagina una sociedad convencida de que son ellos quienes respiran. Hablaríamos de una sociedad «respiracionista» donde la posibilidad de modificar el aire inspirado —entre uno y seis litros— o la capacidad de alterar su frecuencia respiratoria —diez respiraciones por minuto en reposo y setenta al hablar con el duque guapo de los Bridgerton— se convierte en la prueba irrefutable de que «Yo soy quien respira». En la práctica, un respiracionista ve en su patrón respiratorio la justificación de si este libro le aburre —frecuencia respiratoria baja— o si un funcionario lo saca de sus casillas —frecuencia elevada—. La respiración es la jueza que golpea su mazo contra el mundo.

Identificados hasta la médula con la respiración, los respiracionistas buscan cursos de respiración positiva, libros para gestionar respiraciones o meditaciones para acallar la respiración. Pero claro. Por más que se esfuerzan y se gastan los dineros, respirar sigue siendo un proceso mayormente involuntario. (Lo más gracioso es que si un respiracionista deja de respirar con ayuda de una megatécnica tibetana superchida —como podría pretender algún meditador despistado con el pensamiento—, moriría asfixiado en pocos minutos). Si nos parece ridículo identificarnos de esta manera con un proceso mayoritariamente involuntario como es la respiración..., ¿por qué vivir identificados con un proceso mayoritariamente involuntario como es el pensamiento?

Lo hacemos, damas y caballeros. Vivimos identificados con el pensamiento. Y lo hacemos principalmente por dos motivos. El primero es la selectividad de la atención. Las personas influimos voluntariamente en el proceso del pensamiento gracias a la varita mágica de la atención. Y eso nos confunde. Pues el poder elegir acerca de qué pensar —atender el arenero del gato aumenta la probabilidad de que mi cerebro proponga un pensamiento del tipo: «¿Cuándo cambié la arena por última vez?»— no significa que podamos elegir qué pensar. El segundo motivo es la conciencia separada. Me explico. La energía electroquímica que viaja por la corteza visual primaria con la imagen de nuestra pareja chismeando en Instagram mientras le hablamos del problema laboral de siempre, el pensamiento: «¡Carajo! ¡Otra vez con el maldito teléfono!» y la sensación de «Me lleva la que me trajo» son, en realidad, la misma energía manifestada de diferente forma. Pero no lo vemos. Al relacionarnos con nuestras percepciones como algo externo y con las sensaciones como si fueran generadas por los demás, separamos la unidad natural de la mente. Esta separación es psicológica. No es real. Aun así, es comprensible que nos identifiquemos con el pensamiento porque es el único elemento de la cognición que no podemos proyectar en el exterior. (O, de lo contrario, escribiríamos un libro y haríamos competencia a Ángel Martín). Esta es la breve historia de cómo la selectividad de la atención —motivo uno— unida con la conciencia separada —motivo dos— dan vida a la serpiente que nos incita a morder la manzana del pensamiento.

La neurociencia nos ofrece una nueva forma de habitar la mente. De comportarnos. Una forma de actuar mucho más coherente con la manera de funcionar de nuestro organismo. Tras descubrir que nosotros no pensamos —piensa nuestro cerebro—, visitaremos los sótanos de la universidad con el fin de estudiar una zona clave a la hora de entender el pensamiento y el significado: el cuerpo calloso.

El TikTok de los hemisferios

Dos escalones más y estamos en el sótano. Aunque la luz del pasillo no parpadea como en las películas, es demasiado fría. En la sala de disección, el uso de guantes es obligatorio —poco importa si de látex o nitrilo— y, cómo no, también la bata. (En las batas de disección encontrarás el botón en el reverso). Abróchatela.

Los cerebros de la Facultad de Medicina fueron mi primera evidencia física de la muerte. En esas mesas de acero inoxidable de marco alto y perfilado ligeramente inclinadas hacia un desagüe, se falta al respeto constantemente a los libros de neuroanatomía. Quiero decir. En una clase de universidad, el cerebro humano es un revoltijo de arrugas bien definido; una nuez de surcos y circunvoluciones siempre idénticos. Situarse es pan comido. Identificas el surco central, el surco lateral, el parietooccipital y la muesca preoccipital para trazar una línea imaginaria entre ellos. Así obtienes los afamados lóbulos: frontal —mano sobre la frente—, parietal —mano sobre la coronilla—, temporal —sobre la oreja con los dedos apuntando hacia el cuello— y occipital —mano por encima de la nuca.

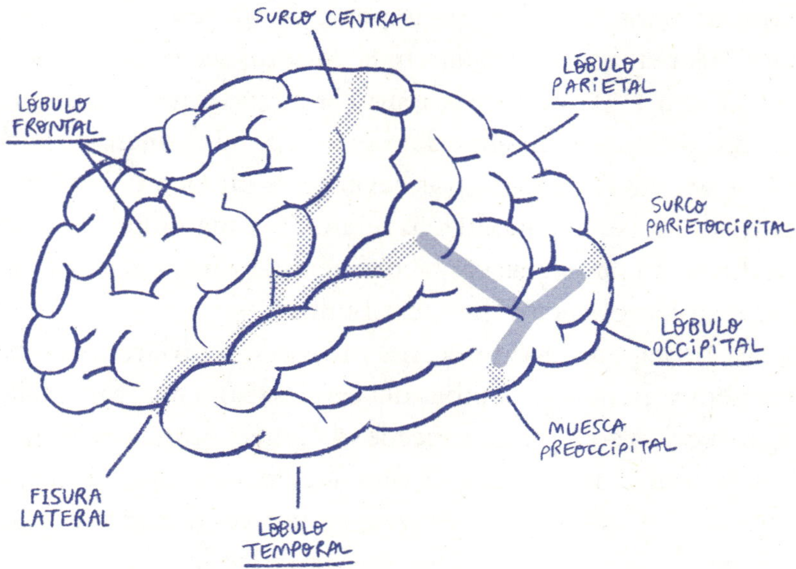

Un vistazo rápido al tema de los lóbulos y sus señales de referencia. Los lóbulos son la forma más extendida de dividir la corteza cerebral en la neuroliteratura.

En la práctica, nada es como dicen los libros. Cada encéfalo es único. El tamaño de dos cerebros —del tuyo y del mío sin ir más lejos— puede variar en un 30 %.[4] (He aquí una posible explicación científica de por qué en cada salón de la primaria hay un terco). Estructuras internas como la corteza somatosensorial —clave a la hora de sentir nuestro cuerpo— o motora —la reina del movimiento— varían hasta un 100 %,[5] y el tamaño de la corteza visual —ya sabes, la protagonista a la hora de convertir el mundo en una serie de recipientes vacíos— varía todavía más.[6] Por poner los puntos sobre las íes, si volvemos al Times

Square, paramos a veintiséis personas al azar y examinamos sus hemisferios, hallaremos cortezas visuales que van de 1284 a 3702 mm^2 de superficie o, en lenguaje común, las áreas visuales del guardia del antro y del sujeto al que no dejará entrar al lugar por llevar tenis pueden variar hasta tres veces su tamaño.[7] Unas diferencias anatómicas que se traducen en pequeñas variaciones en la forma o el color de los recipientes vacíos que percibimos.[8]

El protagonista de nuestra próxima neuroaventura se encuentra en las catacumbas del cerebro humano. En la sala de disección solo puedes acceder a él una vez fijados los sesos durante al menos quince días —como de costumbre, en formol al 10 %— y lavados en agua por veinticuatro horas. Es una estructura blanca con forma de oreja —prima hermana de aquel turista inglés que nunca toma el sol— situada en la línea media, de unos diez centímetros y rellena de trescientos millones de fibras nerviosas. Hablamos del cuerpo calloso. La red social más extendida entre hemisferios.

Aunque el cuerpo calloso sea la vía de comunicación por excelencia entre las dos mitades del cerebro,[9] siendo minuciosos, no es la única vía. Si el cuerpo calloso es el TikTok de los hemisferios, el fórnix —en las catacumbas subcorticales— sería el Facebook. ¡Pero basta ya de tanta anatomía! Veamos qué demonios hace este manojo de fibras blancas en la maleta de un viajero cuyo destino es hacer las paces con sus pensamientos. Recibamos con un fuerte aplauso a una vieja conocida, la epilepsia, en esta ocasión, acompañada del brazo del neurocirujano William van Wagenen y el neurocientífico Michael Gazzaniga.

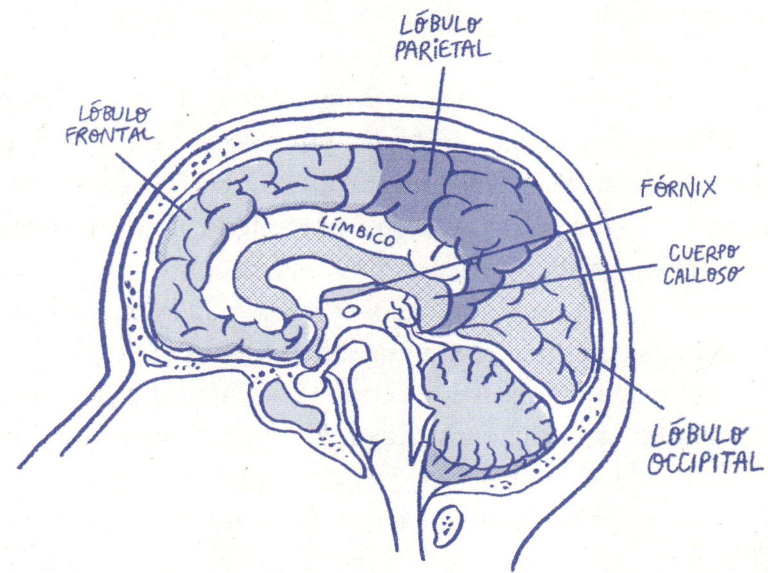

La vista sagital es una ventana por la cual saludar a las principales vías de comunicación entre hemisferios: el cuerpo calloso y el fórnix.

Steven Spielberg y el intérprete

El director de una pequeña escuela rural en el norte del estado de Nueva York dio a William van Wagenen libros de ciencia con la esperanza de que, al leerlos, aliviara su tartamudez. El experimento fue todo un éxito y despertó en el muchacho un profundo interés por la ciencia; situación que llevó a William van Wagenen —unida a la enfermedad neurológica de su hermana mayor— a la neurociencia.[10]

Ya convertido en neurocirujano, observó que las convulsiones generadas por un tumor cerebral se interrumpían conforme la masa de células crecía sin control destruyendo una zona del cerebro. ¿Adivinas cuál? ¡El cuerpo calloso! Paralelamente, dio con el curioso caso de un paciente epiléptico que dijo *bye bye* a sus ataques después de que un accidente cerebrovascular hiciera añicos su cuerpo calloso.[11] Atando cabos, William van Wagenen propuso dividir quirúrgicamente el *corpus callosum* como tratamiento a la epilepsia refractaria —epilepsia resistente a fármacos—, un procedimiento que denominó «callosotomía».[12] Desconectar los hemisferios cerebrales evita que las descargas epilépticas se propaguen a su antojo, reduciendo la frecuencia y gravedad de los ataques.[13] Ochenta años más tarde, la callosotomía continúa practicándose en quirófanos de medio mundo, eso sí, con ligeras modificaciones de la técnica original de William.[14] ¿Y qué ocurre si le partimos a una persona el cerebro por la mitad? ¿A lo mejor pierde el habla o deja de dividir el universo en recipientes vacíos? ¡¿O quizá es incapaz de regar el mundo de significado?! Sorprendentemente… Nada. ¡No ocurre nada! Al menos a simple vista.[15]

Una persona con el cerebro dividido se desenvuelve con normalidad en la cocina o en conversaciones de cafetería. Sin embargo, si prestas mucha mucha atención, te darás cuenta de que es incapaz de llenar de significado los recipientes de su campo visual izquierdo, así como objetos sostenidos con el brazo izquierdo.[16] Y es que el cuerpo humano también tiene sus manías. La mano derecha prefiere compartir información táctil con el hemisferio izquierdo, y la mano izquierda tiene debilidad por el hemisferio derecho.[17] Algo que también ocurre en los ojos. ¿Extraño? Puede ser. Aunque cosas peores se han visto.

Aprovechemos las manías del organismo para conocernos. Tras cambiar la bata de disección por la de laboratorio, vendemos los ojos de un paciente con el cerebro dividido para colocar un objeto en su mano derecha —un lápiz de Winnie Pooh—. Veamos qué pasa. Cuando la información del tacto llega al hemisferio de Paul Broca —hemisferio izquierdo vía mano derecha—, la persona puede decir sin tapujos «Es un lápiz de Winnie Pooh y sirve para escribir». Ahora bien. Algo espeluznante ocurre al poner el lápiz en su mano izquierda. Cuando la información del tacto entra en el hemisferio de John Hughlings Jackson —recuerda que el hemisferio derecho recibe información de la mano izquierda—, la misma persona que hace un rato describía el lápiz sin pelos en la lengua es incapaz de nombrarlo.

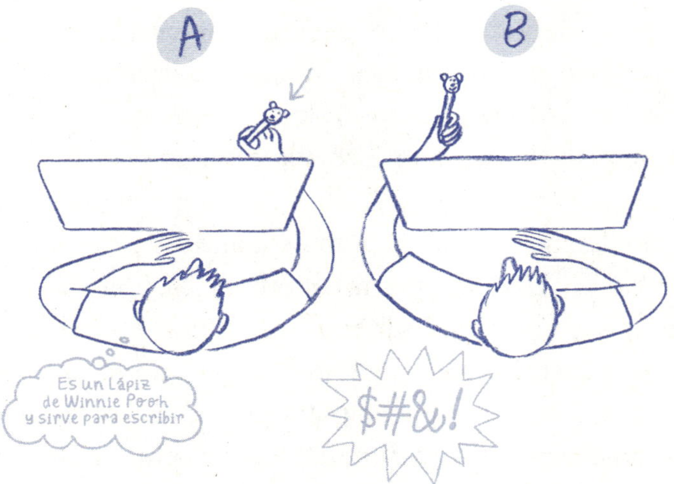

Mientras el hemisferio izquierdo —lápiz en la mano derecha— tiene acceso al significado y al habla, el hemisferio derecho —lapicero en la mano izquierda— solo es capaz de reconocer recipientes vacíos. Nada de nombrarlos. Nada de llenarlos de significado. En la imagen puede verse el *set-up* del experimento clásico de cerebro dividido en versión simplificada.[18]

La cosa no acaba aquí. Que el hemisferio derecho sea incapaz de nombrar un objeto, de ponerle palabras, era de esperar. Su misión principal es dividir el mundo en recipientes vacíos como ya sabemos.[19] Sin cuerpo calloso, el lado derecho no halla cómo decirle al izquierdo «¡Oye, *brother*! ¿Me llenas este recipiente vacío de significado?». Hasta aquí todo cuadra.[20]

En la vida real, esa en la que nueve millones de personas juegan de tres a seis horas diarias *Candy Crush*,[21] el lado izquierdo del cerebro hace mucho más que poner en palabras recipientes vacíos. Y si no te lo crees, en lugar de protestar, ve y muestra la imagen de un campanario al hemisferio derecho de un paciente de cerebro dividido —como hizo el investigador Michael Gazzaniga— y pregúntale a su lado izquierdo «¿Por qué este objeto?» cuando el hemisferio derecho escoja la campana entre una lista de objetos. El paciente J. W. dirá que eligió el instrumento porque «Escuchó una campana sonando de camino al laboratorio».[22] Una respuesta coherente. Sí. Pero absolutamente falsa.[23] No sonó ninguna campana. Su cerebro inventó una historia coherente del mismo modo en que los cerebros de nuestros participantes en el experimento del llorón misterioso inventaron una historia coherente.

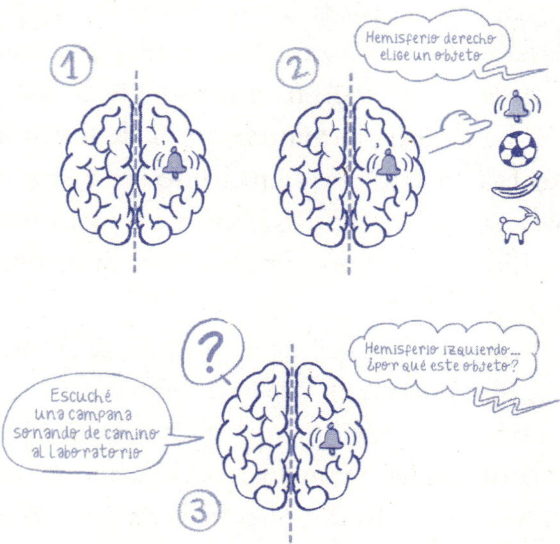

Paso uno: Michael Gazzaniga muestra al cerebro derecho de J. W. la imagen de un campanario con ayuda de un taquistoscopio (una especie de proyector ultrarrápido que solo muestra la imagen a un hemisferio). Paso dos: el neurocientífico invita al cerebro derecho de J. W. a elegir libremente un elemento de la lista. Paso tres: se pregunta al hemisferio izquierdo del paciente de cerebro dividido el motivo de su elección. Este inventa una historia coherente.

Analicemos un poco la idea. El hemisferio de Broca es el señor del lenguaje. Quien se atreva a negarlo arderá en la hoguera de la ciencia y san Newton le cerrará las puertas del cielo. Sin embargo, además del lenguaje, el lado izquierdo es también el dios del significado. El paciente J. W. no eligió la campana porque oyó un repiqueteo de camino al laboratorio. Eligió la campana porque Michael Gazzaniga le mostró previamente la imagen de un campanario a su hemisferio derecho. Pero claro, su cerebro está escindido. Entonces, como el lado izquierdo no sabe nada del campanario, se inventa un significado. (Lo agarramos con las manos en la masa). A la maquinaria neuronal del hemisferio izquierdo capaz de inventar historias que riegan el mundo de significado se la conoce como «El intérprete».[24] Y, aunque es una de las estructuras cognitivas más divertidas que existen, también es una fuente de quebraderos de cabeza.

Entrando en materia, al intérprete no le importa si la historia que nos cuenta es verdad, mentira, un chisme o ciencia ficción. Su obsesión es la coherencia. Enseñemos una pata de pollo al lado izquierdo del paciente de cerebro dividido P. S. y una foto de un paisaje nevado al derecho. Luego dejemos que cada hemisferio escoja un ítem de una lista de objetos. El hemisferio izquierdo elige el gallo —le mostramos una pata de pollo— mientras el derecho se decanta por la pala —recuerda que el derecho vio un paisaje invernal—. Tiene sentido. Ahora escuchemos al intérprete. Al preguntarle al paciente P. S. el porqué de su elección, su hemisferio izquierdo, ajeno a la imagen del paisaje nevado, se monta una buena película: «¡Muy sencillo! La pata de pollo pertenece al gallo y necesitas una pala para limpiar el gallinero». ¡¿En serio?! Ni Steven Spielberg.

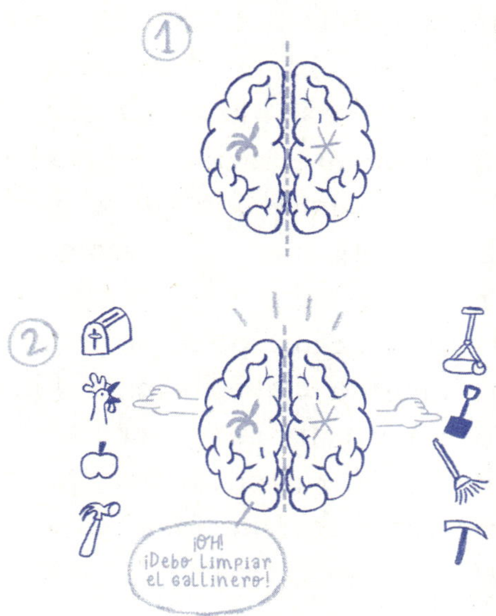

Vayamos poco a poco. Imagen uno. Michael Gazzaniga muestra al lado derecho del cerebro de P. S. un paisaje nevado, y al lado izquierdo, una pata de gallo. Imagen dos: en esta ocasión, el investigador invita no solo al cerebro derecho de P. S. a elegir libremente un elemento de la lista, sino también al izquierdo. Al preguntarle al paciente de cerebro escindido por el motivo de su elección, el intérprete inventa una historia coherente con la información disponible en el presente —pata de pollo, gallinero, pala—, utilizando recuerdos —«La pala sirve para limpiar»— y metas a futuro —«Hay que limpiar el gallinero».

Pensamientos. Llamamos pensamientos a las historias que nos cuenta el intérprete. A las propuestas neuronales con las que nuestro hemisferio izquierdo llena cada recipiente vacío. ¿Propuestas coherentes con las cosas que percibimos? Sí. ¿Propuestas coherentes con la memoria y metas futuras? Sí. ¿Propuestas coherentes lo que sentimos?

¡Sí! ¡Pero propuestas al fin y al cabo! Reconocer esto es abrirse a una nueva relación con el pensamiento. Es dejar de ver las cosas que piensa nuestro cerebro como «hechos» y adentrarnos en un espacio de ignorancia. En consecuencia, ese niño endemoniado que te pegó un chicle en el cabello durante el recreo del noventa y dos deja de ser un imbécil para convertirse en un recipiente vacío. Un florero sin flores que tu intérprete riega de significado. (Observa cómo el mismo «imbécil», para el intérprete de tu compañera de pupitre, fue su primer amor). Te presento un espacio de la mente donde todo es posible. Donde los «hechos» personales se transforman en un universo de infinitas posibilidades. ¿Te atreves a descubrirlo?

Capítulo 6

ANATOMÍA del PENSAMIENTO

Durante las próximas páginas la bata se queda en el perchero. Toca vestirnos con el traje de luces. Saltar al ruedo. Torear al intérprete. Sin la bata, tan solo somos uno de los cien participantes de este experimento de emparejamiento intuitivo organizado por una prestigiosa universidad. La investigadora entra en la sala y nos explica la mecánica. Es simple. Frente a nosotros hay seis personas. Tres parejas en la vida real. Tras leer la descripción individual en el pie de foto, debemos dar rienda suelta a la intuición con el fin de adivinar quiénes se echan pedos en la intimidad. Damas y caballeros: déjense llevar y disfruten del espectáculo.

Paco trabaja en recursos humanos de una empresa multinacional, adora la pastelería y conocer gente.

Guillermo estudió Medicina, tiene un hijo llamado Isao y le encanta la jardinería.

Gómez es consultor de marketing, va con gorra a todas partes y siempre tiene el último iPhone.

Marisol es agente inmobiliario, su perro se llama Bruno y le encanta pasar el día en la playa.

Sofía estudió Antropología, le encanta el pastel de chocolate fundido y disfruta descubrir lugares nuevos.

A Eva le apasionan los niños, hacer páginas web y tiene predilección por la comida mexicana.

Una vez que el hemisferio derecho de John Hughlings Jackson divide el mundo en recipientes vacíos y el giro fusiforme analiza los rostros,[1] es el turno del hemisferio izquierdo, del intérprete y el significado. Vamos, alcahueta. Trae un lápiz y escribe los números o nombres de cada una de las tres parejas en los espacios que encontrarás a continuación. (Total libertad).

A ______________ le gusta ______________
A ______________ le gusta ______________
A ______________ le gusta ______________

El 99 % de las personas falla a la hora de hacer *match*.[2] ¡¿Cómo es posible?! Para empezar, los cerebros suponen que estamos frente a parejas heterosexuales. Claro. Partiendo de esta limitación imaginaria, las probabilidades de éxito se reducen significativamente, pues dos de las tres parejas son homosexuales en la vida real. Es curioso. Hasta el intérprete de aquellas personas que comparten su aliento matutino con personas del mismo sexo tiende a emparejar a Barbie con Ken y a Vilma con Pedro Picapiedra. Esta pequeña decisión inconsciente que condiciona al intérprete y nos condena al error sistemático se conoce en el mundo de la banca y el cuestionario como «sesgo cognitivo». (La solución y alguno que otro chisme gracioso en esta nota de la farándula).[3]

Desde que Amos Tversky y Daniel Kahneman introdujeran el término allá por la década de los setenta para describir estos «despistes» del intérprete, hemos detectado decenas de ellos.[4] Lo más fuerte es que no se trata de descuidos azarosos cometidos por un grupo de adolescentes. Son sistemáticos. Predecibles. Generalizados. Viven en el viajero compulsivo —ese que no da un paso sin dejar huella en Instagram— o en la mente de quienes nunca salieron de su pueblo. En los talleres mecánicos, en las tiendas de segunda mano, en las universidades y, cómo no, en los experimentos científicos.[5] Presta atención a la siguiente imagen.

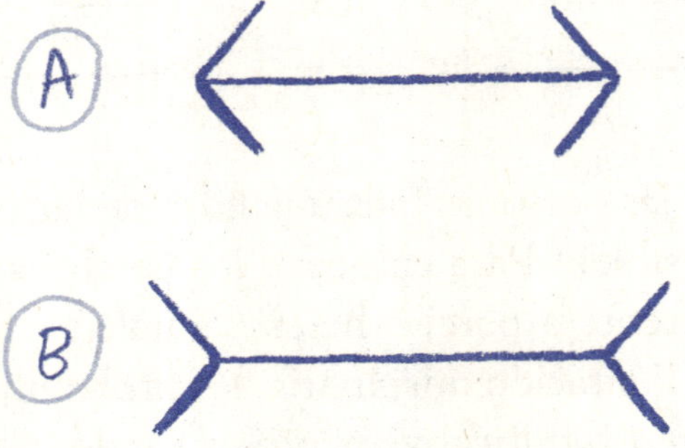

Dos líneas horizontales de diferentes longitudes con flechas en los extremos. En la figura A, las flechas están orientadas hacia el exterior y en la B, hacia el interior. No hay más misterio.

Salta a la vista. La primera línea es un poquito más corta que la segunda. (Tampoco tanto). Aquel que ose contrariarnos es un impostor. Un ignorante que no sabe nada de la vida. Un pseudocientífico de cuarta que merece cien años de soledad. ¡A nosotros nos la va a pelar! ¡Ja! Basta, paremos el cotorreo. No sea que midamos por casualidad las dos líneas con una regla y descubramos que tienen exactamente la misma longitud. Por mucho, lo que más me fascina de la ilusión de Müller-Lyer[6] es que, aun conociendo la figura de antemano y sabiendo que son iguales, aun midiendo las líneas mil veces, el cerebro sigue viendo una más larga que otra. Esto, justo esto, es un sesgo cognitivo. Algo que siempre está ahí. En las decisiones que tomamos. En las cosas que sentimos. En las propuestas del intérprete. Y, aun cuando sabes que está ahí… ¡Continúa estando!

Ejemplos hay muchísimos. Si te digo que Daniel Kahneman recibió el Premio Nobel en el 2002 por sus coqueteos con los sesgos cognitivos, tu intérprete se verá condicionado por el sesgo de autoridad[7] y la probabilidad de que aceptemos sus opiniones sin protestar se dispara. (No importa si habla acerca del poder antioxidante del té verde o del último amorío de Rocío). Si tras una hora en la sala de espera del hospital comienzas a viborear diciendo: «¡Qué bien viven algunos!», «¡Dos horas desayunando!» o «Qué pocas ganas de trabajar», el sesgo de atribución fundamental se asomó, empujando al intérprete a juzgar a los demás por su personalidad —vago, incompetente o arrogante— cuando, si le damos la vuelta a la tortilla y se trata de nosotros mismos, le echaremos la culpa a la situación —el cerebro de la doctora piensa, por decir algo, «Falta personal»—.[8] En la misma línea, existen sesgos que instan al intérprete a atribuir el éxito a nuestro «yo» —factores internos como el esfuerzo— y a atribuir los fracasos a las circunstancias, los demás o la mala suerte —factores externos—.[9] Sobre todo en *petit comité*.[10] Y es que el párrafo anterior está dominado por el sesgo del «realismo ingenuo» —según el cual solo nosotros vemos la realidad de forma objetiva mientras que todos los demás son unos ignorantes—,[11] el sesgo del «pensamiento hecho» —la vida es como yo la pienso— enseñó sus vergüenzas en el capítulo pasado, o los estereotipos —asociaciones implícitas acerca de un grupo de personas—[12] manipularon las propuestas de nuestro intérprete en el experimento de emparejamiento intuitivo. Veamos cómo.

La ouija y la sensación de voluntad

Dar significado a las personas, los lugares, los animales o las cosas que nos rodean conlleva tomar decisiones invisibles. Esas decisiones se hacen conscientes cuando nuestro querido intérprete, desde su apartamento de lujo en el hemisferio de Paul Broca, teje una historia coherente. A veces de forma sutil. Otras, no tanto. Michael Gazzaniga y los pacientes de cerebro dividido limpiaron la broza cognitiva en el capítulo anterior para que pudiéramos ver con claridad cómo las historias que nos contamos están llenas de sesgos y suposiciones.[13] Ahora, estacionados en doble fila en la calle de la toma de decisiones, revelaremos uno de los sesgos más chocantes que existen: la sensación de voluntad.

Si durante los próximos quince minutos te pido que decidas libremente pasar esta página, sabré siete segundos antes que tú cuándo tomaste la decisión de hacerlo.[14] Con ayuda de un escáner cerebral veré tu corteza prefrontal y parietal iluminarse como un árbol de Navidad, aunque, todo sea dicho, el jolgorio épico tiene lugar en la corteza frontopolar anterior —a la altura de las cejas—. Resulta que el patrón de actividad de esta estructura empadronada en la corteza prefrontal codifica la información relativa a la intención y a la generación inconsciente de decisiones libres mucho antes de que seamos conscientes de ellas.[15] A pesar de todo, las personas que pronunciamos «Grabiel» —en vez de Gabriel— o lavamos los Kleenex en la lavadora involuntariamente, tenemos la sensación de elegir voluntariamente nuestras acciones. Si nos piden que pasemos la página en un momento aleatorio, solemos esperar un tiempo prudente, pensar «¡Ahora!» y ejecutar la acción. En ese orden. No en otro. Así ocurre en la mente de la mayoría. Sin embargo, si miramos la misma experiencia desde el laboratorio, ver la acción «pasar página» como consecuencia de la decisión de hacerlo —el pensamiento «¡ahora!»— es comparable a ver una línea más larga que otra en la ilusión de Müller-Lyer.

Subamos a la copa del árbol de la ciencia para ver el bosque. Al echar un vistazo rápido a la literatura de la percepción y la atribución causal,[16] aprendemos que el intérprete se apropia de las acciones solo si cumplen tres condiciones: prioridad, coherencia y exclusividad. En concreto, el intérprete nos atribuye la acción «pasar página» si el pensamiento «¡ahora!» aparece en la mente consciente antes que la acción —regla de prioridad—, si es consistente con ella —regla de coherencia— y, además, no existe otra causa aparente a la vista —regla de exclusividad—. Pensar «¡Ahora!» después de pasar la página es una falta de respeto a la regla de prioridad. La sensación de voluntad sobre la acción se esfumará. En la misma línea, si pensamos «Tengo que llevar el coche al taller» y luego pasamos la página, la falta de coherencia acabaría con la sensación de voluntad, o si un extraño pasa la página por nosotros —aunque hayamos pensado en hacerlo previamente—, el principio de exclusividad evita que el cerebro nos atribuya la acción.[17] Descolguemos la bata del perchero con un experimento espeluznante.

Para algunos la ouija resulta terrorífica y, para otros, una tontería. Sea como sea, la idea de que un espíritu controle nuestras acciones puede ayudarnos a resolver los misterios de la voluntad humana. En esta versión académica, una plataforma montada sobre el ratón de una computadora traslada el movimiento a una pantalla, la cual, en lugar de letras, tiene dibujos de automóviles, dinosaurios, cisnes, velas o cosas por el estilo. Invocar al espíritu en el laboratorio es un juego de niños. Basta con diseñar el protocolo por parejas y hacer un acuerdo con uno de ellos: el «espíritu». Pero seamos cautos. No debemos levantar sospechas. Citaremos a todos en el laboratorio a la misma hora. En la misma sala de espera. Y les explicaremos que se enfrentan a una prueba de coordinación. (Mentira piadosa. El espíritu lo sabe). Luego pasarán por parejas a la sala de experimentación. Se sentarán frente a frente en una mesa. Y les daremos un par de audífonos. El espíritu —participante acordado— recibirá instrucciones del tipo «Mueve la plataforma hacia el dibujo del cisne» segundos antes de que el participante real reciba una orden similar por los audífonos. De este modo, durante un intervalo de tiempo, el participante tendrá la sensación de que el tablero se mueve solo. Variando el intervalo entre que el espíritu inicia la acción —mover el tablero hacia el cisne— y en el que el participante recibe la orden, sabremos cómo y cuánto se quebrantan las reglas de prioridad o coherencia.[18]

En la imagen A, una versión simplificada del *set-up* experimental utilizado por Daniel Wegner y Thalia Wheatley, de la Universidad de Virginia. El «espíritu» recibe instrucciones del investigador para mover el tablero hacia el cisne antes que el participante en cuestión. Durante unos segundos, su cerebro tiene la sensación de que una fuerza paranormal se apodera del tablero. El éxito del experimento radica en una mentira piadosa: el participante real cree que se enfrenta a una prueba de coordinación y que el investigador dará la orden de iniciar el movimiento a los dos al mismo tiempo.

Los resultados desafían toda lógica. El intérprete se apropia de acciones ajenas que ocurren hasta cinco segundos antes de pensar en llevarlas a cabo.[19] ¡De locos! Según parece, la capacidad de atribuirnos la autoría de un movimiento ajeno depende tanto de la percepción de la acción como del pensamiento. Dos productos de la mente. (Ambos sesgados). Así que, en cierto sentido, la sensación de voluntad es también una construcción mental. Un cuento chino. De ahí que exista la posibilidad de que pensemos en pasar esta página y la pasemos, no porque el pensamiento «¡Ahora!» sea la causa de la acción, sino porque el intérprete, codo con codo junto a otros procesos cognitivos que no vemos, nos cuenta una historia coherente.[20] Acabamos de atraparlo in fraganti.

La influencia de los sesgos cognitivos sobre nuestro día a día es incalculable. Se apoderan de las historias que cuenta el intérprete del conserje, de la ministra de Sanidad, del intérprete del empleado del «Compro oro» o de la jueza. Sin embargo, cuando estas y otras anécdotas de laboratorio llegan a oídos de la gente normal, en lugar de asumir la fragilidad del pensamiento con elegancia, convertimos al sesgo en el malo de la película. En la bruja del oeste en *El mago de Oz*. En el Freddy Krueger de *Pesadilla en la Calle del Infierno*. E iniciamos una guerra en su contra. Convencidos de que la razón y la objetividad harán que los sesgos dejen tranquilo al pensamiento, damos la bienvenida al sesgo más peligroso de todos: la arrogancia humana.

El pensamiento Rayo McQueen y el pensamiento Dumbo

Una carta entra con ilusión en el buzón de la casa. Todo esfuerzo da sus frutos. El símbolo de las olimpiadas —ese con cinco anillos entrelazados de color azul, amarillo, negro, verde y rojo— salta a la vista. Es oficial. La Federación Española nos eligió como uno de los atletas que participarán en el maratón de los Juegos Olímpicos de Barcelona 92. Tras una vida de entrenamientos, dietas y *nikes*, pregunto: ¿Qué te haría más ilusión, lucir la medalla de oro, de plata o de bronce en las olimpiadas?

Siempre que lanzo la pregunta al aire durante una conferencia el 99 % de los asistentes lo tienen claro. Dejando de lado al rarito que asegura que «Lo importante es participar», las personas comunes y corrientes que sufrimos el contagio de bostezos o decimos groserías al pasar por las casetas ansiamos el oro. En nuestra escena *made in* América lucimos las palmas en lo alto del podio, soltando una lágrima mientras suena el himno nacional y vemos pasar en cámara lenta momentos difíciles, lesiones u otros hitos decisivos de nuestra carrera. Con el oro sobre los hombros nos sentimos realizados. Satisfechos. Flex.[21] Ahora bien, cuando por el motivo que sea no podemos llegar al primer puesto —participa el Rafa Nadal de los maratones—, aproximadamente el mismo número de personas aseguran sentirse más felices con el segundo puesto que con el tercero y, en el caso extremo de que, además del Rafa de los maratones participe también el Roger Federer, la gran mayoría de las personas se conforman con el tercer puesto en este experimento mental. Pero, como ya sabemos, una cosa es pensar la vida y otra muy distinta vivirla.

Un estudio realizado durante las olimpiadas de Barcelona 92 reveló que aquellos deportistas que subieron al tercer escalón del podio se sentían significativamente más felices que los que terminaron en segundo lugar.[22] ¡¿Cómo!? ¡¿Acaso se dieron un golpe en la cabeza?! Objetivamente, quedarse con la plata es mejor que llevarse el bronce a casa. La satisfacción de los atletas debería respetar el orden del medallero. Pero no ocurre así. El motivo está en la mente de los deportistas. Mientras el intérprete de los medallistas de plata lanza propuestas del tipo «*Porca miseria*… ¡Se me escapó el oro!» y siente resquemor, los cerebros del bronce piensan cosas como «Uff… Estuve a punto de quedarme fuera del podio» y sienten alivio. Unas propuestas neuronales que pasaron a la historia de la psicología con el nombre de «pensamientos contrafácticos».[23] Si bien a estas alturas el impacto de los sesgos cognitivos en las historias que nos cuenta nuestro cerebro es más que evidente, recostemos al intérprete en la mesa de disección. (A ver qué encontramos).

Tras un corte transversal, dos procesos de pensamiento saltan a la vista. Uno es esa voz en la cabeza que nos dice «*Porca miseria*… ¡Se me escapó el oro!». El otro es la idea racional «La medalla de plata es mejor que la de bronce». En palabras del inimitable Daniel Kahneman, el responsable de la pensación «Mierda… ¡Se me escapó el oro!» es un personaje ficticio denominado «Sistema 1». Bautizado como el Rayo McQueen de nuestro sistema de pensamiento, el Sistema 1 es capaz de terminar la frase: «Los caminos del Señor son...» aunque jamás haya pisado una iglesia o de asegurar, si tiramos seis veces una moneda al aire, que la secuencia CXCCXC es más probable que la secuencia XXXXXX.[24] (C representa cara, y X, cruz). Cuando es mentira. Las dos tiradas son igualmente esperables. A pesar de todo, en la mente de la profesora de matemáticas hay un «algo» —el Sistema 1— que la lleva a desconfiar de la secuencia XXXXXX.

Luego está el «Sistema 2».[25] El Sistema 2 es el responsable de la idea «La medalla de plata es mejor que la de bronce». Capaz de contar las veces que aparece la letra «e» en este párrafo, de comparar las características técnicas de un Ferrari Testarossa y un Seat 600 o de transformar el pensamiento ofrecido por el Sistema 1: «¡Ojalá te rompas una pierna!» en un amable «¡Felicidades!» cuando nos dirigimos al segundo escalón del podio. El Sistema 2 es el estandarte del conocimiento y la razón. Tras décadas de estira y afloja en los laboratorios,[26] las características principales de ambos sistemas pueden resumirse en una tabla.

EL INTÉRPRETE	
SISTEMA 1	SISTEMA 2
Lleva las riendas de nuestro día a día y no puede ser desconectado.[27]	Permanece activo en un segundo plano en modo «ahorro de energía» la mayor parte del tiempo.
Es rápido, automático, involuntario y no requiere esfuerzo cognitivo.	Es lento, voluntario, nos permite «concentrarnos al estudiar» y consume toneladas de energía.
Su función principal es ofrecer una propuesta neuronal coherente —pensamiento— en cada situación de vida con la información disponible en la memoria asociativa.[28]	Evalúa las propuestas del Sistema 1, sentando las bases del autocontrol, la planificación, del razonamiento —sistema ejecutivo en el lóbulo frontal—[29] y promoviendo la sensación de control voluntario que confundimos con el «yo». En la práctica, el Sistema 2 nos permite dar la condición de «hecho» a las propuestas del Sistema 1, y es el arquitecto de nuestro sistema de pensamiento.

Básicamente Daniel Kahneman partió el intérprete de Michael Gazzaniga a la mitad. En la tabla, unas pinceladas de las virtudes y los defectos de los Mortadelo y Filemón de la cognición.[30]

Ambos sistemas se activan con la alarma del despertador. Mucho antes de sacar el cepillo de dientes, el Sistema 1 ya está a tope, bombardeando nuestro campo mental de propuestas neuronales. El Sistema 2 seguirá en la cama siempre y cuando las propuestas del Sistema 1 sean coherentes con nuestro sistema de pensamiento,[31] con nuestras experiencias pasadas y metas a futuro. Entonces vemos en el periódico a Serena Williams levantar un trofeo, o a un nuevo hijo ilegítimo de Julio Iglesias comparecer ante la prensa de la farándula, y el Sistema 2 hace la vista gorda. El mundo es un lugar coherente. En consecuencia, cualquier pensamiento que llegue será nombrado «hecho». La facilidad cognitiva se mueve a sus anchas. Son tiempos de paz. En cambio, si un mono sale con una supermodelo, tu cuñado da la razón a alguien o Arturo Pérez-Reverte publica comentarios gentiles en Twitter, sonará el cuerno de guerra y el Sistema 2 tomará la delantera.

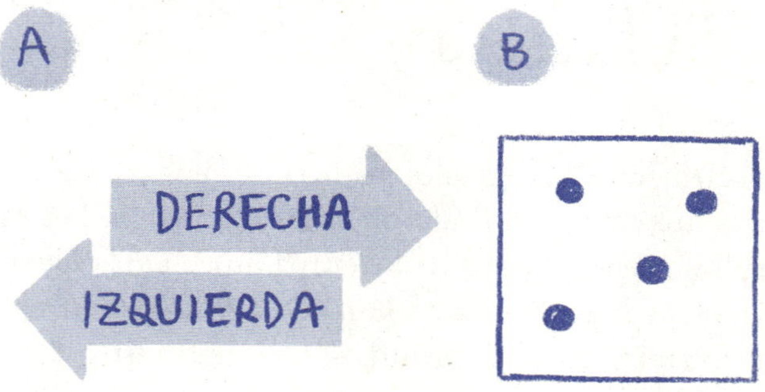

¿En qué dirección apuntan las flechas de la figura A? ¿Cuántos elementos hay en el recuadro de la imagen B? El Sistema 1, el Rayo McQueen del pensamiento, dará rápidamente con la respuesta correcta sin despeinarse.

La figura A es coherente de cabo a rabo. Observa cómo la respuesta surge de forma natural. Sin esfuerzo. El Sistema 1 está al volante. La facilidad cognitiva es la encargada. En la imagen B, la misma cantaleta. No es hasta que la memoria asociativa falla que el Sistema 1 se va por los cigarros, la facilidad cognitiva[32] se esfuma y el presente deja de ser un lugar apacible. Aunque puede que tu Sistema 2 no se entere de nada, tu cerebro está a seis palabras de declarar el estado de emergencia.

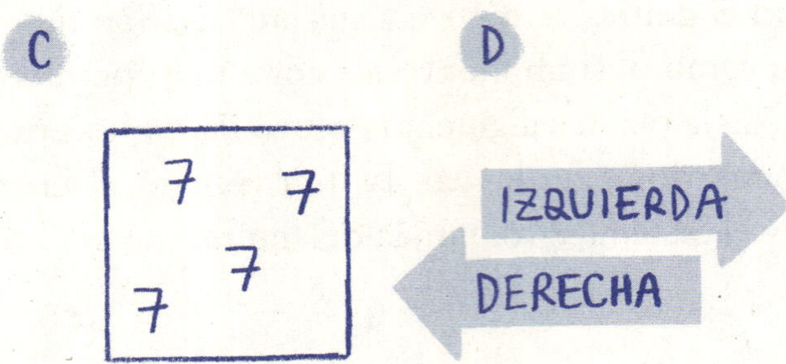

¿Cuántos elementos hay en el recuadro de la imagen C? Muy probablemente tus neuronas dudaron antes de dar con la respuesta. (Más detalles acerca del test de Stroop aquí).[33] De la ligereza con la que hallamos la respuesta en la imagen B —a pesar de contar con el mismo número de elementos— no queda rastro. La historia se repite con la imagen D. Ante la falta de coherencia, el Sistema 1 se hace a un lado y el Sistema 2 de Daniel Kahneman toma las riendas. ¿Puedes sentir en tu cuerpo el esfuerzo cognitivo que supone decir en voz alta en qué dirección apuntan las flechas de la figura D?

En las imágenes anteriores el presente no es un lugar coherente. Con la memoria asociativa en pantallazo azul, el Sistema 1 le pasa el relevo al Sistema 2. La sensación de voluntad se pone en *on*. El esfuerzo se asoma. Tarde o temprano nuestro querido Sistema 2, capaz de fabricar un cachivache espacial que registra la actividad sísmica de Marte[34] o de utilizar la inteligencia artificial para desentrañar los secretos de las proteínas[35] —los ladrillos de la vida—, verá en la figura C cuatro elementos o dirá que las flechas de la D apuntan a derecha e izquierda respectivamente, aunque pierda un par de neuronas en el camino.

Ahora que ya hemos presentado a los sistemas 1 y 2 de Daniel Kahneman como corresponde, la pregunta del millón es si el pensamiento *Dumbo* —en honor a la lentitud del Sistema 2— puede realmente sacarnos del hoyo de los sesgos cognitivos. ¿Será posible dominar al sesgo de autoridad a golpes de razón o fintar al pensamiento «hecho» con ayuda del Sistema 2? La cosa se pone interesante.

La niña de *El exorcista* y el detector de incoherencias

Basta con responder «dos» a la pregunta «¿Cuántos animales de cada especie llevó Moisés al Arca?» para descubrir que el pensamiento *Dumbo* puede hacer poco frente a los sesgos cognitivos.[36] Me explico. Nuestro Sistema 2 sabe que fue Noé y no Moisés el constructor de la embarcación destinada a sortear el gran diluvio. ¡¿Ah, sí?! ¿Entonces, por qué pasa desapercibido para el común de los mortales?[37] De entrada, el Sistema 2 ni siquiera intenta resolver el problema. La razón es simple: no ve ningún problema. Aquello que hace que la «ilusión de Moisés» sea casi imperceptible para la mayoría es el estrecho vínculo de los personajes en la memoria asociativa.[38] Despertando nuestros conocimientos bíblicos, tanto Moisés como Noé aparecen en el Antiguo Testamento y ambos reciben órdenes del Altísimo asociadas con el agua. El error se disfraza de coherencia. Y no levanta sospechas. Ahora rompamos la coherencia. Sustituyamos la palabra «Moisés» por

«Omar Chaparro» o por «la niña de *El exorcista*». El error se vuelve obvio. Los sesos protestan.[39]

Las personas disponemos en un lugar del cerebro de cuyo nombre no quiero acordarme —áreas de asociación de la corteza temporal superior derecha y parietal inferior bilateral—[40] de un «detector de incoherencias neuronal». Y, por lo visto, los sesgos cognitivos dependen en buena medida de las mañas de este detector. Veamos rápidamente cómo funciona. (Vale la pena).

En primera instancia, el detector de incoherencias busca en la memoria asociativa coincidencias potenciales. O sea, si nuestra mejor amiga dice lo que piensa y nos gusta la astrología, pensaremos «Es que es aries», o si nuestra pareja dice digo y luego Diego, diremos para nuestros adentros «Es que estos géminis son un poco bipolares». El Sistema 1 saca a pasear sus propuestas neuronales por el campo mental. El detector de incoherencias ni se inmuta. Mundo percibido y conocimiento personal fuman la pipa de la paz.[41] Caso cerrado. En la otra punta del ejemplo, si oímos decir al hijo de nuestra mejor amiga de ocho años «Todas las noches bebo una copita de vino antes de ir a la cama» o a su marido asegurar «Estoy embarazado»,[42] el detector de incoherencias prende las luces de emergencia. Las áreas de asociación de la corteza temporal y parietal gritan «¡Hombre al agua!» y el Sistema 2 va al rescate[43] a lo David Hasselhoff en *Guardianes de la bahía*. El detector de incoherencias arranca el motor del razonamiento y el Sistema 2 busca una solución en el océano del conocimiento general. (Aquí una nota muy top acerca de cómo la tecnología está alterando el *modus operandi* del Sistema 2).[44]

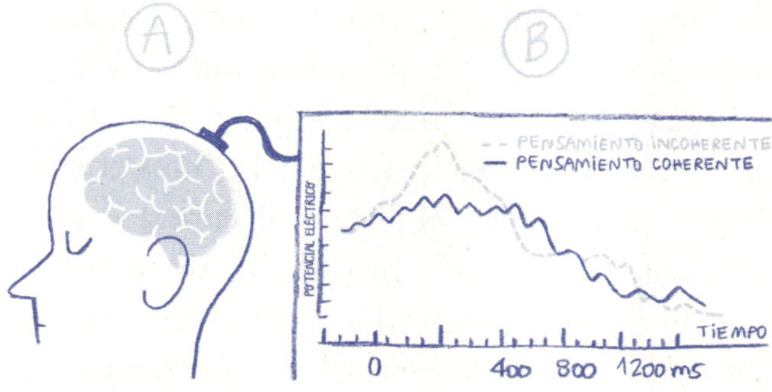

En la figura A vemos un electrodo —trozo de metal capaz de meterse con la actividad de las neuronas piramidales de la corteza— situarse en nuestro detector de incoherencias. Aunque cueste creerlo, durante el experimento original los investigadores presentaron los pensamientos incoherentes «Todas las noches bebo una copita de vino antes de ir a la cama» y «Estoy embarazado» a los participantes con voz de niño y hombre adulto, respectivamente.[45] (No era una broma de las mías). En la imagen B, el resultado que veríamos en la pantalla de la computadora tras teclear unas líneas de código y obtener los «potenciales evocados con el evento» que, a pesar de su nombre rimbombante, se trata únicamente de repetir muchas veces el mismo evento cognitivo —que el participante escuche «Estoy embarazado» con voz masculina— y hacer un promedio para reducir la aleatoriedad.[46] Observa: nuestro detector de incoherencias genera más potencial eléctrico ante un pensamiento incoherente (línea discontinua) que ante un pensamiento coherente (línea continua).

Las dos características más sorprendentes del detector de incoherencias son su hipervelocidad[47] —responde ciento cincuenta milisegundos después de que el tren de palabras se adentra en el nervio óptico—,[48] y la capacidad del propio pensamiento para modificar el umbral del detector de incoherencias. Vamos a adentrarnos en el ejemplo. No es lo mismo preguntar «¿A qué edad murió Leonardo da Vinci?» a secas que, previamente, preguntar «¿Tenía Leonardo más o menos ciento treinta y ocho años cuando murió?». En el segundo caso, el Sistema 1 apuesta por edades más avanzadas.[49] ¿Por qué? Introducir una edad elevada de referencia en la pregunta hace que sobrestimemos la respuesta, o, dicho de otro modo, hace que demos por sentado que Leonardo tuvo una vida longeva. En consecuencia, el umbral del detector de incoherencias se vuelve más tolerante, un efecto conocido en el mundo del análisis de mercado y el apretón de manos como «efecto ancla».[50]

Acercando el «efecto ancla» a nuestro día a día, las cosas que pensamos en el ahora —más concretamente las propuestas neuronales que decidimos usar como veremos en los próximos capítulos— afectan a la coherencia de los siguientes pensamientos. Usar un pensamiento, o, lo que es lo mismo, prestarle atención sostenida, puede desplazar el umbral de nuestro detector de incoherencias[51] influyendo en la salida de nuestro detector de incoherencias en futuras propuestas del intérprete. Pongamos varios ejemplos: el noticiero es un ancla. Tus *influencers* favoritos son anclas. Un pensamiento «hecho» es un ancla. El «No encontraré a alguien que me quiera», «Todos los políticos son unos ladrones» o «Nadie va a contratarme con un buen sueldo» son anclas. Si yo pienso «Tengo ocho mil euros en el banco», ese pensamiento aumenta la probabilidad de que mi intérprete proponga marcas de coches económicas tipo Fiat o Hyundai en lugar de Mercedes Benz o Porsche.[52] Es un ancla. Un sesgo.

Respuestas idénticas ofrecen salidas opuestas del detector de incoherencias. En el supuesto B, la respuesta «¡Noventa y cinco años!» activa el detector de incoherencias y pone el asunto en manos del Sistema 2. En cambio, si antes de preguntarnos por la edad del florentino nos preguntan «¿Tenía Leonardo más o menos ciento treinta y ocho años cuando murió?», la respuesta del Sistema 1 «¡A los noventa y cinco!» pasa desapercibida para el detector de incoherencias neuronal. (Supuestos C y D). Usar un pensamiento puede alterar el umbral del detector de incoherencias haciendo que el sistema sea más exigente o más permisivo.

Los sesgos cognitivos son al pensamiento lo que la joroba al camello o la barba al calvo. Forman parte de nosotros. Nos acompañan al bar. Al trabajo. De vacaciones. Por este motivo, la cosa no va de aprender nuevas técnicas o estrategias con las que torear al sesgo. Va de aprender a soltar cualquier idea que nos impida estar en contacto con las personas, los lugares, los animales o las cosas tal y como son. Hoy, en lugar de intentar deshacernos de ellos, vamos a hacerle el amor al sesgo. A abrazar nuestra ignorancia. La ignorancia es la cualidad que nos permite entrar en contacto con la esencia de las cosas. Porque no importa la historia que te cuente el intérprete. Lo único que importa es tu capacidad para no creértela.

Capítulo 7

Lady GABA y EL DILEMA DE USAR O TIRAR

Acostumbra a entrar en el laboratorio con solo un café en el cuerpo. Los pasillos de la Universidad de Chicago en Illinois todavía pertenecen al personal de limpieza, aunque pronto se verán invadidos por una marabunta de estudiantes. Cada mañana el mismo ritual. Enciende el microscopio electrónico, se arremanga la bata y reproduce *Aïda,* de Verdi, poniendo la aguja sobre el tocadiscos como si de un golpe de batuta se tratara; el homenaje de un hijo a su madre —cantante de ópera— que se fue a los Estados Unidos en 1937 tras su negativa a unirse al partido nazi. Peter Huttenlocher tardó doce años en ir a visitarla. Decidió quedarse.

En el laboratorio, Peter cuenta las sinapsis —*affaires* bioquímicos entre un axón y su vecina dendrita— de personas con discapacidad en diferentes etapas del desarrollo. Si bien nunca dio con la tecla de la discapacidad intelectual, su investigación cambiará por completo nuestra forma de entender la educación y el aprendizaje humano.[1] Peter Huttenlocher vio que la corteza cerebral de un bebé cuenta con un 15 % más de neuronas[2] y un 50 % más de sinapsis que la de los adultos.[3] Esto serían...

hum… quince mil millones de neuronas más que la madre —unas cuatro veces la edad del Sol—[4] y alrededor de quinientos mil millones de conexiones más que su progenitor[5] —treinta y seis veces la edad del universo—. Una diferencia abismal. ¿Y de qué le sirve tanta neurona si no es mucho preguntar? Los seres humanos venimos al mundo con un cerebro abierto a infinitas posibilidades,[6] un estado de gracia que nos acompaña hasta bien entrada la adolescencia,[7] y «hacerse mayor» es, en cierto sentido, aprender a decir adiós a ese abanico de posibilidades.

La idea «ventanas de oportunidad»[8] resume a la perfección el trabajo de Peter. Una ventana de oportunidad es un periodo de tiempo limitado en el que el cerebro se muestra receptivo a experiencias específicas —como las matemáticas—,[9] mejorando y consolidando los efectos del aprendizaje sobre la arquitectura neuronal.[10] Es decir, si queremos tocar el clarinete o hacer gimnasia rítmica como los ángeles, lo mejor sería aprender cuando la ventana de oportunidad musical o motora están abiertas, uno, porque el grado de plasticidad en las áreas cerebrales requeridas para la tarea es máxima y, dos, porque sincronizar un periodo de máxima plasticidad con la tarea específica es más productivo. Así que no es de extrañar que Mozart tocara el clavicémbalo o Mireia Belmonte chapotease en la alberca cuando las ventanas de oportunidad para el aprendizaje musical y motor estaban abiertas.[11] (El clavicémbalo, aunque suene a bestia jurásica, es un instrumento de cuerda pulsada primo hermano del piano). Ahora bien, no solo existen ventanas de oportunidad para la música o el deporte.

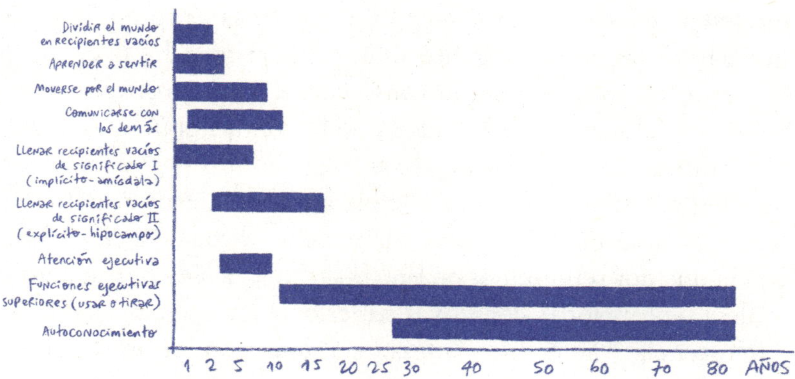

Los dos primeros años de vida suponen una oportunidad única para aprender a dividir el mundo en recipientes vacíos,[12] sentir o deambular por él. Más adelante, y hasta la adolescencia temprana, estamos predispuestos genéticamente para aprender a dar significado a recipientes vacíos. El cerebro guarda dos estrategias en el bolsillo. Una inicial basada en el aprendizaje implícito —dependiente de la amígdala— y otra posterior basada en el aprendizaje explícito —dependiente del hipocampo—. Mientras que la memoria implícita es funcional desde que venimos al mundo, el sistema de memoria explícita alcanza la madurez mucho más tarde.[13] ¿Y en qué se diferencian ambos tipos de aprendizaje? En el implícito no hay intención de aprender ni conciencia de lo aprendido.[14] Nos alimentamos de señales de recompensa —dopamina—[15] y la amígdala lleva la voz cantante —junto con los ganglios basales y el cuerpo estriado sensoriomotor—, almacenando respuestas condicionadas de forma automática.[16] Al contrario de lo que muchos creen, la amígdala no es el perrito faldero del miedo. Hace ya unos cuantos años que la amígdala es el puesto de mando de las emociones intensas, sean estas positivas o negativas.[17] En la otra cara de la moneda, el aprendizaje explícito chantajea al razonamiento lógico, la memoria de trabajo y la atención ejecutiva para salirse con la suya, un proceso mediado por la corteza prefrontal e hipocampo —junto con el cíngulo anterior y el cuerpo estriado—.[18] El explícito es el aprendizaje de quemarnos las pestañas frente al libro de Historia hasta crear un recuerdo noventa-sesenta-noventa con el que aprobar un examen. Pero al margen de las manías del sistema nervioso en materia de aprendizaje —daría para un par de libros—, damos con una ventana de oportunidad para la atención ejecutiva entre los tres y los siete años[19] —la precursora de la «regla de usar o tirar» con la que nos reuniremos en breve— y una caja de herramientas repleta de funciones cognitivas superiores en la recta final de la adolescencia.[20] Ya en la madurez, recibimos con los brazos abiertos a una de las ventanas de oportunidad más fascinantes que existen: el autoconocimiento.

Antes de meternos por la ventana del autoconocimiento, un par de reflexiones en voz alta. A menudo olvidamos que el cerebro del niño y el del adulto son tan diferentes como una pera y un inodoro.[21] Hasta algo tan básico y primitivo como el miedo se vale de circuitos neuronales distintos en los más pequeños,[22] dado que la vía amigdaliana está inmadura y resulta intransitable.[23] Además, el terremoto neuronal que supone pasar de la niñez a la adolescencia —de Peppa Pig al Rubius o de las princesas de Disney al canal de YouTube de Yuya—, viene impulsado por un aumento en la conectividad de ciertas regiones —red neuronal por defecto, red de control ejecutivo o ganglios basales, por citar algunas— y la disminución de otras —es el caso de la red de prominencia o del lenguaje—.[24] Sin entrar en lo que estas diferencias anatómicas o funcionales del desarrollo puedan suponer —sabemos que el sistema ejecutivo influye a la hora de «usar o tirar» pensamientos, las frontales mediales, en la racionalización de la emoción o las parietales superiores en «mi yo espejo», o sea, en cómo nos ven los demás—,[25] niños y adultos, adolescentes y mayores, vivimos en planetas diferentes. Y así debe ser. Los jóvenes imaginan el mundo a través de las infinitas posibilidades que les brinda su cerebro de niño. Y los viejos... los viejos tratamos de convencer a los jóvenes de que lo más conveniente es estudiar una carrera, comprarse una casa y dejar a un lado ese mundo de las infinitas posibilidades.

Educamos a nuestros hijos tomando como referencia el mundo actual sin tener presente que el mañana será un lugar muy diferente. En consecuencia, muchas de las cosas que enseñamos a los jóvenes en casa o en la escuela son insuficientes frente a una pandemia que llega a su vida sin cita previa, el ChatGPT o tecnologías aún por descubrir. Asumámoslo. Ningún adulto sabe vivir en el mundo de mañana. ¡Ni siquiera sabemos vivir en el mundo de hoy! Tarde o temprano, nuestros hijos descubrirán nuestra ignorancia. Es inevitable. Y, cuando esto ocurra, el autoconocimiento será su mejor aliado.

Vecinos. Hermanos. Cuñados. Tías. Abuelas. Primas. Padres. Madres. Todos somos elementos activos en la educación de alguien. El mejor regalo que el cerebro adulto puede dar a las próximas generaciones es enseñarles a abrazar su ignorancia. Es que nos vean asumir el sesgo. Es devolverle al pensamiento «hecho» la condición de propuesta con un abracadabra. Que nos vean dejar de pensar la vida. Y comenzar a vivirla. Hay tanta humildad en cada uno de estos gestos... Tanto corazón... Que no. No importa si se trata de una discusión familiar o una llamada comercial en plena siesta. No importa si alguien pisa el suelo que acabamos de trapear o si las cosas no salen como planeamos. Miremos a nuestros hijos a los ojos. Reconozcamos que no sabemos vivir. Y aprendamos juntos.

Risto Mejide y la «Regla de usar o tirar»

Mi padre usaba guantes de poliéster y tijeras de podar bien afiladas. Comenzaba por las partes con mal aspecto, luego podaba las ramas sin flores —el corte siempre oblicuo— y, para finalizar, una pizca de barro para evitar la proliferación de hongos y bacterias. La vida hará el resto.

La poda del rosal es necesaria cuando el exceso de ramas compromete la estabilidad del sistema o si deseamos promover la floración, pero, ojo al dato, cada corte tiene el potencial de cambiar la estructura del arbusto para siempre.[26] Las experiencias de vida y, ante todo, las decisiones que tomamos en dichas experiencias, son la mano del jardinero que poda el rosal. Llevando la idea del jardín al laboratorio, la «poda sináptica»[27] es un proceso crucial del cerebro en desarrollo que prescinde de las conexiones más débiles, redundantes e ineficientes del sistema, fortaleciendo las redes más importantes.[28] Con ella decimos adiós a ese abanico de infinitas posibilidades que ofrece un cerebro de niño. Cuando Saket Navlakha y Alison Barth —investigadores como nosotros dispuestos a revelar las vergüenzas del cerebro humano— estudiaron la poda sináptica mediante inteligencia artificial, vieron que construir una red basada en la superabundancia y luego podarla a toda prisa incrementa la capacidad del sistema para transportar información.[29] ¡Cuánta inteligencia vive en nosotros! Hermoso. ¿Pero cómo sabe un cerebro qué redes son importantes? ¿Existe quizá un jurado que determina quién sigue en la academia del sistema nervioso como en *Operación Triunfo*?

Ya sea que hablemos de neuronas, de Risto Mejide, pensamientos o Rosa López, la «regla de usar o tirar» es una de las estrellas del espectáculo. Como guitarrista de la banda «Eficiencia energética», la «regla de usar o tirar» gira permanentemente por el organismo humano regulando desde las ventanas de oportunidad a la poda sináptica, pasando por procesos tan cotidianos como las cosas que vemos, sentimos y pensamos. Los ejemplos sobran. Un cerebro que no coquetee con estímulos visuales durante los primeros años de vida presentará ceguera completa casi con toda seguridad.[30] Usar las neuronas sensoriales o tirarlas. Valentina Tereshkova o Neil Armstrong perdían un 5 % de masa muscular a la semana durante sus aventuras espaciales a causa de la microgravedad.[31] Usar la masa muscular o tirarla. El supermusculoso que habita en cada gimnasio ve disminuir en un 50 % su fuerza tras estar unas semanas con gripe en cama.[32] Usar la fuerza o tirarla. Y un clásico: si leemos seis veces la lista de palabras A y una sola la lista B, recordaremos con creces la primera, dado que nuestro querido hipocampo se activa con la fuerza de un huracán conforme acumulamos repeticiones y su vecina de enfrente —la corteza perirrinal— permanece muda.[33] (La combinación perfecta del aprendizaje memorístico). Usar los pensamientos… ¡O tirarlos!

Ya sea que hablemos de estímulos visuales, de un brazo, una pierna o un pensamiento, la «regla de usar o tirar» regula qué cosas son importantes para nosotros en el día a día movilizando la energía de una manera específica. Cada acción que llevamos a cabo y cada pensamiento que usamos deja huella en el sistema nervioso. Recordemos que la ventana de oportunidad para el autoconocimiento permanece abierta de par en par durante toda nuestra vida adulta, y que la neurociencia aplicada al día a día es solo una forma elegante —aunque no la única— de acceder al conocimiento que vive en nosotros. A continuación, tocaremos el timbre de la red de neuronas que controlan la «regla de usar o tirar».

LADY GABA

Empecemos por la práctica. Ponte de pie. Sostén el libro con la mano derecha mientras te aproximas a la pared más cercana. Apoya el hombro izquierdo sobre ella y busca una postura cómoda. ¿La tienes? Bien. A mi señal, intenta levantar el brazo izquierdo con el 60-70 % de tu fuerza máxima.[34] Obviamente la pared no lo permitirá. Tú no te apures. Inténtalo durante un minuto aproximadamente. Luego deja de empujar y relaja el brazo. Venga. Yo te guío. Luces, cámara... ¡Y acción!

Continúa leyendo a ritmo de segundero. Cuatro. Cinco. Seis. Siete. Ocho. Nueve. Diez. Mantén la fuerza. Doce. Trece. Catorce. Quince. Dieciséis. Diecisiete. Dieciocho. Diecinueve. Veinte. Veintiuno. Veintidós. Veintitrés. Fuerza. Veinticinco. Veintiséis. Veintisiete. Veintiocho. Veintinueve. Un poco más. Treinta y uno. Treinta y dos. Treinta y tres. Treinta y cuatro. Treinta y cinco. Treinta y seis. Treinta y siete. Treinta y ocho. (¿Por qué «treinta y nueve» no se escribe «treintanueve» al igual que veintinueve?) Cuarenta y uno. Cuarenta y dos. Cuarenta y tres. Cuarenta y cuatro. Cuarenta y cinco. Ya falta poco. Cuarenta y siete. Cuarenta y ocho. Cuarenta y nueve. Cincuenta. No pierdas tensión. Cincuenta y dos. Un poco más. Cincuenta y cuatro. Ánimo. Cincuenta y seis. Cincuenta y siete. Un poco más... Cincuenta y nueve... ¡Y sesenta! Ahora relaja la extremidad y aléjate de la pared. Tu brazo izquierdo se eleva sin tu permiso.[35] Continúa leyendo.

Lejos de ser abducido por una fuerza extraterrestre, tu brazo es objeto de un movimiento involuntario conocido como la «ilusión de Kohnstamm». Algunos investigadores hablan de una adaptación neuronal del sistema de control de la postura[36] que impulsa una descarga sostenida desde los músculos al cerebro[37] —formalmente diríamos «aferente»—. Al comparar el patrón de activación neuronal del movimiento voluntario con el movimiento ilusorio de Kohnstamm, vemos al vermis cerebeloso —una estructura estrecha con forma de gusano entre los hemisferios del cerebelo— correr a cien por hora.[38] Entonces el sistema nervioso trata de poner orden. Es como si el cerebro pensara: «Si hay fuerza mental en una dirección, debe haber un desplazamiento», activando *a posteriori* los hilos del movimiento. (Una prueba más de la obsesión del cerebro humano por la coherencia). Por eso... ¡Tu brazo se mueve solo! Sea como sea, es posible terminar con la ilusión en cualquier momento. Solo debes desearlo. Venga. Díselo. Dile a tu brazo que deje de moverse. ¿Ves? Ese gesto mental. Esa sinapsis mente-cuerpo capaz de detener a la ilusión es el «control inhibitorio».

Elegí a Kohnstamm como escaparate para la «regla de usar o tirar» y el control inhibitorio por dos motivos. El primero es la «involuntariedad compartida». En cristiano, la ilusión de Kohnstamm transforma un movimiento voluntario —empujar la pared— en involuntario, equiparando la ilusión con el pensamiento. El segundo motivo es quizá el más impactante. Y es que, en el plano neuronal, dejar de usar un pensamiento es tan simple como detener a la ilusión de Kohnstamm. Aquí el intérprete suele rechistar: «¡¿Pero cómo va a ser lo mismo inhibir un pensamiento que inhibir un movimiento?!» Es comprensible. Como vimos anteriormente, el cerebro ofrece en cada situación de vida una propuesta coherente con nuestro sistema de pensamiento. Pero si vamos más allá de ella, descubriremos que existe un único sistema inhibitorio cuya oficina central se encuentra en la corteza prefrontal dorsolateral derecha.[39]

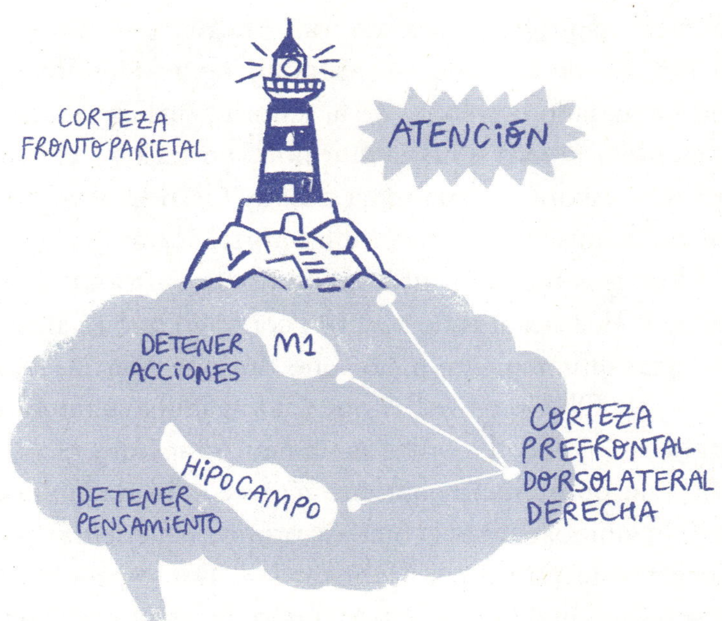

Subamos al autobús turístico del control inhibitorio. La corteza prefrontal dorsolateral derecha recibe las señales captadas por el faro de la atención,[40] la residencia de nuestras intenciones inhibitorias —corteza frontoparietal—.[41] Cuando la prefrontal detecta la más mínima intención de inhibir el movimiento ilusorio de Kohnstamm, envía una orden a la corteza motora primaria izquierda —M1— para disminuir su actividad y poner el freno de mano. En cambio, si la intención va dirigida a los pensamientos, el córtex prefrontal actúa sobre el hipocampo reduciendo su actividad.[42] ¿Para qué mantener dos sistemas inhibitorios con idéntica función —reducir un potencial de acción— si podemos arreglárnoslas con uno? El cuerpo humano, una vez más, deja entrever su obsesión por la eficiencia energética.

El control inhibitorio es la piedra angular de la «regla de usar o tirar». Hace más de medio siglo que Eugene

Roberts, inspirado por la señorita André[43] —su profesora de biología de la escuela—, estudió sus pormenores. Dejando a un lado la soltería de la señorita André o su carácter afable —severo si había murmullo en clase—, el neurocientífico catapultó a la fama a Lady GABA: el principal neurotransmisor del control inhibitorio. (Como vemos, no solo los seres humanos utilizan nombres artísticos. ¡Y menos mal! Pues estarás de acuerdo conmigo que Ricky Martin suena infinitamente mejor que Enrique Martín, Alaska que María Olvido o GABA que ácido gamma-aminobutírico). Pero… ¿qué demonios es un neurotransmisor?

El cuerpo humano contiene catorce kilos de aminoácidos. Un aminoácido es la materia prima —moléculas— que el organismo utiliza para fabricar ladrillos —proteínas—. Pues resulta que Lady GABA es uno de los pocos aminoácidos que existen en altas concentraciones en el sistema nervioso y, junto con el glutamato, es uno de los principales mensajeros del cerebro humano.[44] (Dedicado a los fans de Lady GABA, aquí les dejo un salto al mundo de lo diminuto para entender cómo una sustancia química puede inhibir una red de neuronas).[45]

Siguiendo la pista al neurotransmisor gracias a la espectroscopia de resonancia magnética —artilugio que permite estimar la concentración de un químico conocido en tejidos vivos—,[46] veremos a Lady GABA coquetear con la apertura y el cierre de las ventanas de oportunidad,[47] hacer ojitos al aprendizaje —tanto motor[48] como asociativo—,[49] asistir a la gala «La inhibición del recuerdo»,[50] firmar autógrafos a pensamientos de miedo,[51] pensamientos ordinarios[52] e imaginaciones futuras[53] y, cómo no, también durante el movimiento;[54] enseñándonos que inhibir un pensamiento o una acción requiere el mismo esfuerzo neuronal. Ni más ni menos.

A estas alturas de la película contamos con un escenario anatómico —la corteza prefrontal—, un neurotransmisor de éxito mundial —Lady GABA— y una regla bien definida. A continuación, veamos cómo aplicar la «regla de usar o tirar» en el día a día del escritor de galletas de la suerte o la fotógrafa de Google Maps.

A otra cosa, mariposa

No hay que hacer nada especial para pensar (como ya vimos en episodios anteriores). Nuestro cerebro bombea pensamientos con la misma naturalidad que el corazón bombea sangre o los pulmones, aire. Es su función pensar. Ahora bien, dependiendo de cómo nos relacionemos con las historias del intérprete, dependiendo de si decidimos usarlas o tirarlas, las propuestas se afianzan en nuestro sistema de pensamiento o pierden relevancia. Vayamos al meollo del asunto con un ejemplo.

El pastel se divide en tres partes: una para la formación del pensamiento, otra para la «regla de usar o tirar» y una última para el significado. En la etapa inicial, el participante ve en pantalla pares de objetos-escenas junto a una propuesta neuronal capaz de avivar la llama del pensamiento. Para que nos entendamos. Unas tijeras, un envase y la propuesta «Es imposible abrir un envase "abre fácil" sin unas tijeras» en la situación de vida A, o un surtidor de gasolina, un político y el pensamiento «El gobierno no está tomando medidas ante el aumento de la gasolina» en la B. Hasta aquí nada nuevo. Recipientes vacíos son llenados de significado personal. Ahora viene lo bueno.

Durante la tarea «usar o tirar» se presentan los objetos con un marco con línea continua o discontinua. La línea continua invita a usarlo, es decir, dar vía libre al intérprete para recuperar el pensamiento asociado en la etapa anterior y prestarle atención sostenida. Si el marco tiene una línea discontinua, toca tirarlo. En otras palabras, inhibir al pensamiento privándolo de toda atención. En la recta final del experimento, el participante verá de nuevo los objetos en pantalla y compartirá en voz alta qué piensa su cerebro al respecto. En el estudio original los participantes debían describir lo más fielmente posible la escena original en cuestión.[55] En nuestro contexto, para simplificar y transmitir con mayor nitidez la idea, preferí utilizar «pensamientos asociados» en lugar de «recuerdo», pues un recuerdo es un pensamiento que apunta al pasado. Los resultados se mantienen utilicemos pares de palabras (nube-motocicleta), un par palabra-objeto o rostro-escena.[56] Este tipo de experimentos están basados en el paradigma «Think/No-Think»,[57] emulando una situación de vida futura. Los resultados son asombrosos. Usar un pensamiento aumenta la probabilidad de que ese mismo pensamiento sea propuesto en una situación de vida similar y tirarlo disminuye dicha probabilidad.[58] Así es. Leído y en un ejemplo de dos pares objeto-escena es fácil recordar los pensamientos asociados utilizando la memoria de trabajo. Pero, después de ver sesenta pares —la memoria de trabajo suele colapsar al cuarto o quinto ítem—, es mucho más probable que vengan a la mente únicamente los pensamientos más usados.

Asumir la responsabilidad de un pensamiento es decidir si usarlo o tirarlo conscientemente. Michael Anderson y sus colegas de la Universidad de Cambridge advierten que, cada vez que usamos un pensamiento para vivir una situación de vida, fortalecemos la asociación pensamiento-situación en el sustrato neural y disparamos la probabilidad de que el pensamiento usado sea propuesto en situaciones venideras.[59] Tras ampliar el trabajo de Anderson en el laboratorio, podemos matizar que «usar un pensamiento» se refiere a prestar atención sostenida a las propuestas del intérprete durante más de tres segundos. En contraparte, «tirar un pensamiento» significa decirle a la corteza frontoparietal «A otra cosa, mariposa» y debilitar la asociación pensamiento-situación en el hipocampo[60] con ayuda de Lady GABA, reduciendo hasta en un 50 % la probabilidad de que un pensamiento similar sea propuesto en situaciones de vida futuras con solo veinte minutos de práctica[61] e impactando directamente sobre nuestra cotidianidad.[62] Entre los beneficios de implementar la «regla de usar o tirar» a nuestro día a día encontramos la reducción de conflictos internos[63] o el ahorro energético —al dejar de usar pensamientos inútiles las demandas metabólicas sobre los mecanismos de control prefrontales se reducen considerablemente—,[64] poniendo punto final a un gran número de respuestas de miedo innecesarias[65] desencadenadas por los «Y si…» o los «Pensé que…». ¡Y todo a los pocos minutos de práctica!

La ilusión de dificultad

Tomemos un descanso. En algún punto del camino, el intérprete acostumbra lanzar su afamado «¡Bravo, David! Todo esto del control inhibitorio y del usar o tirar es muy bonito… ¡Pero hacerlo es muy difícil!», una pensación que, como tantas, va acompañada de una sensación proporcional. En este apartado descubriremos cómo esa sensación de dificultad es un efecto secundario de darle a la propuesta neuronal «Esto es muy difícil» la condición de «hecho» y no una característica cognitiva de la mente humana. Superado el bache, nos lanzaremos a la búsqueda de la utilidad del pensamiento, pero, antes, vamos a ponerle pantuflas a la sensación de dificultad.

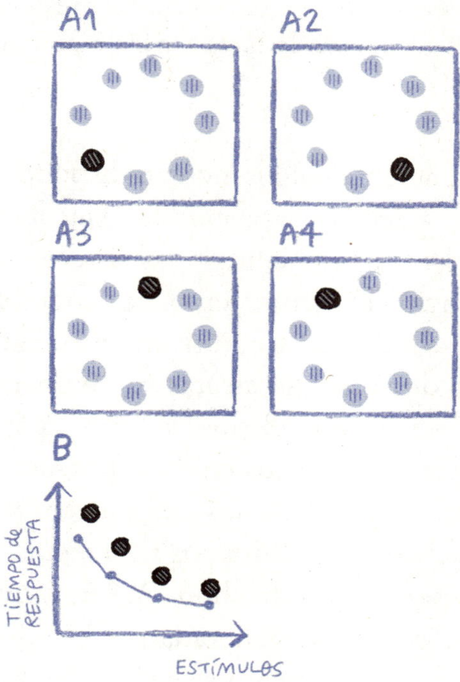

En un test de búsqueda visual hay que seguirle la pista a «algo». En nuestro caso, ese «algo» es un parche negro. (En realidad, el parche negro que hemos utilizado se conoce como «parche de Gabor).[66] Durante el desarrollo de la tarea, los participantes prestan atención a las líneas interiores del parchecito hasta determinar su orientación respecto a la vertical. (En la imagen A1, A3 y A4 se inclinan a la izquierda y en la A2, a la derecha). Si registramos los tiempos, veremos cómo solucionan la tarea con más rapidez en cada repetición.[67] (Gráfica B). Es extraño. El cerebro debería consumir la misma energía en resolver la misma tarea, o, si me apuras, conforme aumenta la fatiga, el tiempo de respuesta debería aumentar. ¿Pero menos tiempo? ¡¿Cómo es posible?! Es posible porque sosteniendo la atención le decimos a nuestro cerebro «¡Oye, amigo, este parchecito es importante!». En consecuencia, el sistema nervioso redistribuye la reserva de atención asignando más recursos a la tarea y dando paso a la «facilidad cognitiva».[68]

Prestar atención a «algo» nos predispone a ese «algo». Y claro, si ese «algo» es la propuesta «Hacer esto muy difícil» en lugar de un parche negro, el sistema nervioso asignará más atención al pensamiento, haciendo oficial su candidatura a «hecho». (Cognitivamente hablando). La sensación de dificultad se asoma. Sin embargo, sentimos «dificultad» no porque el proceso sea complicado, sino porque prestar atención sostenida al pensamiento «Hacer esto es muy difícil» reajusta los mecanismos de la facilidad cognitiva, haciendo que sintamos sus efectos con tal naturalidad que parece un «hecho». Así de simple. La dificultad es una sensación generada por el organismo. Una sensación que, lejos de informar de la veracidad del pensamiento, nos habla todo el tiempo acerca de su utilidad. Pero no nos adelantemos.

En busca de la utilidad del pensamiento

La música de una llamada en espera es la distancia que nos separa del departamento de atención al cliente. El refrigerador salió chafa. El intérprete no aguanta más: «Me van a tener una hora en espera con la música de fondo». (Nótese que el intérprete sabe de todo. Es experto en gestión de personal y atención al cliente, a ratos también politólogo, especialista en el amor ajeno y analista deportivo). Ante cualquier pensamiento existen, como ya sabemos, dos opciones: usarlo o tirarlo. No hay más.

Caso uno: usar el pensamiento. En fracciones de segundo sentimos sus efectos. La facilidad cognitiva corre a sus anchas. Basta con convertir la sensación de injusticia generada por «Me van a tener una hora en espera con la música de fondo» en la prueba irrefutable de la historia que nos contamos para dar con la experiencia humana más habitual. De nada importa si nos atienden al minuto. El pensamiento se comporta como un «hecho» y la sensación se transforma en el testimonio vivo de que ese pensamiento es verdad.[69] Se cierra el telón.

Caso dos: emplear la «regla de usar o tirar». Aplicar la «regla de usar o tirar» consiste en sacar a pasear la pregunta «¿Me sirve este pensamiento para vivir este momento?» por el campo mental. Es una pregunta más poderosa de lo que parece. De entrada, rompe el círculo del pensamiento «hecho» devolviendo la condición de propuesta al pensamiento y reconectándonos, por un lado, con nuestra ignorancia —no sabemos cuándo contestarán la llamada—, y, por otro, liberando al pensamiento del centro de atención. Además, al sustituir el pensamiento «Me van a tener una hora en espera con la música de fondo» por la pregunta «¿Me sirve este pensamiento para vivir este momento?» intervenimos en la conciencia momentánea.[70] Dicho de otro modo, acabamos de buscarle un competidor al pensamiento, un sustituto capaz de eclipsar una conciencia que solo puede hospedar un pensamiento en cada instante de vida, reiniciando así la actividad del hipocampo[71] y liberando la atención. Acabamos de darle la vuelta a la tortilla.

Al principio, cuando tropezamos con la «regla de usar o tirar» tendemos a responder a la pregunta «¿Me sirve este pensamiento para vivir este momento?» de forma racional. Era de esperarse. Nos encanta pensar la vida en lugar de vivirla. Usar la razón como vehículo para determinar la utilidad del pensamiento es decirle al intérprete —concretamente al Sistema 2 de Daniel Kahneman— que ponga la calificación final. Entonces, nuestro hemisferio izquierdo se sirve de la «utilidad recordada» para rebuscar en la memoria una situación pasada equivalente y analizar el impacto que tuvo el pensamiento más usado sobre el sistema de recompensa,[72] o bien, hace uso de la «utilidad futura», que, en cierto modo, no es más que proyectar el valor esperado de una posible recompensa pasada[73] —vía corteza prefrontal ventromedial, cuerpo estriado dorsomedial y circunvolución frontal inferior—.[74] Seamos de pasado o de futuro. De plátano o banana. En la búsqueda racional de la utilidad nos perdemos.

Tomemos en cuenta una cosa. Buscar la utilidad a través del pensamiento activa la memoria asociativa modificando la apariencia original del pensamiento. Pero por más que el Sistema 2 de Kahneman se empeñe en ponerle chapitas, se trata de la misma gata pero revolcada y, a efectos prácticos, estamos prestando atención sostenida al pensamiento original. ¿Y qué ocurre cuando prestamos atención sostenida a un pensamiento? ¡Que lo estamos usando! Le estamos diciendo a nuestro cerebro «Este pensamiento es útil». Regresando así a la casilla de salida. En definitiva. Buscar la utilidad del pensamiento a través del propio pensamiento aumenta la probabilidad de que el pensamiento original

«Me van a tener una hora en espera con la música de fondo» sea propuesto en una situación futura similar.

Otro clásico en la vida de muchos es tratar de cambiar el pensamiento o hacerlo más positivo. Hagamos un experimento mental. (De esos que tanto le gustaban a Einstein). Imagina que, al abrir la puerta del baño, encontramos un león de ojos hambrientos y melena rebelde. ¿Qué opciones tenemos? Podemos huir de él o hacerle frente. Sin embargo, en ambos casos, prestaremos atención sostenida al león. Si queremos huir, es importante conocer la posición del felino en el espacio, su velocidad o trayectoria, o corremos el riesgo de salir corriendo en la dirección equivocada y acabar siendo digeridos por una manada de enzimas. Si optamos por la lucha, más de lo mismo. Sustituyendo al león hambriento por un pensamiento cualquiera, prestando atención sostenida al pensamiento para huir o luchar contra él… ¡Lo estamos usando! El desenlace ya lo conocemos. La probabilidad de que el pensamiento que pretendemos cambiar aparezca en una situación de vida similar se dispara. Obteniendo el efecto contrario.

Criatura del cosmos. La utilidad se siente. Se vive. Se descubre. No se piensa. La respuesta a nuestro mantra «¿Me sirve este pensamiento para vivir este momento?» es una experiencia. Una sensación. (Y no otra historia del intérprete). Al despegar la atención del pensamiento y llevarla al cuerpo, los recursos atencionales se redistribuyen hacia la función interoceptiva —nuestro sexto sentido—, aumenta la precisión de las señales corporales[75] y la corteza insular anterior asume el mando.[76] Cuestionar la utilidad devuelve al pensamiento a su condición de propuesta neuronal. Buscar la utilidad en el sentir reconoce la conexión entre las cosas que piensa y siente nuestro cerebro. Entonces descubres que ya no importa la respuesta. La pregunta «¿Me sirve este pensamiento para vivir este momento?» nos devuelve la capacidad de decidir. Es justo ahí, en esa capacidad de decisión, donde reside tu libertad.

Capítulo 8

APRENDER A SENTIR

Sentiré. Pero lo haré cuando el nene tenga cuatro años. Bueno, ¡no! Mejor cuando entregue la tesis o apruebe el examen. A ver... este fin de semana no, el siguiente. (Primero habrá que celebrarlo). Sentiré cuando vea a todos los amigos que no pude ver por andar criando y estudiando, tras visitar a Paulo en Porto —lo he prometido millones de veces— y hacer ese viaje que utilizo de comodín para calmar a mi pareja cuando la cosa se pone fea. Ella y yo. Solos. Así que lo más sensato será dejarlo para las vacaciones de verano. Ahí sí. Ahí sentiré. En el columpio de la terraza de la casa que rentaremos en el lago —el mismo lugar donde escribiré mi primera novela—, en el transcurso del atardecer y lejos del sonido ambicioso de los correos electrónicos. ¡¿Pero aquí?! ¿En la fila del banco? ¿En medio de una reforma que lleva dos meses de retraso? ¡¿Quién tiene tiempo de sentir?!

Un día de verano se alinean los astros. Júpiter entra en conjunción con Saturno —algo insólito que no ocurre desde hace veinte años— y sientes. «Estoy triste. No debí sacar el tema del trabajo durante la cena. ¡Sabía que terminaríamos discutiendo! Además, la cama de la casa del lago no es tan cómoda como había imaginado.» Entonces caes en la cuenta de que ese «sentir», más que un sentimiento, es una propuesta del intérprete. ¿Sensata? Sí. ¿Coherente? Sí. Pero propuesta al fin y al cabo. Querido compañero de batallas. Eso no es sentir. Es pensar.

Cuando nos lanzamos a vivir la vida en lugar de únicamente pensarla, tarde o temprano nos daremos cuenta de una cosa: no sabemos sentir. A lo largo de este capítulo, exploraremos tanto la posibilidad de sentir sin esperar a cambio una sensación placentera —en el mundo del diván hablaríamos de «experiencia autotélica»[1] — como la relación entre el afecto y la utilidad del pensamiento. En el camino nos esperan gratas sorpresas. La neurociencia abrirá la posibilidad de que las emociones, lejos de estar diseñadas por la evolución para ser gestionadas o educadas, estén ahí para ser sentidas. El cerebro que sienta de corazón no tendrá nada que gestionar. La emoción cumple su función. Y desaparece.

Kim Kardashian y el diagrama de Russell

Antes de arrancar, veamos qué es exactamente eso de sentir. Hubo una época en la que todos sentíamos de verdad. Por aquel entonces, los buenos modales en la mesa no existían, sonreír a un desconocido no era sinónimo de insinuarse y los mocos recorrían el surco nasolabial viento en popa a toda vela. Confiabas en la vida sin más. No confiabas basándote en lo que ocurrió en el pasado o en lo que pensabas que ocurriría mañana. La vida era una experiencia autotélica. Sentías. Llorabas. Reías. Y nadie te señaló como un loco si amaste sin esperar nada a cambio o viste las noticias del mediodía sin opinar. El problema es que, conforme nos hicimos mayores, olvidamos cómo sentir. La siguiente aproximación racional al sentir es una invitación a recordar.

La neurociencia clásica vio en la palabra «afecto» el barómetro emocional perfecto para referirse a la relación del individuo y su entorno. «Afecto» viene de «afectar», o, en otras palabras, de cómo una persona, un lugar, un animal o una cosa nos hace sentir.[2] Esta forma de ver el asunto tenía su sentido cuando las pensaciones estaban aún por llegar y la posibilidad de responsabilizarnos del pensamiento era asunto de un grupo de raritos. En aquellos tiempos, el que pensaba diferente —e inevitablemente sentía diferente— era visto como una amenaza o un loco. Luego vino la regla del PLAC. Y entendimos que aquello que nos afecta no es tanto la persona, lugar, animal o cosa que tenemos enfrente, sino, más bien, la idea que nuestro cerebro asocia a cada persona, lugar, animal o cosa. Hoy sabemos que el pensamiento puede tomar tantas formas como sensaciones estemos dispuestos a sentir. Y viceversa.

Escarbando en nuestro día a día con ayuda de la regla del PLAC, las propuestas del intérprete coquetean con dos dimensiones psicológicas apodadas «valencia» y «arousal» por los más refinados.[3] Vamos a ponerle bata de baño y pepinos en los ojos a las dimensiones. Recibir un regalo aumenta, en general, nuestra sensación de bienestar y eleva el nivel de excitación interna conforme pasamos a ser el centro de atención. Y digo «en general» porque mi madre odia que le regalen cosas. O al menos eso dice. (En su caso la sensación de bienestar sería negativa y el nivel de excitación mental igualmente elevado). Sea como sea, la valencia es sinónimo de «sensación de bienestar» y el arousal, de «nivel de activación mental». Como sé que esto de la activación mental resulta poco intuitivo, insistiré un par de líneas más en el tema. Y es que el arousal es muy bajo durante un documental de naturaleza a la hora de la siesta comparado con el nivel de activación necesario para hablar en público o aprobar el examen de conducir. Con esto en mente, la «sensación básica» es el resultado de juntar las dos dimensiones psicológicas,[4] un sentir esencial que va con nosotros a todas partes.[5] Se lava los dientes con nosotros. Lleva a los niños a la escuela con nosotros. ¡Ah! Y se apunta cuando vamos a tomar cervezas con los amigos.

Recojamos la bata del tendedero para seguirle la pista a la sensación básica. Haciendo del celular —ese potente procesador de datos que todos llevamos en el bolsillo— un laboratorio portátil, vamos a fotografiar la sensación básica de Jeff Bezos, Kim Kardashian o nuestra vecina del quinto piso. A ver, no es tan descabellado. Si un genio cabe en una lámpara, tecleando un código por aquí y otro por allá, es pan comido tomar muestras de la valencia y el arousal de 2 225 personas durante un momento aleatorio de su día a día. Echemos un vistazo a los resultados.

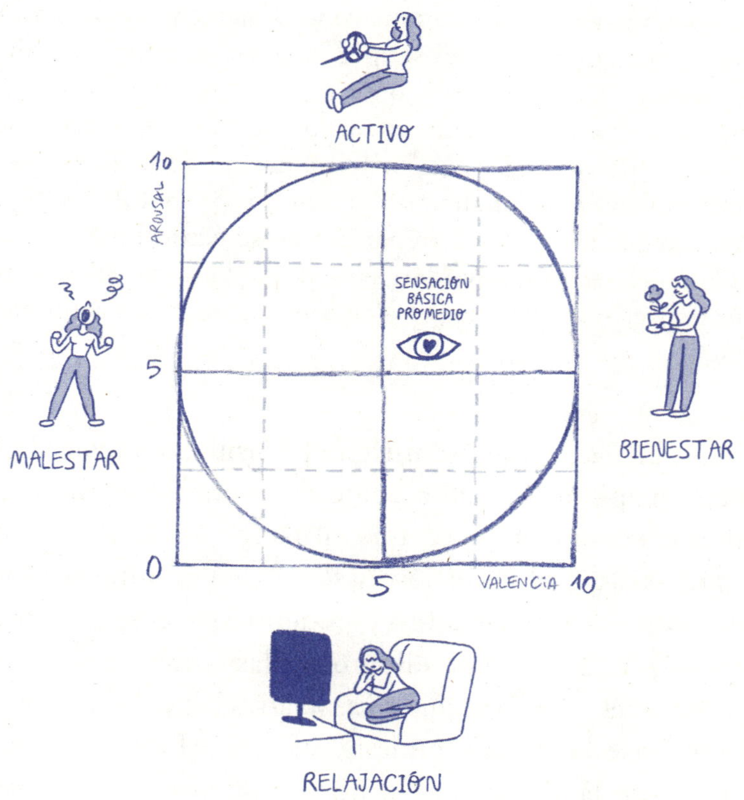

Representando toda la gama de sensaciones que podemos experimentar como seres humanos en una línea horizontal —desde la sensación más desagradable de nuestra existencia hasta la más placentera— y haciendo lo propio con los niveles de activación mental sobre la vertical —incluyendo tanto el momento «documental» como la sensación de excitación al hablar en público— obtendremos el diagrama de Russell.[6] En él se representa el promedio de los 2 225 valientes que participaron en nuestro estudio. Cuando todo está bien, la sensación básica de la mayoría de las personas es ligeramente placentera y activa. (Otros estudios acerca de la sensación básica promedio está llegaron a conclusiones similares).[7] Un par de datos para sacarle jugo a este epígrafe. Dato uno. Aunque conceptualmente hablemos de valencia por un lado y arousal por otro, las personas comunes no podemos sentir bienestar o malestar sin un nivel de activación mental asociado. Vienen en un combo. (Como las pensaciones). Dato dos. Ver el arousal en términos químicos puede ayudar a observar racionalmente el asunto. Si la cafeína es la sustancia que nos permite trepar por el eje vertical del arousal, el THC —léase «Freddy Mercury» o «Dedo de momia» como vimos en el segundo capítulo— reduce el nivel de activación mental.

Con un boceto del sentir en el bolsillo, vamos a darle vida al mapa de Russell a golpe de pensaciones. Imagina que nos encontramos en una situación cualquiera A en la que existe una sensación básica promedio ligeramente placentera y activa. Mientras esperamos que el semáforo de peatones dé la orden de «Rompan filas», nuestra atención se posa en el reloj, la memoria asociativa hace de las suyas y el intérprete lanza su propuesta «¡Rayos! ¡Llego tarde a la reunión de las nueve!». Un no sé qué nos atraviesa por toda la médula.

La ilustración A representa una situación cotidiana en la que la sensación básica es el promedio de los 2225 participantes de nuestro estudio. Llamemos a este estado sentimental inicial «estado de reposo». Como en las clases de física. Ahora observa la imagen B. La atención elige el contexto sobre el que florece el pensamiento. De entre todos los elementos disponibles en el escaparate mental, la atención se fija en el reloj, convirtiéndolo en la musa del intérprete. Y sí, ¡claro!, podría haber acabado en el coche o en la parejita que camina a su lado. ¡Pero no lo hizo! De ahí que las propuestas neuronales hablen de la reunión y no de pasar la verificación —podría ocurrir si la atención fuera a parar al coche— o de organizar una noche romántica —en cuyo caso la atención hubiera anidado en la parejita—. En última instancia, el pensamiento modifica la sensación básica. (Véase la imagen C).

El pensamiento es la fuerza que desplaza la sensación básica. Conforme esta se aleja de su estado de reposo, hay «algo» dentro de nosotros que trata de devolverla al origen mediante acciones. Ese «algo» es nuestra mentalidad superviviente. Por seguir con el ejemplo, desbloqueamos el teléfono y avisamos de nuestra tardanza, cocinamos un par de excusas de camino o tratamos de restarle importancia con un «Fulanito siempre llega tarde» para intentar devolver la sensación básica a su posición de equilibrio. Sin embargo, ninguna acción física o mental nos deja cien por ciento tranquilos. La mosca sigue ahí. Detrás de la oreja. ¿Por qué? Porque el origen de nuestro sentir no es el hecho «llegar tarde», sino las consecuencias imaginadas por el intérprete. Fíjate bien. Llegar tarde no amenaza nuestra sensación básica presente. Es la sensación básica futura la que está en peligro. Por lo tanto, la amenaza real son los «Van a corrernos del proyecto que tanto nos gusta» o los «Van a pensar que soy un irresponsable». En resumidas cuentas, sacrificamos nuestro sentir presente para protegernos de un sentir futuro que puede que nunca llegue. La «regla del PLAC» nos permite ver eso. Y la «regla de usar o tirar» nos brinda la oportunidad de aprender a comportarnos de forma coherente con la manera de funcionar de nuestra mente y nuestro cerebro.

Experimentando la utilidad del pensamiento

Ya no lo repito más. La costumbre neuronal de resolver las cosas de la vida a golpe de razón quedó en entredicho en episodios anteriores. Y es que, claro, si en la orden del día encontramos «Determinar la utilidad del pensamiento»... ¡¿Cómo dejar a la razón de lado?! De ahí que, aunque nos sepamos de memoria que la respuesta a la pregunta «¿Me sirve este pensamiento para vivir este momento?» es una sensación y no un argumento racional, el intérprete nos venga con quejas. Cuando esto ocurra, estaremos a un pensamiento de distancia de la utilidad.

Todo está puesto. Al fin. La bata invisible sobre los hombros. Una idea racional del sentir en el bolsillo. Y la «regla de usar o tirar» a punto de entrar en el laboratorio.

Durante cuatro semanas cien participantes aprenden el arte de usar o tirar. La «regla de la propuesta» está integrada en sus vidas, han aprendido a sentir y son capaces, sin despeinarse, de situar su sensación básica en el mapa de Russell. Con un enfoque similar al de la sensación básica promedio, el celular seguirá la pista del pensamiento útil en el campo mental para presentarnos la «zona de utilidad del pensamiento». Vemos un patrón. Y, donde manda capitán, no gobierna marinero.

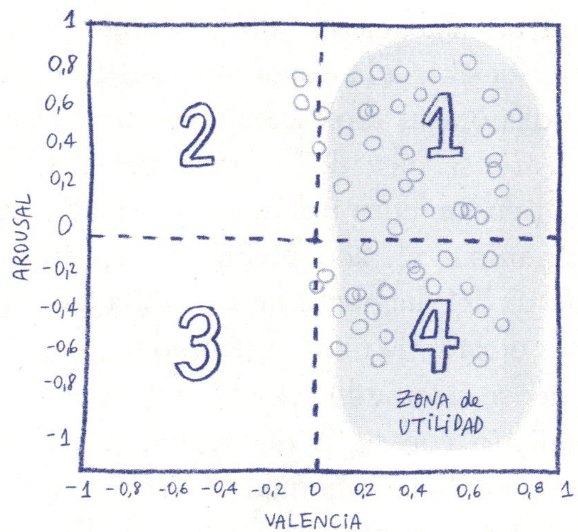

¿El mapa de Russell? Nada nuevo. En el eje horizontal, valencia o sensación de bienestar. En la vertical, arousal o nivel de activación mental. Teniendo en cuenta que cada círculo representa un pensamiento útil, tampoco hay que ser Lisa Simpson o el indomable Will Hunting para dar con la «zona de utilidad del pensamiento». Resulta que, en el 97 % de los casos el pensamiento útil pasea del brazo de una valencia neutro-agradable y un arousal alto-bajo. Lo admito. Que un cerebro siga pautas de funcionamiento tan definidas es alucinante.

Vamos. Aquí está la idea racional que el intérprete lleva páginas buscando. Una propuesta neuronal no es «útil» si nos hace sentir bien e inútil si nos hace sentir «mal». No. La utilidad suele ir acompañada de una sensación de bienestar neutro-agradable y un nivel de activación mental alto-bajo. Sin embargo, tal y como nos enseñaron los medallistas en el podio, la vida pensada y la vida vivida a veces sigue caminos diferentes. Ejemplo uno. La zona de utilidad del pensamiento cambia con la edad. Durante la pubertad, los axones crecen desde el cuerpo estriado hasta la corteza prefrontal[8] haciendo que el cerebro se vuelva especialmente sensible a la dopamina,[9] un escenario neuronal que predispone al adolescente a sentirse atraído por el riesgo[10] y el arousal elevado.[11] En cambio, conforme envejecemos, el pensamiento útil va acompañado de un nivel de activación más moderado, prefiriendo la calma y la paz de la zona cuatro del diagrama de Russell a las experiencias estimulantes de la zona uno.[12] Ejemplo dos. La cultura. Un estadounidense promedio es más propenso a clasificar un pensamiento con nivel de activación elevado como «útil» que un ciudadano hongkonés.[13]

La utilidad del pensamiento está viva. Es un descubrimiento. Honesto. Íntimo. Personal. La utilidad se siente. Como las alas de una abeja sienten el polen de la flor. Como la tortuga boba siente el campo magnético de la Tierra. Porque solo sintiendo, descubres que un pensamiento puede ser útil en este momento e inútil pasado mañana. La utilidad es presencia. Y, como tal, depende del instante en el que ocurre. Solo desde la presencia somos libres de decirle a la corteza prefrontal derecha que inhiba asociaciones pasadas,[14] de decirle a Lady GABA que mantenga a raya al hipocampo[15] y disminuir así la probabilidad de que un pensamiento sea propuesto en una situación de vida similar.[16] A fin de cuentas, estar presente es rozar con la punta de los dedos los confines de la razón, para, una vez allí, saltar al vacío de la existencia, dejando atrás el mundo de la verdad o la mentira para adentrarnos en el reino de la utilidad.

DE LA SUPERVIVENCIA A LA PRESENCIA

La «regla de usar o tirar» no te va a hacer la cama ni a limpiar los cristales de la sala. Toca arremangarnos la camisa. Esperar a que nuestro vecino ponga el último dueto de Daddy Yankee a las tres de la mañana o escuchar «No eres apto para el puesto» en tres entrevistas de trabajo consecutivas. Solo entonces, cuando nos hierva la sangre y la autoestima se vaya por los cigarros, podremos abrirnos a aprender en lugar de prometerle a la vida que nadaremos en el Ganges a cambio de que le caiga un rayo a nuestro vecino, de recurrir al péndulo para responder a las preguntas de la próxima entrevista laboral o practicar taichí con un grupo de jubilados en el parque. Y es que hay momentos en la vida en que perdemos el rumbo. Momentos en los que no hay «regla de la propuesta», del PLAC, ni usar o tirar que valga. Tras adentrarnos en el corazón de la utilidad, veamos cómo afrontar situaciones de la vida donde el agotamiento, la falta de sueño, el estrés crónico o la enfermedad llevan la batuta.

La revolución del cortisol

Que quede claro: la «regla de usar o tirar» brilla en su máximo esplendor en personas sanas con sus necesidades básicas cubiertas. Me explico. El dolor,[1] la ansiedad[2] o la depresión,[3] los trastornos obsesivo-compulsivos[4] o alimentarios —léase anorexia nerviosa,[5] bulimia nerviosa[6] u obesidad extrema—[7] y las adicciones[8] tienen la capacidad de alterar nuestra sensación básica quitando un poquito de materia gris por aquí —áreas corticales— y otro poquito por allá —áreas subcorticales—.[9] Según parece, estos retoques neuronales repercuten en la sensación básica promedio, atrincherando el bienestar en la zona negativa del diagrama de Russell y disminuyendo unas veces el nivel de activación mental —la depresión es un buen ejemplo—, y aumentándolo en otras —como en el caso de la ansiedad—.[10] Además, la sensibilidad para detectar cambios en nuestra sensación básica también se ve mermada durante los trastornos afectivos.[11] Es por eso por lo que, cuando atravesamos un problema de salud y tratamos de aplicar la «regla de usar o tirar» a una pensación, el organismo puede comportarse de forma inesperada, uno, porque la enfermedad sesga nuestra sensación básica promedio y, dos, porque la conciencia interoceptiva pierde sensibilidad a la hora de detectar cambios en el sentir básico. Un contexto ideal para que el intérprete haga de las suyas. En cualquier caso, si estamos atravesando algún bache de este tipo, que nadie se frustre. Los cambios anatómico-afectivos son en gran medida reversibles y todo vuelve a la normalidad conforme la enfermedad remite.[12]

Sin embargo, al margen de que existan enfermedades capaces de alterar el sentir básico o la sorprendente capacidad del organismo humano para expandir la conciencia interoceptiva —hablaremos de ello al final del capítulo—, lo que obstaculiza la sensación básica de millones de personas, aquello que realmente hace complicado aplicar con éxito la «regla de usar o tirar» en nuestro día a día, es descuidar nuestras necesidades básicas. (Aunque parezca mentira). Y no me refiero únicamente al hecho de que el hambre[13] y la pobreza[14] alteren los estados afectivos o a que las personas con una dieta rica en grasas saturadas y azúcares añadidos perciban con menos claridad sus sensaciones básicas.[15] (Que también). Hablo de aspectos tan cotidianos como el estrés o la falta de sueño.

Vamos, sigámosle la pista al estrés. Cada vez que nos cancelan un vuelo o recibimos una multa de tráfico, cada vez que entra por la puerta ese cliente chingativo, oímos la palabra «mudanza» o Chris Hemsworth —el guapo de *Thor*— se quita la camiseta, el hipotálamo libera hormonas al torrente sanguíneo. ¿Y qué hacen las hormonas? Las hormonas son palomas mensajeras capaces de transportar información a la otra punta del organismo. En pocos segundos, la hormona CRH anida en la glándula pituitaria liberando ACTH, una nueva paloma mensajera que surcará el aparato circulatorio a toda velocidad hasta llegar a los riñones, donde las suprarrenales inician la revolución del cortisol.[16] Junto a las gemelas adrenalina y noradrenalina —hijas del sistema nervioso autónomo— y el glucagón —dueño de una cabaña con vista al páncreas—, el cortisol orquesta cambios energéticos sin precedentes.[17] Es como si la factura de la luz subiera una barbaridad e iniciáramos recortes energéticos en casa. Lo que ocurre es que, en lugar de poner la lavadora a las tres de la mañana o poner focos de bajo consumo, un organismo estresado pone en *stand-by* los procesos que más consumen energía, como la digestión, la reproducción, el crecimiento o el médico interno —sistema inmune más regeneración celular—, tomando el control de nuestro sentir y limitando los movimientos de la señora sensación básica.

De vuelta al cerebro, la amígdala es la encargada de dar voz de alarma[18] y tomar las riendas de la sensación de bienestar,[19] mientras el tálamo y el sistema nervioso simpático —que de simpático no tiene nada— elevan el nivel de activación mental.[20] La biología de la supervivencia está en *on*. Durante el estado de emergencia vivimos en «toque de queda afectivo». La sensación básica vaga como alma en pena entre un nivel de bienestar neutro-desagradable y un nivel de activación medio-elevado. Entretanto, la conciencia afectiva —nuestra capacidad de acceder a la sensación básica y captar sus variaciones— se vuelve insensible,[21] fría. Es oficial. Dejamos de ser personas sanas con nuestras necesidades básicas cubiertas, hasta despistar al león hambriento que vive en nuestra imaginación.

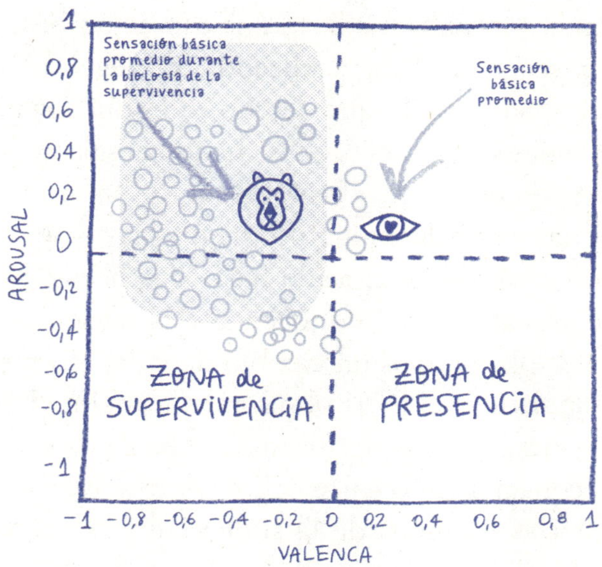

Desglosemos la gráfica anterior. La nube de puntos representa el sentir de un grupo de participantes tras perder las fotos de su disco duro o ser discriminados injustamente. Uniendo las sensaciones más distantes daremos con la «zona de supervivencia». En ella encontramos las cosas que sentimos cuando biología y mentalidad supervivientes controlan todo. Además, podemos ver la «sensación básica superviviente» —el promedio de las sensaciones estresantes— al tiempo que la sensación básica promedio nos sirve de referencia. (Para los cerebritos de las matemáticas como yo, la valencia se reduce en promedio tres unidades durante episodios estresantes y el arousal aumenta en una unidad).[22]

Resumiendo. En situaciones de estrés, la sensación básica promedio hace las maletas y se muda a la otra punta del mapa de Russell. El sistema afectivo se viste de luto. La sensación de bienestar se reduce. La activación mental se dispara en términos medios. Y la sensación básica superviviente se asoma[23] obstaculizando la «regla de usar o tirar».[24] Pero no es hasta que descubrimos que los niveles de cortisol aumentan nueve veces cuando la sala de la casa se convierte en el estudio de grabación de *Sálvame Deluxe*,[25] no es hasta que vivimos en carne propia cómo el nivel de cortisol se mantiene elevado hasta dos horas después de un evento estresante[26] noqueando a la sensación básica,[27] que nos planteamos un cambio de vida. Si un episodio estresante eleva el cortisol durante aproximadamente dos horas y pasamos despiertos una media de dieciséis horas al día, concatenando entre ocho y doce secreciones de cortisol diarias haremos de la supervivencia una forma de vida.[28] Hablamos de eventos cotidianos. De un cambio de turno inesperado. De un cliente que no se presenta a la cita. Una llamada de la guardería. De un taxista que no pone las intermitentes. De un *hater* en redes sociales. De un pensamiento inútil. Entonces reflexionas para tus adentros. La publicidad desmedida te estresa. El consumo capitalista te estresa. El ruido incesante te estresa. Que el metro cuadrado se subaste a un precio salvaje te estresa. Que las jornadas laborales parezcan la versión extendida de *El Señor de los Anillos* te estresa. No tener tiempo libre te estresa. La memoria asociativa se deja llevar. El intérprete ata cabos. «Necesito un cambio de vida. ¡Que se jodan las ciudades y su estrés! Yo me voy a vivir al campo».

La mochila de Bruce y la «Carga alostática»

No son pocas las personas que en algún momento de sus vidas buscan un cambio. De hecho, si estás leyendo este libro, muy probablemente sea tu caso. Cambiar de profesión. Dejar de estar ocho horas enfrente de la computadora. Hacer algo con las manos. Abandonar el ajetreo de la gran ciudad. Vivir en contacto con la naturaleza. Pasear al atardecer. Suena bien, ¿verdad? Algunas veces tanto entusiasmo puede llevarnos a comprar una pequeña granja en medio de la nada y ponerle nombre a una manada de ovejas: la Preysler, Yoda, el Babas, Melendi, Hermione, la Merkel o Beyoncé. Haces pan con masa madre. Celebras la entrada de la primavera. Vistes camisa a cuadros. Botas altas. Tejanos. Sientes *la Fuerza*.

De la noche a la mañana todo da un giro inesperado. La Preysler desaparece en extrañas circunstancias. Los vecinos han avistado una manada de lobos a pocos kilómetros, en la encrucijada que lleva al bosque siniestro. Tememos lo peor. El intérprete vuelve a la carga. «¡Malditos lobos! Con toda la montaña para ellos... ¿¡Y tienen que llevarse a mi Preysler!?», propone el cerebro. La pensación empuja a nuestra sensación básica lejos de la zona de utilidad del pensamiento. Una sensación desagradable deambula por el campo mental junto a un nivel de activación elevado. La preocupación va en aumento. La mente pierde el rumbo. Una lavadora de propuestas neuronales. Y aunque aparezca la Preysler a la mañana siguiente en el jardín del vecino sin un rasguño, nuestra luna de miel se vio comprometida. La mentalidad superviviente regresó.

Un equipo de investigadores de la Mid Sweden University que lleva años estudiando cómo la preocupación de los campesinos por el bienestar de sus animales activa la biología de la supervivencia[29] en zonas rurales de todo el mundo[30] nos enseña que el cerebro humano no cambia su manera de funcionar por dejar de depilarse las axilas, vestir *Prêt-à-porter*, practicar el sexto tántrico, vivir en un ático de lujo en Nueva York o construir una casa biodinámica en los Apeninos. El estrés nace, vive, se reproduce y muere en nuestra mente. Va con nosotros a todas partes. Podríamos comprar un pasaje al punto nemo —el lugar más alejado de la civilización— o reservar un asiento en el SpaceX de Musk. No importa. La mentalidad superviviente irá en el equipaje de mano.

Acompáñame. Quiero mostrarte algo. Viajemos a la década de los sesenta con la corteza cerebral, nuestra máquina del tiempo. Por aquel entonces la comunidad científica vivía con la convicción de que el cerebro humano era algo maleable durante los primeros años de vida, pero se volvía rígido e inmutable en la madurez. El caso de Kaplan habla por sí solo. A pesar de su brillante debut en los laboratorios presenciando el nacimiento de neuronas allá por la capa IV de la corteza visual adulta, sus trabajos iniciales nunca fueron publicados. La evidencia no supo eludir la costumbre. El propio Kaplan confesó recientemente que sus gráficas seguirían entre muñecas y trenes de juguete en el sótano de la casa si su hija no hubiera sentido el llamado de la neurociencia.[31] Hoy la neurogénesis es un concepto aceptado por todos. Paralelamente, un joven Bruce McEwen vio a una pandilla de hormonas hacer croché con la anatomía cerebral[32] en los laboratorios de la Universidad Rockefeller, al este de Manhattan. Uniendo fuerzas con sus predecesores, un grupo de valientes investigadores liderados por Bruce mostraron la capacidad del cerebro adulto para modificarse a sí mismo a través de unas sustancias químicas que él mismo fabricaba,[33] sentando, sin ni siquiera pretenderlo, las bases de la biología de la supervivencia.

Pero la cosa no acaba aquí. La carrera de Bruce McEwen fue más fructífera que el aparato reproductor de Genghis Khan. Entre los cerca de mil cuatrocientos artículos científicos que constituyen su legado[34] encontramos ideas fascinantes, como el relato del dragón de la supervivencia[35] o, mi preferida, la fábula de la «carga alostática»,[36] capaz de explicar cómo el estrés acumulado por la desaparición de una oveja o una discusión de pareja predispone a nuestro cerebro a la biología de la supervivencia.

Vamos a saludar a la idea. Piensa en una mochila. ¿La tienes? Coloca dentro los eventos negativos más impactantes del último año. Un despido no deseado o una puñalada por la espalda del que hasta entonces considerabas tu mejor amigo podrían ser. Luego, añade los episodios de estrés cotidianos más recientes uno por uno, incluyendo que se te rompió la pantalla del celular, ese conflicto laboral inesperado, el susto de la Presley o aquel dolor de espalda repentino. La carga alostática vendría a ser el peso que sientes de la mochila o, en otras palabras, el efecto acumulativo de las experiencias de vida sobre el sistema nervioso y los mecanismos de autorregulación del organismo.[37] ¿Se entiende?

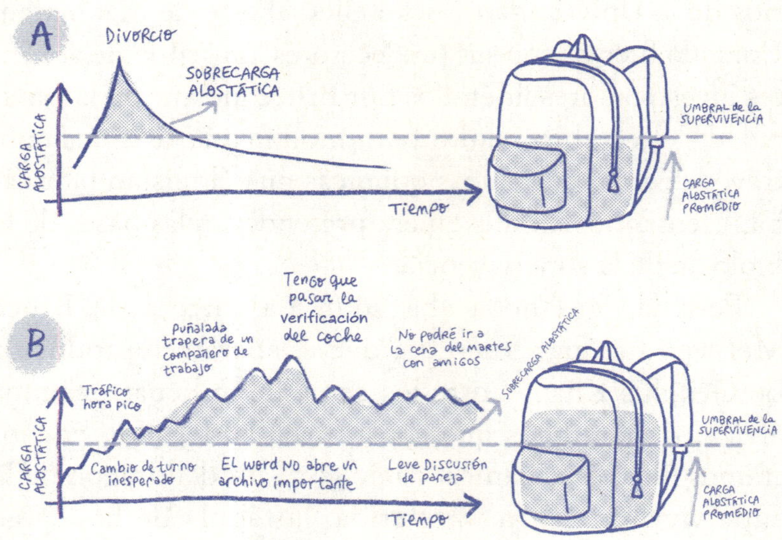

Existe una estrecha relación entre la carga alostática y los sucesos cotidianos. En el diagrama A se aprecia cómo los golpes de la vida elevan sin piedad la carga alostática. (La carga alostática se suele medir atendiendo a hormonas del estrés —ya sean catecolaminas o cortisol— y marcadores inmunológicos varios).[38] Mirando el asunto con perspectiva, una persona promedio recibe la puñalada traicionera de su mejor amigo o se divorcia una o dos veces a lo largo de su existencia —salvo que seas Pamela Anderson o Bertín Osborne—. Sin embargo, concatenar pequeños episodios estresantes de forma recurrente es mucho más dañino para el organismo[39] e induce más carga alostática que el estrés agudo esporádico.[40] (Véase el diagrama B).

Vivir en estado de sobrecarga alostática, con la supervivencia y el miedo circulando por las venas, es vivir en espera de la gota que derrama el vaso. De repente, aparece el típico comentario de nuestra pareja acerca del tiempo que pasamos con el celular y... ¡Bum! Reaccionamos de forma desproporcionada,[41] como si nos hubieran puesto el cuerno o arrancado un brazo, levantando la voz con más ímpetu que el cantante de Iron Maiden. ¿Y cómo hacemos para vivir ligeros de equipaje en la sociedad actual? ¿Acaso es posible reducir la carga alostática sin recurrir al eneagrama o unirse a un grupo de elevación de la conciencia? La respuesta es «sí». Al mirar una situación de vida a través de los ojos de la neurociencia, dejas de ver a tu alrededor personas, lugares, animales o cosas que te quieren «joder». Ves recipientes vacíos de significado. Recipientes que son codificados por nuestro cerebro en forma de percepciones, pensamientos y emociones coherentes entre sí. Y ahí lo ves. No lo lees o te lo explican. Lo vives. Comprendes que no son las situaciones de vida, sino la forma de relacionarnos con las cosas que pensamos y sentimos en esas situaciones de vida lo que aumenta la carga alostática e impacta sobre nuestro sistema nervioso.[42] Sonríes. Sueltas las amarras. No importa si hiciste de la supervivencia una forma de vida. Lo que importa es que siempre puedes cambiar la forma de relacionarte con el siguiente pensamiento inútil.

Vaciar la mochila

Hagamos memoria. Un pensamiento inútil es una propuesta neuronal que, al ser sentida, queda muy lejos de la zona de utilidad del pensamiento y busca sistemáticamente las cosquillas del cortisol.[43] (Aquí detalles graciosos).[44] *Okey*. Hablemos ahora de cómo el pensamiento inútil se mete con la carga alostática.

De existir una lista de «Las principales fuentes de sobrecarga alostática», la exposición recurrente a factores estresantes ocuparía el número uno. ¿Y a que no imaginas cuál es el factor estresante más común? Sí. El pensamiento inútil. En segundo lugar estaría la incapacidad de adaptarnos a dichos factores estresantes recurrentes o, lo que es lo mismo, el no tener la más remota idea de qué hacer con el pensamiento inútil. Y el último puesto de la lista sería para el «No saber desconectar la biología de la supervivencia una vez finalizado el factor estresante», debido, principalmente, a nuestra adicción al pensamiento inútil.[45] Resulta evidente. El intérprete y sus sesgos son una fuente constante de sobrecarga alostática. La sensación básica está fuera de juego cuando la mochila de la alostasis está a *full* y resulta engorroso aplicar la «regla de usar o tirar» para arreglar el asunto. Por un lado, somos menos sensibles a las variaciones del sentir básico y, por el otro, la sensación básica no puede moverse libremente por el diagrama de Russell. La mochila de Bruce pesa demasiado. La biología de la supervivencia está encendida. Si realmente queremos decir adiós a los grilletes de la supervivencia y liberar al sentir básico de la tiranía del estrés, toca vaciar la mochila. No queda otra.

Vayamos al grano. Uno de los remedios más populares para hacer frente a la sobrecarga alostática es un preparado de endorfinas,[46] dopamina[47] y serotonina[48] capaz de incrementar la sensación de bienestar de forma pasajera. Hablamos de los atracones de dulces,[49] de la copa de vino o la cervecita.[50] Un hábito que viene de lejos. Hace más de diez mil años, en los albores del Neolítico, que comenzamos con eso de la botella[51] —el mismísimo Tutankamón empinaba el codo de vez en cuando—,[52] y hasta el hundimiento del *Titanic* el alcohol era considerado un agente terapéutico.[53] En cuanto al chocolate, más de lo mismo. Por más que hayan pasado tres mil quinientos años desde su domesticación,[54] un suizo promedio consume cerca de nueve kilos de chocolate al año.[55] A pesar de la gran cantidad de tiempo que llevamos conviviendo con dichas sustancias, aún estamos aprendiendo que el atracón de dulces o la comida rápida, que el consumo de alcohol o drogas, anestesian los problemas cotidianos —no los solucionan— y en el camino sobrecargan la mochila de la alostasis.[56] Ciertamente, el organismo humano cuenta con herramientas mucho más eficaces que el Kinder Bueno o el *gin-tonic* para detener a la supervivencia.

Una de ellas es el descanso. El descanso es kryptonita para la supervivencia. Descansar sana cuerpo y mente. Libera a nuestra sensación básica de la dictadura del pensamiento inútil, nos protege de muchas de enfermedades e impulsa la biología de la presencia. Ahora bien. La mala noticia es que, en los últimos cincuenta años, dormimos cerca de dos horas menos al día,[57] algo que tiene que ver mucho con las pantallas.[58] Al quitarnos horas de sueño para dar *likes* o ver HBO elevamos la carga alostática,[59] incrementando los niveles matutinos de cortisol[60] y la respuesta inflamatoria del organismo,[61] promoviendo la aparición de trastornos del sueño.[62] Para colmo, además de robarnos horas de sueño, la adicción a las pantallas activa el modo «multitarea». Mirar constantemente el WhatsApp, entrar en redes sociales de manera compulsiva o escuchar el último pódcast de Berto y Buenafuente mientras paseamos al perro, activa las redes neuronales de la multitarea —red de control frontoparietal, atención dorsal y ventral—,[63] llevando al cerebro por la calle de la amargura. La multitarea no recarga pilas. Al revés. Las redes de control frontoparietal y atención dorsal no saben procesar dos quehaceres al mismo tiempo —caprichos de la evolución—, y no les queda otra que conmutarse entre ellas.[64] Este ir y venir atencional tiene un precio: la carga alostática,[65] y somete a nuestro atareado cerebro a una nueva forma de estrés: el estrés tecnológico.[66]

Ningún cerebro está diseñado para la multitarea o la supervivencia. Más bien todo lo contrario. Nuestras neuronas están optimizadas para el contacto con la naturaleza y la presencia. Pasear por la playa, adentrarnos en un parque repleto de árboles o mojarnos los pies en el río son algunas de las muchas actividades capaces de restaurar la atención y aligerar la carga alostática.[67] La teoría de la restauración de la atención[68] tiene los detalles acerca de cómo la Pachamama ejerce su magia sobre la cognición. Observemos la idea sin volvernos locos.

Al igual que ocurre con la respiración o el pensamiento, el faro de la atención tiene un componente voluntario[69] que nos permite saltar de las cosas que percibimos a las que pensamos o sentimos —utilizando la línea medial y la corteza cingulada anterior—,[70] y una parte involuntaria[71] que decide sin nuestra supervisión si activa el estado de alerta —desde el tronco encefálico—[72] o se centra en la información sensorial —desde el pulvinar y el colículo superior—.[73] Los entornos urbanos están repletos de estímulos que compiten ferozmente por la atención, desde el claxon de los coches hasta anuncios publicitarios que igual te venden un Estée Lauder Pure Color que una Big Mac.[74] La atención está cotizada. Va de un lado a otro sin rumbo. Y la carga alostática sale mal parada. En contraste con las ciudades, durante una puesta de sol, un paseo por el bosque o un baño en la playa, los sistemas atencionales se sienten como en casa y toman una buena siesta.[75] La carga alostática pierde combustible. La mochila se aligera.

La ciencia lleva décadas reivindicando el poder sanador de la Madre Tierra. Desde la Universidad Tecnológica de Chalmers, Roger Ulrich sabe que los pacientes operados de la vesícula biliar presentan una actitud más optimista, toman menos analgésicos y permanecen menos días ingresados en el hospital si sus habitaciones tienen vista a la naturaleza.[76] Unos beneficios que se constatan en instalaciones penitenciarias.[77] Increíble. Lo mejor del asunto es que nadie tiene que vender su departamento e irse a vivir a la montaña si no quiere. Dos horas de exposición semanal a un entorno natural o interactuar durante diez minutos con nuestra mascota[78] son más que suficiente para recargar la batería de la atención y vaciar la mochila de la alostasis.[79] Incluso un «baño de bosque» el fin de semana reporta beneficios sobre el sistema inmunológico —influyendo en la expresión genética de proteínas «anticancerígenas»—,[80] el sistema cardiovascular[81] y promueve la biología de la presencia,[82] bajando a media asta la bandera del cortisol[83] o la adrenalina.[84] Sin lugar a dudas, la naturaleza es la mejor medicina preventiva conocida hasta la fecha, un remedio al alcance de todos y sin efectos secundarios.[85] Y además gratis.

Borracheras, bolsas de papas y repostería industrial

Ahora que mejorar el descanso o regenerar la atención es cuestión de ponernos manos a la obra, es el momento de hacer deporte. Hasta el tonto del pueblo sabe que mover el esqueleto es beneficioso para la salud física y mental.[86] Pero, claro, si la biología del estrés tiene prisionero al sentir básico en la torre de la supervivencia, y el sentir básico influye en nuestra motivación a la hora de hacer ejercicio,[87] es normal que un cerebro superviviente compre una membresía para el gimnasio al que nunca va. El pago por adelantado es su única motivación.[88] Si fuera el caso, necesitaremos una inyección de motivación extra.[89] Al margen de que la investigación contemporánea aconseje mover el culo al menos ciento cincuenta minutos por semana —setenta y cinco si es de alta intensidad—[90] o de que el 80 % de los norteamericanos no lleguen al tiempo mínimo aconsejado,[91] el ejercicio moderado aligera el peso de la mochila de Bruce[92] y es una terapia efectiva contra muchas enfermedades —psiquiátricas, neurológicas, metabólicas, cardiovasculares, pulmonares, trastornos musculoesqueléticos o cáncer—,[93] retrasando la aparición de más de cuarenta enfermedades crónicas.[94] Ahí es nada.

Otro aspecto a tener en cuenta es el contacto social. A pesar de vivir rodeados de trescientos treinta millones de personas, el 52 % de los habitantes del planeta se sienten solos.[95] Según estudios recientes,[96] la sensación de soledad tiene un impacto sobre nuestra salud equiparable con la contaminación ambiental, la obesidad o fumar quince cigarros al día. Es más, las personas con un tejido social sólido tienen un 50 % menos de probabilidad de visitar a san Pedro en los próximos días[97] y presentan niveles de cortisol más bajos al ser diagnosticados con cáncer.[98] El entorno social es como el amortiguador de una bicicleta. Pero, en lugar de transformar la energía cinética en calor, un entorno social sano modifica nuestra relación con el pensamiento inútil, reforzando la confianza en la vida y mitigando la respuesta fisiológica al estrés.[99] (Al igual que un tejido social tóxico puede resultar contraproducente). Echarse unas risas con los amigos,[100] salir a bailar,[101] ir al teatro[102] o cantar «Cielito lindo» a todo pulmón[103] —sin necesidad de estar borrachos—, dispara la segregación de endorfinas y afina nuestro sistema inmunológico.[104]

Vamos con el último de la fila. La alimentación. En algún momento de nuestras vidas, todos hemos caído en las garras de las bolsas de papas o de la repostería industrial en épocas de estrés desmedido. Es normal. Tal y como descubrimos hace un par de párrafos, la biología de la supervivencia[105] y el pensamiento inútil[106] nos predisponen no solo a seguir patrones de alimentación poco saludables,[107] sino también a sentirnos culpables por ello.[108] Sin irnos por las ramas, existe una conexión entre la capacidad de percibir nuestra sensación básica y la nutrición. Si la «conciencia interoceptiva» es la capacidad de una persona para ser consciente de su sensación básica —y todo a partir de la información que diminutos espías repartidos por el sistema nervioso[109] envían a la ínsula—,[110] podremos mejorar la comunicación con nuestros James Bond cuidando la alimentación.[111] Echando un vistazo rápido a la guía Michelin de la interocepción, los alimentos ricos en grasas saturadas y azúcares añadidos hacen que percibamos con menos claridad nuestra sensación básica[112] al tiempo que aumentan la carga alostática.[113] Cocinar más vegetales,[114] disminuir la sal —el sodio aumenta el cortisol en orina—,[115] cocinar los alimentos con nuestras propias manos e ingerirlos conscientemente[116] o ayunar de vez en cuando[117] son una forma sencilla de subir de nivel nuestra conciencia interoceptiva y vaciar la mochila de la alostasis.

Damas y caballeros..., ¡que comience el espectáculo!

Capítulo 10

El último experimento

La vida es un proceso. Un juego de reacción en cadena donde una rueda impacta en el extremo de una veleta que, al girar, impulsa una bola de madera sobre dos rieles hasta alcanzar una ficha de dominó que, a su vez, da paso a un nuevo proceso. Tú. Yo. Este libro. Todos formamos parte de este descomunal proceso inteligente y autodirigido llamado «vida». Ahora imagina que la ficha de dominó trata de buscarle sentido a la vida. En un mundo en constante movimiento, lo primero que descubre es su miedo a volver a caer. La ficha se siente amenazada veinticuatro horas trescientos sesenta y cinco días al año, dando por supuesto que todo en la vida —la rueda, la veleta, la bola de madera— está tratando de evitar caer.

Los seres humanos llamamos «supervivencia» a este miedo a caer. Bajo el lente de una mentalidad superviviente, todo está tratando de sobrevivir: una célula, un árbol, un león. Al separarnos psicológicamente del proceso de la vida no vemos que el miedo es solo una posibilidad, ni que la mentalidad superviviente es también una posibilidad. Con la mochila ligera de equipaje y la conciencia interoceptiva expandida, dejaremos atrás a la supervivencia y al pensamiento inútil para descubrir una nueva forma de relacionarnos con el proceso inteligente y autodirigido de la vida: la presencia.

El «Yo obeso»

Lo recuerdo como si fuera ayer. Era más de media noche. En la calle trasnochaban los faroles y un par de autobuses de fiesta. En la pantalla, había umbrales de confianza y distribuciones normales. Me encontraba frente a la computadora procesando las más de mil muestras de pensamiento tomadas de cien cerebros en momentos aleatorios del día. Y es que analizar resultados es como hacer fila en el baño con la vejiga llena; al principio estás algo inquieto y los segundos pesan una eternidad, pero el éxtasis final es inconmensurable.

Cosas interesantes. Si prestamos atención a nueve pensamientos consecutivos, es un 16 % más probable que el número diez apunte al presente, y si tenemos un pensamiento presente, es más probable que vaya acompañado de sensaciones placenteras respecto a un pensamiento de pasado o futuro. El presente se siente bien.[1] Sin embargo, mirando con lupa veremos una serie de propuestas neuronales paseando del brazo de un nivel de activación desorbitado y en todas ellas habrá un «mi», un «me» o un «mío». La idea de que los pronombres posesivos puedan afectar a la sensación básica cruzará nuestra mente con un escalofrío. Pero los datos serán insuficientes. El estudio no podrá situar al pronombre en el epicentro afectivo. Buscaremos más y más pruebas, hasta atrapar a los pensamientos misteriosos con las manos en la masa. Y, con la bata sobre los hombros, llevaremos a personas que se conocen de toda la vida al laboratorio —dos amigos de la infancia, dos enamorados o dos cuñados— para convertirlas en participantes como hacen en la tele con los concursantes de *Tu cara me suena*. Entonces le pediremos a uno de ellos que nos envíe una semana antes del estudio fotos de personas, lugares, animales o cosas que sean realmente importantes para el participante en cuestión, y durante el experimento mezclaremos imágenes afectivas estandarizadas[2] con fotomontajes realistas de los participantes, para comprobar, sin perder de vista el factor sorpresa, si el cerebro humano reacciona de la misma forma ante un desconocido con problemas de salud versus nuestra abuelita hospitalizada, un coche accidentado versus nuestro coche hecho pedazos o una casa cualquiera en llamas versus nuestra casa cubierta por las llamas.

Sentado en una silla, el participante mira atentamente la pantalla. Ve una mariposa azulada. Tomamos muestra de su sensación básica. A continuación, una casa en llamas. Tomamos muestra de su sensación básica. Luego, una lata de Red Bull. Muestra de sensación básica. La fotografía de un Tsuru accidentado. Sensación básica. El perro de Pétalo. Sensación básica. ¡Su coche hecho trizas! Sensación básica. Un sacapuntas. Sensación básica. ¡Su casa en llamas! Sensación básica. ¡Su mascota en apuros! Sensación básica. Una foto de una persona con kilos de más. Sensación básica. ¡El participante con treinta kilos de más! Sensación básica. Y así sucesivamente. (Tamaño de la muestra del experimento: ochenta y dos terrícolas).

El «yo» no tiene fronteras. La sensación de malestar y el nivel de activación mental suben dos puntos cuando Bigotitos está a punto de ser atropellado por el camión de la basura frente a un sabueso cualquiera. La misma cantaleta con mi hijo, mi pareja, mi familia, mis amistades, mi iPhone, mi computadora, mi ropa —uno de los participantes confesó pasar noches en vela tras perder su impermeable de marca—, mi trabajo, mi cuenta bancaria, mi casa, mi ciudad, mi país. En términos cognitivos, el cerebro se apropia de un sinfín de personas, lugares, animales o cosas que viven al otro lado de la piel, considerándolas parte de nuestro propio «yo». Y es que ver a nuestra abuela hospitalizada atenta directamente contra nuestra persona. ¡Es como si nos metiesen un dedo en el ojo! Pues no existe en el cerebro humano un área para el dolor de nuestra querida abuelita y otra para nuestro dolor, como tampoco existe un área para el dolor social y otra para el dolor físico.[3] Ambos comparten circuitos neuronales —corteza cingulada e ínsula—.[4] Así, cada vez que una persona, lugar, animal o cosa entra en nuestro foco de atención, la corteza prefrontal medial determina su pertenencia al «yo»[5] y la línea media intensifica la sensación básica si fuera el caso,[6] un modo de cognición que comienza a formarse antes del segundo año de vida[7] y da forma a nuestro «yo obeso».

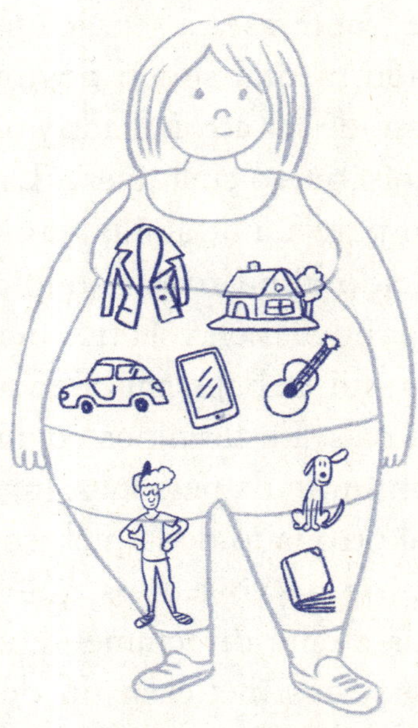

El «yo obeso» —formalmente conocido como «el efecto posesión»—[8] es un proceso cognitivo por el cual nuestro cerebro considera a las personas, lugares, animales o cosas que nos importan como parte de nosotros mismos. Pero la cosa no acaba aquí. La corteza prefrontal medial no solo es capaz de poseer a Bigotitos o un impermeable de marca. También puede poseer pensamientos. Nuestra orientación política, nuestros gustos musicales u opiniones acerca del presidente del Gobierno reciben por parte del sistema nervioso el mismo trato que nuestra pierna, nuestro hijo o nuestro equipo favorito. En consecuencia, aquel que ose contrariarlos, estará, para nuestro cerebro, atentando contra nuestra propia persona y la línea media intensificará la sensación básica asociada dejándonos a merced de la supervivencia.

En nuestro afán por ser felices, muchas personas han intentado poner a dieta su «yo obeso» con la finalidad de que un despido sentimental o un desengaño laboral improcedente no nos afecten como nos afectan. Lo llaman «desapego». Y tiene su lógica. Si en nuestro «yo obeso» residen todas aquellas personas, lugares, animales y cosas que son importantes para nosotros, y la línea media cerebral intensifica nuestra sensación básica cada vez que el pensamiento acecha, cuantas menos personas o cosas habiten el «yo obeso», menos probabilidades hay de sufrir. ¿No? Es entonces cuando, queriendo convertirnos en los Marie Kondo de la mente, nos inscribimos en el «Primer congreso *online* del desapego» sin darnos cuenta de que alejarse de un pensamiento o de una persona, lugar, animal o cosa para evitar sentir esa intensidad, no es desapegarse. Es huir. Y cualquier forma de huida, como ya sabemos, activa la biología de la supervivencia. Algo se nos escapa. Obvio. ¡¿Pero qué es?!

EL ÚLTIMO EXPERIMENTO: HASTA EL INFINITO Y MÁS ALLÁ

Existen, al menos potencialmente, infinitos sistemas de pensamiento. Ninguno de ellos es mejor que otro. Solo una mentalidad superviviente ve sistemas de pensamiento mejores o peores, cuando, en esencia, se trata de diferentes formas de habitar la mente. Desde pequeñitos nuestros padres, cuidadores y allegados nos guían en el arte de dar la condición de «hecho» a las propuestas del intérprete. Lo llaman «educar». Y todo apunta a que la cultura desempeña un papel primordial.[9] Pero ¿hasta qué punto? ¿Es posible cambiar creencias tan arraigadas? ¿Acaso hay que desahuciar a los okupas que viven en nuestro «yo obeso» para no sufrir?

Entremos en el universo de Walt Disney en busca de respuestas. Mientras el cerebro de Mulán, la protagonista de la conocida leyenda oriental, ve un mundo donde todo está íntimamente relacionado —visión de unidad—, la mente de John Smith, el colono inglés que acabó con el padre de Pocahontas, ve un universo de elementos independientes que tratan de sobrevivir —visión separada—.[10] Lejos de ser el desvarío de tu profe de yoga, la visión unitaria y la visión separada son medibles en el laboratorio a partir de los movimientos oculares y el manejo de la atención.[11] Sabemos que el cerebro oriental invierte buena parte de sus recursos atencionales en analizar las relaciones entre personas, lugares, animales o cosas del campo perceptivo,[12] y que las neuronas occidentales emplean su energía en intentar controlar el comportamiento de personas u objetos;[13] un gesto mental que da pie a la «ilusión de control»[14] y lleva loco a medio Occidente.

Con estas ideas en mente, canjeemos una tarjeta de puntos imaginaria por un billete de avión a Corea del Sur. Tras indicarle al taxista que cruce el río Han por el puente de Banpo y se estacione frente a la Universidad Nacional de Seúl, el conserje nos mostrará el camino hacia el Departamento de Psicología. Una vez en él, evaluaremos con ayuda del profesor Incheol Choi la mentalidad de estudiantes coreanos tanto de medicina occidental como tradicional, sin olvidarnos del grupo de control formado por coreanos y coreanas comunes. Un poco de estadística por aquí, un p-valor por allá, y los datos hablarán por sí solos. El cerebro coreano ve el mundo a través de la visión unitaria. Era de esperarse. Sin embargo, los sesos coreanos de los futuros médicos occidentales han adoptado una visión separada, cosa que no ocurre en las salas de medicina tradicional o en el grupo de control.[15] Cambiar nuestra visión del mundo no solo es posible, sino que el esfuerzo necesario para hacerlo es equivalente a estudiar biología celular, aprender a jugar al pádel o titularse como ingeniero en alimentos. Extraordinario.

La «plasticidad mental» es un superpoder al alcance de todos. Una píldora roja que despierta la visión de unidad y la presencia. Al renunciar a la separación y reconocer nuestra pertenencia al proceso inteligente de la vida, el ente psicológico llamado «miedo» del que todo el tiempo tratamos de protegernos se desvanece. Solo desde la presencia comprendes que nadie puede desapegarse o amar menos. A lo mucho, puedes extender los límites de tu «yo obeso» hasta el infinito y más allá, acogiendo a cada una de las personas, lugares, animales o cosas que aparecen en tu mente como parte de ti mismo. Es justo al revés. Siempre fue al revés. No era protegerse. Era abrazar. No era rendirse. Era aceptar. No era temer. Era amar.

El cambio que buscas está a un pensamiento de distancia, escondido detrás de cada propuesta neuronal que te niegas a dejar de usar. La neurociencia estará siempre ahí para recordarte esto. Para, en momentos difíciles, recordarte que las cosas que piensa tu cerebro son posibilidades y no «hechos». Para recordarte, cuando la adversidad toque la puerta, que no sientes a personas, lugares, animales o cosas, sino a las ideas que tu cerebro asocia a cada persona, lugar, animal o cosa. Y, en última instancia, para recordarte que lo importante no es la positividad o la negatividad de un pensamiento o sentimiento en cuestión. Lo que importa es cómo decides relacionarte con él. El vacío de las líneas que faltan tan solo puede llenarse con un «gracias». Así que, gracias. Gracias investigador o investigadora por atreverte a descubrir cómo funcionan tu mente y tu cerebro. Puedes quitarte la bata.

NOTAS BIBLIOGRÁFICAS

Introducción

1. Desarrollé el asunto en *El libro que tu cerebro no quiere leer* [(2019). Urano. (pp. 125-130)]. Aquí una recopilación de ejemplos de procesamiento inconsciente tanto a nivel perceptivo como de toma de decisiones. De Pisapia, N. (2013). Unconscious information processing in executive control. *Frontiers in Human Neuroscience*, *7*(21), 1-2. Vlassova, A., Donkin, C., y Pearson, J. (2014). Unconscious information changes decision accuracy but not confidence. *Proceedings of the National Academy of Sciences, 111*(45), 16214-16218. Walla, P. (2018). Editorial: Sub-and Unconscious Information. *Processing in the Human Brain. Applied Sciences, 8*(6), 979-983. Sutil-Martín, D. L., y Rienda-Gómez, J. J. (2020). The Influence of Unconscious Perceptual Processing on Decision-Making: A New Perspective From Cognitive Neuroscience Applied to Generation Z. *Frontiers in psychology, 11*, 1728.

2. Schaffler, M. B., y Kennedy, O. D. (2012). Osteocyte signaling in bone. *Current osteoporosis reports, 10*(2), 118-125.

Capítulo 1. Cerebros suspendidos en formol al 10 %

1. Lawson-Tancred HC, editor. (1991) *Aristotle. The art of rhetoric.* Penguin. Plato. (1992). En: Grube, G., y Reeve, C., traductores. *Republic.* Hackett Publishing.

2. Duncan, S., y Barrett, L. F. (2007). Affect is a form of cognition: A neurobiological analysis. *Cognition & emotion, 21*(6), 1184-1211.

3. Lawson-Tancred HC, editor. (1991). *Aristotle. The art of rhetoric.* Penguin. Plato. (1992). En: Grube, G., y Reeve, C., traductores. *Republic.* Hackett Publishing. Vendrell, Í. (2008). Teorías analíticas de las emociones: el debate actual y sus precedentes históricos. *Contrastes. Revista Internacional De Filosofía, 14*, 217-240. Kišju-

has, A. (2018). Reason without feelings? Emotions in the history of western philosophy. *Filozofija i drustvo, 29*(2), 253-274.

4. Para una breve historia de las emociones: Pinedo, I. A. y Yáñez, J. (2018). Las emociones: una breve historia en su marco filosófico y cultural en la Antigüedad. *Cuadernos de Filosofía Latinoamericana*, *39*(119), 13-45.

5. Solomon, R. (2008). The Philosophy of Emotions. En Feldman, L., y Haviland Jones, J. M. (Eds.). *Handbook of Emotions, tercera edición*, (pp. 3-16). Guilford Press.

6. En un primer momento, a lo que muchos llamaron cerebro reptiliano, sistema límbico y neocórtex, Christofredo Jakob lo bautizó como paleoencéfalo, archiencéfalo y neoencéfalo. Triarhou, L. C., y del Cerro, M. (2006). Semicentennial tribute to the ingenious neurobiologist Christfried Jakob (1866-1956). 1. Works from Germany and the first Argentina period, 1891-1913. *European neurology, 56*(3), 176-188.

7. Papez, J. W. (1937). A proposed mechanism of emotion. *Journal of Neuropsychiatry and Clinical Neurosciences, 7*, 103-112.

8. Estas publicaciones desde 1948 hasta 1990 recopilan las principales ideas y argumentos de Paul MacLean: MacLean, P. D. (1949). Psychosomatic disease and the «visceral brain»: Recent developments bearing on the Papez theory of emotion. *Psychosomatic Medicine, 11*, 338-353. MacLean, P. D. (1952). Some psychiatric implications of physiological studies on frontotemporal portion of limbic system (visceral brain). *Electroencephalography and Clinical Neurophysiology, 4*(4), 407-418. MacLean, P. D. y Kral, V. A. (1973). *A Triune Concept of the Brain and Behavior*. University of Toronto Press. MacLean, P. D. (1990). *The triune brain in evolution: role in paleocerebral functions*. Plenum Press.

9. Goleman, D. (1996). *La inteligencia emocional*. Kairós.

10. Keenan, D. y Ball, D. (2009). *Reptile: The 2009 Manual of the Plantiff's Revolution*. Balloon Press. Merino, I. (2016). Una nueva vacuna: la vacuna del autoconocimiento. Bases neurobiológicas de la conducta humana. El juego entre el cerebro instintivo-emocional y el cerebro racional. *Revista de Pediatría de Atención Primaria*, *8*(70), 85-91.

11. Goleman, D. (2011). *Cerebro y la inteligencia emocional*. Ediciones B. Hogeveen, J., Salvi, C., y Grafman, J. (2016). Emotional Intelligence: Lessons from Lesions. *Trends in neurosciences*, *39*(10), 694-705.

12. Rapaille C. (2006). *The culture code*. Broadway Books. Renvoise P., y Morin C. (2003). *Selling to the old brain: how new discoveries in brain research empower you to influence any audience, anytime*. SalesBrain Publishing. Un punto de vista interesante acerca de la idea del cerebro reptil como «el cerebro que compra» en: Zemelka, A. M. (2018). Theory of the Reptilian Brain in Neuromarketing in The Light of Neuroanatomy. *Mini Review, 3*(3), 33-34.

13. Damasio, A. (1994). *El error de Descartes: la emoción, la razón y el cerebro humano*. Barcelona. Destino. LeDoux, J. (2000). Emotion Circuits in the Brain, *Annual*

Review of Neuroscience, 23, 155-184. Pessoa, L. (2008). On the Relationship Between Emotion and Cognition, *Nature Reviews Neuroscience, 9*(2), 148-158.

14. Naumann, R. K., Ondracek, J. M., Reiter, S., Shein-Idelson, M., Tosches, M. A., Yamawaki, T. M., y Laurent, G. (2015). The reptilian brain. *Current Biology, 25*(8), R317-R321. Edelman, D. B., McMenamin, M., Sheesley, P., y Pivar, S. (2016). Origin of the vertebrate body plan via mechanically biased conservation of regular geometrical patterns in the structure of the blastula. *Progress in Biophysics and Molecular Biology, 121*(3), 212-244.

15. Podrás encontrar las diferencias entre el cerebro de un reptil y el cerebro «reptil» humano en: Marín, O., Smeets, W. J., y González, A. (1998). Evolution of the basal ganglia in tetrapods: a new perspective based on recent studies in amphibians. *Trends in neurosciences, 21*(11), 487-494. Medina, L., Abellán, A., Vicario, A., y Desfilis, E. (2014). Evolutionary and Developmental Contributions for Understanding the Organization of the Basal Ganglia. *Brain, Behavior and Evolution, 83*(2), 112-125. Un dato curioso. A pesar del avance tecnológico, no publicamos el primer atlas del cerebro reptil hasta el 2018. Hoops, D., Desfilis, E., Ullmann, J. F. P., Janke, A. L., Stait-Gardner, T., Devenyi, G. A., Price, W., Medina, L., Whiting, J. M., y Keogh, J. S. (2018). A 3D MRI-based atlas of a lizard brain. *Journal of Comparative Neurology, 526*(16), 2511-2547.

16. Pessoa, L., Medina, L., Hof, P. R., y Desfilis, E. (2019). Neural architecture of the vertebrate brain: implications for the interaction between emotion and cognition. *Neuroscience & Biobehavioral Reviews, 107*, 296-312.

17. Godfrey, S. S., Bradley, J. K., Sih, A., y Bull, C. M. (2012). Lovers and fighters in sleepy lizard land: Where do aggressive males fit in a social network? *Animal Behaviour, 83*, 209e215. Spiegel, O., Leu, S. T., Sih, A., Godfrey, S. S., y Bull, C. M. (2015). When the going gets tough: Behavioural-type dependent space use in the sleepy lizard changes as the season dries. *Proceedings of the Royal Society B, 282*.

18. Manrod, J. D., Hartdegen, R., y Burghardt, G. M. (2007). Rapid solving of a problem apparatus by juvenile black-throated monitor lizards (Varanus albigularis albigularis). *Animal Cognition, 11*(2), 267-273.

19. Kaufman, J. D., Burghardt, G. M., y Phillips, J. A. (1996). Sensory cues and foraging decisions in a large carnivorous lizard, Varanus albigularis. *Animal Behaviour, 52*(4), 727-736.

20. Pianka E. R., y Vitt H. G. (2003). *Lizards: windows to the evolution of diversity*. University of California Press.

21. Shen, J. M., y Kriegstein, A. R. (1986). Turtle hippocampal cortex contains distinct cell types, burst-firing neurons, and an epileptogenic subfield. *Journal of Neurophysiology, 56*(6), 1626-1649.

22. López-García, C., Molowny, A., Martínez-Guijarro, F. J., Blasco-Ibáñez, J. M., Luis de la Iglesia, J. A., Bernabeu, A., y García-Verdugo, J. M. (1992). Lesion and

regeneration in the medial cerebral cortex of lizards. *Histology and histopathology, 7*(4), 725-746.

23. Kerr, G. D., Bull, C. M., y Mackay, D. (2004). Human disturbance and stride frequency in the sleepy lizard (Tiliqua rugosa): Implications for behavior studies. *Journal of Herpetology, 38*, 519-526. <http://www.jstor.org/stable/1565751>.

24. Leu, S. T., Bashford, J., Kappeler, P. M., y Bull, C. M. (2010). Association networks reveal social organisation in the sleepy lizard. *Animal Behaviour, 79*, 217-225.

25. Leu, S. T., Bashford, J., Kappeler, P. M., y Bull, C. M. (2010). Association networks reveal social organisation in the sleepy lizard. *Animal Behaviour, 79*, 217-225.

26. Fuente: <https://www.ine.es/prensa/ensd_2019.pdf>. Consultado el 28 de mayo de 2021 a las 18.06 h.

27. Leu, S. T., Bruzaron, D., Whiting, M. J., y Bull, C. M. (2015). Mate familiarity affects pairing behaviour in a long-term monogamous lizard: Evidence from detailed biologging and a thirty one year field study. *Ethology, 121*, 760-768. Vitt, L., y R. Pianka. (1994). *Lizard Ecology*. Princeton University Press.

28. Shashar, N., Sabbah, S., y Cronin, T. W. (2004). Transmission of linearly polarized light in seawater: implications for polarization signaling. *The Journal of experimental biology, 207(Pt 20)*, 3619-3628.

29. Carr, A. (1986). Rips, FADS, and Little Loggerheads. *BioScience, 36*(2), 92-100. Cain, S. D., Boles, L. C., Wang, J. H., y Lohmann, K. J. (2005). Magnetic orientation and navigation in marine turtles, lobsters, and molluscs: Concepts and conundrums. *Integrative and Comparative Biology, 45*(3), 539-546.

30. En hawaiano, Ka-Milo-Pae-Ali'i significa «El agua arremolinada que lleva a la realeza a la orilla» y Ka-Milo-Pae-Kanaka «El agua arremolinada que lleva a la plebe a la orilla». Gooley, T. (2018). *Cómo leer el agua. Descubre los secretos de los lagos, mares y océanos*. Ático de los Libros. (p. 291).

31. Lohmann, K., y Lohmann, F. (1994). Detection of magnetic inclination angle by sea turtles: A possible mechanism for determining latitude. *The Journal of experimental biology, 194*(1), 23-32. Lohmann, K., y Lohmann, C. (1996). Detection of magnetic field intensity by sea turtles. *Nature, 380*, 59-61. Lohmann, K., y Lohmann, C. (1996). Orientation and open-sea navigation in sea turtles. *The Journal of experimental biology, 199(Pt 1)*, 73-81. Cain, S. D., Boles, L. C., Wang, J. H., y Lohmann, K. J. (2005). Magnetic orientation and navigation in marine turtles, lobsters, and molluscs: concepts and conundrums. *Integrative and comparative biology, 45*(3), 539-546.

32. Quinn, T. P., R. T. Merrill, y E. L. Brannon. (1981). Magnetic field detection in sockeye salmon. *Journal of Experimental Zoology, 217*, 137-142.

33. Kalmijn, A. J. (1978). Experimental evidence of geomagnetic orientation in elasmobranch fishes. En: Schmidt, K, y Keeton, W. T. (Eds.). *Animal migration, navigation, and homing.* Springer-Verlag. (pp. 347-353).

34. Lohmann, K., Pentcheff, N., Nevitt, G., Stetten, G., Zimmer-Faust, R., Jarrard, H., y Boles, L. (1995). Magnetic orientation of spiny lobsters in the ocean: experiments with undersea coil systems. *The Journal of experimental biology, 198(Pt 10)*, 2041-2048.

35. Lohmann, K. J., y Willows, A. O. (1987). Lunar-modulated geomagnetic orientation by a marine mollusk. *Science (New York, N.Y.), 235*(4786), 331-334.

36. Boyle, M. B., Cohen, L. B., Macagno, E. R., y Orbach, H. (1983). The number and size of neurons in the CNS of gastropod molluscs and their suitability for optical recording of activity. *Brain research, 266*(2), 305-317.

37. Wang, J. H., Cain, S. D., y Lohmann, K. J. (2003). Identification of magnetically responsive neurons in the marine mollusc Tritonia diomedea. *The Journal of experimental biology, 206(Pt 2)*, 381-388. Wang, J. H., Cain, S. D., y Lohmann, K. J. (2004). Identifiable neurons inhibited by Earth-strength magnetic stimuli in the mollusc Tritonia diomedea. *The Journal of experimental biology, 207(Pt 6)*, 1043-1049.

38. LUCA es el acrónimo de last universal common ancestor: Fox, G. E., Stackebrandt, E., Hespell, R. B., Gibson, J., Maniloff, J., Dyer, T. A., Wolfe, R. S., Balch, W. E., Tanner, R. S., Magrum, L. J., Zablen, L. B., Blakemore, R., Gupta, R., Bonen, L., Lewis, B. J., Stahl, D. A., Luehrsen, K. R., Chen, K. N., y Woese, C. R. (1980). The Phylogeny of Prokaryotes. Science, *209*(4455), 457-463.

39. Northcutt, R. G. (1981). Evolution of the Telencephalon in Nonmammals. *Annual Review of Neuroscience, 4*, 301-350. Shimizu, T., (2004). Comparative cognition and neuroscience: misconceptions about brain evolution. *Psychol. Res. 46*, 246-254.

40. Shimizu, T., 2004. Comparative Cognition and Neuroscience: Misconceptions about Brain Evolution. *Psychology Faculty Publications, 46*(3), 246-254.

41. Ito M. (1984). The modifiable neuronal network of the cerebellum. *The Japanese journal of physiology, 34*(5), 781-792. Manto, M., Bower, J. M., Conforto, A. B., Delgado-García, J. M., da Guarda, S. N., Gerwig, M., Habas, C., Hagura, N., Ivry, R. B., Mariën, P., Molinari, M., Naito, E., Nowak, D. A., Oulad Ben Taib, N., Pelisson, D., Tesche, C. D., Tilikete, C., y Timmann, D. (2012). Consensus paper: roles of the cerebellum in motor control--the diversity of ideas on cerebellar involvement in movement. *Cerebellum (London, England), 11*(2), 457-487. Guell, X., Schmahmann, J. D., Gabrieli, J., y Ghosh, S. S. (2018). Functional gradients of the cerebellum. *eLife, 7*, e36652.

42. Ikeda, K., Kawakami, K., Onimaru, H., Okada, Y., Yokota, S., Koshiya, N., Oku, Y., Iizuka, M., y Koizumi, H. (2017). The respiratory control mechanisms in the brainstem and spinal cord: integrative views of the neuroanatomy and neurophysiology. *The Journal of Physiological Sciences: JPS, 67*(1), 45-62.

43. Schmahmann, J. D., y Sherman, J. C. (1998). The cerebellar cognitive affective syndrome. *Brain: a journal of neurology, 121(Pt 4)*, 561-579. Turner, B. M., Paradiso, S., Marvel, C. L., Pierson, R., Boles Ponto, L. L., Hichwa, R. D., y Robinson, R.

G. (2007). The cerebellum and emotional experience. *Neuropsychologia, 45*(6), 1331-1341. Clausi, S., Iacobacci, C., Lupo, M., Olivito, G., Molinari, M., y Leggio, M. (2017). The Role of the Cerebellum in Unconscious and Conscious Processing of Emotions: A Review. *Applied Sciences, 7*(5), 521.

44. Leiner, H. C., Leiner, A. L., y Dow, R. S. (1986). Does the cerebellum contribute to mental skills? *Behavioral neuroscience, 100*(4), 443-454. Houk, J. C., y Wise, S. P. (1995). Distributed modular architectures linking basal ganglia, cerebellum, and cerebral cortex: their role in planning and controlling action. *Cerebral cortex (New York, N.Y.: 1991), 5*(2), 95-110. Allen, G., y Courchesne, E. (1998). The cerebellum and non-motor function: clinical implications. *Molecular psychiatry, 3*(3), 207-210. Levisohn, L., Cronin-Golomb, A., y Schmahmann, J. D. (2000). Neuropsychological consequences of cerebellar tumour resection in children: cerebellar cognitive affective syndrome in a paediatric population. *Brain: a journal of neurology, 123(Pt 5)*, 1041-1050. Chen, S. H., y Desmond, J. E. (2005). Temporal dynamics of cerebro-cerebellar network recruitment during a cognitive task. *Neuropsychologia, 43*(9), 1227-1237. Bellebaum, C., y Daum, I. (2007). Cerebellar involvement in executive control. *Cerebellum (London, England), 6*(3), 184-192. Stoodley, C. J., y Schmahmann, J. D. (2009). Functional topography in the human cerebellum: a meta-analysis of neuroimaging studies. *NeuroImage, 44*(2), 489-501. Wagner, M. J., y Luo, L. (2020). Neocortex-Cerebellum Circuits for Cognitive Processing. *Trends in neurosciences, 43*(1), 42-54.

45. Petersen, S. E., y Fiez, J. A. (1993). The Processing of Single Words Studied with Positron Emission Tomography. *Annual Review of Neuroscience, 16*(1), 509-530. Ryding, E., Decety, J., Sjöholm, H., Stenberg, G., y Ingvar, D. H. (1993). Motor imagery activates the cerebellum regionally: A SPECT rCBF study with 99mTc-HM-PAO. *Cognitive Brain Research, 1*(2), 94-99.

46. Pacientes con lesiones cerebelosas presentan problemas en tareas de recreación de oraciones, pruebas de lenguaje figurativo, tareas de asociación de palabras, encontrar antónimos y sinónimos e interpretar absurdos semánticos. Cook, M., Murdoch, B., Cahill, L., y Whelan, B. (2004). Higher-level language deficits resulting from left primary cerebellar lesions. *Aphasiology, 18*(9), 771-784.

47. Leiner, H. C., Leiner, A. L., y Dow, R. S. (1993). Cognitive and language functions of the human cerebellum. *Trends in neurosciences, 16*(11), 444-447. Mariën, P., Ackermann, H., Adamaszek, M., Barwood, C. H., Beaton, A., Desmond, J., De Witte, E., Fawcett, A. J., Hertrich, I., Küper, M., Leggio, M., Marvel, C., Molinari, M., Murdoch, B. E., Nicolson, R. I., Schmahmann, J. D., Stoodley, C. J., Thürling, M., Timmann, D., Wouters, E., ... Ziegler, W. (2014). Consensus paper: Language and the cerebellum: an ongoing enigma. *Cerebellum (London, England), 13*(3), 386-410.

48. Barton, R. A., y Venditti, C. (2014). Rapid evolution of the cerebellum in humans and other great apes. *Current biology: CB, 24*(20), 2440-2444.

49. Schlerf, J. E., Verstynen, T. D., Ivry, R. B., y Spencer, R. M. C. (2010). Evidence of a Novel Somatopic Map in the Human Neocerebellum During Complex Actions.

Journal of Neurophysiology, 103(6), 3330-3336.. MacLeod, C. (2003). Expansion of the neocerebellum in Hominoidea. *Journal of Human Evolution, 44*(4), 401-429.

50. Las ideas de Christofredo Jakob, James Papez y Paul MacLean fueron arrastradas por el tiempo hasta fondear en la mente de Daniel Goleman en la década del *cassette*. Partiendo del trabajo de sus contemporáneos, el brillante antropólogo, en lugar de alimentar la lucha descarnada entre razón y emoción coronó, contra todo pronóstico, a la emoción como reina del baile. Con la pequeña cantidad de más de cinco millones de ejemplares vendidos, su libro *La inteligencia emocional* dio a conocer cualidades como la empatía, el control emocional, la motivación o las habilidades sociales entre la aspirante de Master Chef o el barrendero. Goleman, D. (1996). [*La inteligencia emocional*, Kairós]. Y también el cerebro triuno. Si bien es cierto que Daniel Goleman se destacó popularizando la inteligencia emocional, se inspiró en el quehacer de Peter Salovey y John D. Mayer en: Mayer, J. D., DiPaolo, M. T., y Salovey, P. (1990). Perceiving affective content in ambiguous visual stimuli: A component of emotional intelligence. *Journal of Personality Assessment, 54*, 772-781. Salovey, P. y Mayer, J. D. (1990). Emotional intelligence. *Imagination, Cognition, and Personality, 9*, 185-211.

51. Hierons, R., Janota, I., y Corsellis, J. A. N. (1978). The late effects of necrotizing encephalitis of the temporal lobes and limbic areas: a clinico-pathological study of 10 cases. *Psychological Medicine, 8*(01), 21.

52. Feinstein, J. S., Rudrauf, D., Khalsa, S. S., Cassell, M. D., Bruss, J., Grabowski, T. J., y Tranel, D. (2010). Bilateral limbic system destruction in man. *Journal of Clinical and Experimental Neuropsychology, 32*(1), 88-106.

53. Adolphs, R., y Tranel, D. (2003). Amygdala damage impairs emotion recognition from scenes only when they contain facial expressions. *Neuropsychologia, 41*(10), 1281–1289. Adolphs, R., Tranel, D., Hamann, S., Young, A. W., Calder, A. J., Phelps, E. A., Anderson, A., Lee, G. P., & Damasio, A. R. (1999). Recognition of facial emotion in nine individuals with bilateral amygdala damage. *Neuropsychologia. 1999; 37*(10), 1111-1117.

54. Feinstein, J. S., Rudrauf, D., Khalsa, S. S., Cassell, M. D., Bruss, J., Grabowski, T. J., y Tranel, D. (2010). Bilateral limbic system destruction in man. *Journal of Clinical and Experimental Neuropsychology, 32*(1), 88-106.

55. Damasio, A. R., Eslinger, P. J., Damasio, H., Van Hoesen, G. W., y Cornell, S. (1985). Multimodal Amnesic Syndrome Following Bilateral Temporal and Basal Forebrain Damage. *Archives of Neurology, 42*(3), 252-259. Hierons, R., Janota, I., y Corsellis, J. A. N. (1978). The late effects of necrotizing encephalitis of the temporal lobes and limbic areas: a clinico-pathological study of 10 cases. *Psychological Medicine, 8*(01), 21. Friedman, H. M., y Allen, N. (1969). Chronic effects of complete limbic lobe destruction in man. *Neurology, 19*(7), 679-690. Gascon, G. G., y Gilles, F. (1973). Limbic dementia. *Journal of Neurology, Neurosurgery, and Psychiatry, 36*(3), 421-430.

56. Mesulam, M. M. (2000). Behavioral Neuroanatomy: Large-scale networks, association cortex, frontal syndromes, the limbic system, and hemispheric specializations. En: Mesulam, M. M. (Eds.). *Principles of behavioral and cognitive neurology* (pp. 1-120). Oxford University Press. Catani, M., Dell'acqua, F., y Thiebaut de Schotten, M. (2013). A revised limbic system model for memory, emotion and behaviour. *Neuroscience and Biobehavioral Reviews, 37*(8), 1724-1737.

57. Berntson, G. G., y Khalsa, S. S. (2021). Neural Circuits of Interoception. *Trends in neurosciences, 44*(1), 17-28.

58. Lissák, K., y Endröczi, E. (1967). Involvement of Limbic Structures in Conditioning Motivation and Recent Memory. *Progress in brain research, 27*, 246-253. Rolls, E. T. (2015). Limbic systems for emotion and for memory, but no single limbic system. *Cortex; a journal devoted to the study of the nervous system and behavior, 62*, 119-157.

59. Calabrò, R. S., Cacciola, A., Bruschetta, D., Milardi, D., Quattrini, F., Sciarrone, F., la Rosa, G., Bramanti, P., y Anastasi, G. (2019). Neuroanatomy and function of human sexual behavior: A neglected or unknown issue? *Brain and behavior, 9*(12), e01389.

60. Kawakami, M., Seto, K., Terasawa, E., y Yoshida, K. (1967). Mechamisms in the limbic system controlling reproductive functions of the ovary with special reference to the positive feedback of progestin to the hippocampus. *Progress in brain research, 27*, 69-102.

61. Mogenson, G. J., Jones, D. L., y Yim, C. Y. (1980). From motivation to action: functional interface between the limbic system and the motor system. *Progress in neurobiology, 14*(2-3), 69-97.

62. Stoica, T., y Depue, B. (2020). Shared Characteristics of Intrinsic Connectivity Networks Underlying Interoceptive Awareness and Empathy. *Frontiers in Human Neuroscience, 14*.

63. Pugnaghi, M., Meletti, S., Castana, L., Francione, S., Nobili, L., Mai, R., y Tassi, L. (2011). Features of somatosensory manifestations induced by intracranial electrical stimulations of the human insula. *Clinical neurophysiology: official journal of the International Federation of Clinical Neurophysiology, 122*(10), 2049-2058. Uddin, L. Q., Nomi, J. S., Hébert-Seropian, B., Ghaziri, J., y Boucher, O. (2017). Structure and Function of the Human Insula. *Journal of clinical neurophysiology: official publication of the American Electroencephalographic Society, 34*(4), 300-306.

64. Ciompi L. (1991). Affects as central organising and integrating factors. A new psychosocial/biological model of the psyche. *The British journal of psychiatry: the journal of mental science, 159*, 97-105. Steffen, P. R., Hedges, D., y Matheson, R. (2022). The Brain Is Adaptive Not Triune: How the Brain Responds to Threat, Challenge, and Change. *Frontiers in psychiatry, 13*, 802606.

65. Kötter, R., y Meyer, N. (1992). The limbic system: a review of its empirical foundation. *Behavioural brain research, 52*(2), 105-127. Isaacson, R. L. (1992). A fuzzy

limbic system. *Behavioural Brain Research, 52*(2), 129-131. Kötter, R., y Stephan, K. E. (1997). Useless or helpful? The «limbic system» concept. *Reviews in the neurosciences, 8*(2), 139-145. Blessing W. W. (1997). Inadequate frameworks for understanding bodily homeostasis. *Trends in neurosciences, 20*(6), 235-239. LeDoux J. E. (2000). Emotion circuits in the brain. *Annual review of neuroscience, 23*, 155-184.

66. En un intento desesperado por mantener a flote el concepto, barajamos la existencia de múltiples sistemas límbicos encargados de diferentes tareas —un sistema límbico para las emociones y un sistema límbico para la memoria—. Rolls, E. T. (2015). Limbic systems for emotion and for memory, but no single limbic system. *Cortex, 62*, 119-157. Estos «minisistemas límbicos» explicarían por qué Roger siente las emociones igual que un niño de tres años y el paciente HR-1951 podría construir un caso de ira dado que su minisistema límbico emocional estaría operativo y, cinco segundos después, irradiar una alegría inmensa debido a que su minisistema límbico de la memoria acaba deshecho. En el mundo del *electroshock* y el calmante este coctel cognitivo se conoce como «labilidad emocional».

67. Zaki, J., Davis, J. I., y Ochsner, K. N. (2012). Overlapping activity in anterior insula during interoception and emotional experience, *Neuroimage, vol. 62*(1), 493-499. Garfinkel S. N., Critchley H. D., Pollatos O. (2017). The interoceptive system: implications for cognition, emotion, and health. En: Cacioppo, J. T., Tassinary, L. G., y Berntson, G. G. (Eds.). *Handbook of Psychophysiology*. (pp. 427-443). Cambridge University Press. Kleckner, I. R., Zhang, J., Touroutoglou, A., Chanes, L., Xia, C., Simmons, W. K., Quigley, K. S., Dickerson, B. C., y Barrett, L. F. (2017). Evidence for a Large-Scale Brain System Supporting Allostasis and Interoception in Humans. *Nature human behaviour, 1*, 0069.

68. Critchley, H. D., Wiens, S., Rotshtein, P., Ohman, A., y Dolan, R. J. (2004). Neural systems supporting interoceptive awareness. *Nature Neuroscience, 7*(2), 189-195. Harrison, N. A., Gray, M. A., Gianaros, P. J., y Critchley, H. D. (2010). The embodiment of emotional feelings in the brain. *The Journal of neuroscience: the official journal of the Society for Neuroscience, 30*(38), 12878-12884. Zaki, J., Davis, J. I., y Ochsner, K. N. (2012). Overlapping activity in anterior insula during interoception and emotional experience. *NeuroImage, 62*(1), 493-499. Terasawa, Y., Fukushima, H., y Umeda, S. (2013). How does interoceptive awareness interact with the subjective experience of emotion? An fMRI study. *Human brain mapping, 34*(3), 598-612.

69. Cuatro líneas dedicadas a quienes los campos electromagnéticos les dan urticaria y dolor de cabeza. Las neuronas tienen cargas eléctricas. Por el hecho de existir, una carga eléctrica emite un campo eléctrico y, si por lo que sea decide moverse, una carga en movimiento emite un campo magnético. Así de simple. Como tanto la bobina del estimulador magnético transcraneal y la neurona funcionan con campos, transportar la corriente eléctrica desde la bobina del estimulador hasta las neuronas de la red interoceptiva gracias al campo magnético —el conductor— es pan comido.

70. Mai, S., Braun, J., Probst, V., Kammer, T., y Pollatos, O. (2019). Changes in emotional processing following interoceptive network stimulation with rTMS. *Neuroscience, 406*, 405-419.

71. Nordengen, K. (2019). *Tu supercerebro: descubriendo los secretos de la mente humana.* Planeta.

72. <https://www.eluniversal.com.mx/ciencia-y-salud/el-cerebro-tiene-mas-neuronas-que-las-estrellas-existentes-en-la-galaxia/>. Consultado el 20 de junio de 2021 a las 16.21 h.

73. Molnár, Z. (2004). Thomas Willis (1621-1675), the founder of clinical neuroscience. *Nature Reviews Neuroscience, 5*(4), 329-335. Molnár, Z., Clowry, G. J., Šestan, N., Alzu'bi, A., Bakken, T., Hevner, R. F., Hüppi, P. S., Kostović, I., Rakic, P., Anton, E. S., Edwards, D., Garcez, P., Hoerder-Suabedissen, A., y Kriegstein, A. (2019). New insights into the development of the human cerebral cortex. *Journal of anatomy, 235*(3), 432-451. Rakic, P. (2009). Evolution of the neocortex: a perspective from developmental biology. *Nature Reviews Neuroscience, 10*(10), 724-735.

74. Hof, P. R., Mufson, E. J., y Morrison, J. H. (1995). Human orbitofrontal cortex: cytoarchitecture and quantitative immunohistochemical parcellation. *The Journal of Comparative Neurology, 359*(1), 48-68. DeFelipe, J., Alonso-Nanclares, L., y Arellano, J. I. (2002). Microstructure of the neocortex: comparative aspects. *Journal of Neurocytology, 31*(3-5), 299-316. Borrell V. (2019). Recent advances in understanding neocortical development. *F1000Research, 8*, F1000 Faculty Rev-1791.

75. Heide, M., Haffner, C., Murayama, A., Kurotaki, Y., Shinohara, H., Okano, H., Sasaki, E., y Huttner, W. B. (2020). Human-specific ARHGAP11B increases size and folding of primate neocortex in the fetal marmoset. *Science (New York, N.Y.), 369*(6503), 546-550. Namba, T., Dóczi, J., Pinson, A., Xing, L., Kalebic, N., Wilsch-Bräuninger, M., Long, K. R., Vaid, S., Lauer, J., Bogdanova, A., Borgonovo, B., Shevchenko, A., Keller, P., Drechsel, D., Kurzchalia, T., Wimberger, P., Chinopoulos, C., y Huttner, W B. (2020). Human-Specific ARHGAP11B Acts in Mitochondria to Expand Neocortical Progenitors by Glutaminolysis. *Neuron, 105*(5), 867-881.e9.

76. Más huellas genéticas en: Gaglani, S. M., Lu, L., Williams, R. W., y Rosen, G. D. (2009). The genetic control of neocortex volume and covariation with neocortical gene expression in mice. *BMC neuroscience, 10*, 44. Por si las moscas, la idea «expresar un gen» se refiere a invitarlo a arremangarse y, una vez activo dentro de la célula, dejar que elabore proteínas como loco. Luego siempre puedes cuantificar la expresión del gen observando con atención el ARN o la proteína resultante.

77. Sereno, M. I., Diedrichsen, J., Tachrount, M., Testa-Silva, G., d' Arceuil, H., y De Zeeuw, C. (2020). The human cerebellum has almost 80 % of the surface area of the neocortex. *Proceedings of the National Academy of Sciences*, 202002896.

78. Dicke, U., y Roth, G. (2016). Neuronal factors determining high intelligence. Philosophical transactions of the Royal Society of London. *Series B, Biological sciences, 371*(1685), 20150180. Sousa, A., Meyer, K. A., Santpere, G., Gulden, F. O., y Sestan,

N. (2017). Evolution of the Human Nervous System Function, Structure, and Development. *Cell, 170*(2), 226-247.

79. Redolar, D. (2013). *Neurociencia cognitiva*. Madrid. (pp. 719-745). Hoffmann, M. (2013). The Human Frontal Lobes and Frontal Network Systems: An Evolutionary, Clinical, and Treatment Perspective. *ISRN Neurology, 2013*, 1-34. Strick, P. L., Dum, R. P., y Fiez, J. A. (2009). Cerebellum and nonmotor function. *Annual review of neuroscience, 32*, 413-434. Schmahmann, J. D., y Sherman, J. C. (1998). The cerebellar cognitive affective syndrome. *Brain: a journal of neurology, 121(Pt 4)*, 561-579. Buckner R. L. (2013). The cerebellum and cognitive function: 25 years of insight from anatomy and neuroimaging. *Neuron, 80*(3), 807-815. Wagner, M. J., y Luo, L. (2020). Neocortex-Cerebellum Circuits for Cognitive Processing. *Trends in neurosciences, 43*(1), 42-54.

80. La eficiencia, el patrón conectivo y la ramificación neuronal del sistema nervioso completo se encuentran hoy en día como el centro de atención de «lo que nos hace humanos». Markov, N. T., Ercsey-Ravasz, M., Van Essen, D. C., Knoblauch, K., Toroczkai, Z., y Kennedy, H. (2013). Cortical high-density counterstream architectures. *Science (New York, N.Y.), 342*(6158), 1238406. Neubauer, A. C., y Fink, A. (2005). Basic information processing and the psychophysiology of intelligence. En: Sternberg, R. J., y Pretz, J. E. (Eds.). *Cognition and intelligence: Identifying the mechanisms of the mind* (pp. 68-87). Cambridge University Press. Van den Heuvel, M. P., Bullmore, E. T., y Sporns, O. (2016). Comparative Connectomics. *Trends in Cognitive Sciences, 20*(5), 345-361. Esta observación también se conoce como «hipótesis de la eficiencia neuronal de la inteligencia». Haier, R. J., Siegel, B., Tang, C., Abel, L., y Buchsbaum, M. S. (1992). Intelligence and changes in regional cerebral glucose metabolic rate following learning. *Intelligence, 16*(3-4), 415-426. Neubauer, A. C., y Fink, A. (2009). Intelligence and neural efficiency. *Neuroscience and Biobehavioral Reviews, 33*(7), 1004-1023. Genç, E., Fraenz, C., Schlüter, C., Friedrich, P., Hossiep, R., Voelkle, M. C., Jung, R. E. (2018). Diffusion markers of dendritic density and arborization in gray matter predict differences in intelligence. *Nature Communications, 9*(1).

81. *La República* de Platón fue una de las primeras disecciones emocionales de la filosofía occidental así se menciona en: Knuuttila, S. (2004). *Emotions in Ancient and Medieval Philosophy*. Oxford University Press. Siendo minuciosos, el ferviente seguidor de Sócrates y maestro de Aristóteles, se refirió a la parte racional, espiritual (en un punto medio se encuentran las emociones) y apetitiva (instintos sexuales o de supervivencia) del alma: Plato. (2004). *Republic*. Traducido de New Standard Greek Text, con introducción de C. D. C. Reeve. Hackett Publishing Company, Inc. Si atendemos a la simbología tradicional, apelando así al cuento de «una imagen vale más que mil palabras», los helenos representaron la razón dibujando un hombre, los instintos como una bestia de múltiples patas y las emociones mediante un león hambriento. Ser humano consistía, según el modelo de la dinámica emocional de Platón, en domar a las emociones negativas empuñando el látigo de la razón en la arena del alma.

Kišjuhas, A. (2018). Reason without feelings? Emotions in the history of western philosophy. *Filozofija i drustvo*. 29(2), 253-274. Los estoicos iniciaron una caza de brujas. Cualquier signo emocional debía reprimirse o, de ser posible, borrarse por completo de la vida pública. Solomon, R. (2008). *The Philosophy of Emotions*. En: Barrett, L. F., Lewis, M., y Haviland-Jones, J. M. (Eds.). *Handbook of Emotions, tercera edición*. Guilford Press. (pp. 3-16). La razón es, oficialmente, una herramienta de gestión emocional.

82. Aschmann, B. (2014). La razón del sentimiento. Modernidad, emociones e historia contemporánea. *Cuadernos de Historia Contemporánea, 36*, 57-72.

83. Solomon, R. (2008). *The Philosophy of Emotions*. En: Barrett, L. F., Lewis, M., y Haviland-Jones, J. M. (Eds.). *Handbook of Emotions, tercera edición*. Guilford Press. (pp. 3-16).

84. Una prueba latente son las enciclopedias del siglo XVIII, en las que puede leerse «Loco es quien no sabe dominar sus ansias, ira, venganza y melancolía» o cosas por el estilo. Veáse: Birgit Aschmann. (2014). La razón del sentimiento. Modernidad, emociones e historia contemporánea. *Cuadernos de Historia Contemporánea, 36*, 57-72.

85. Butler, A. B. (2009). Triune Brain Concept: A Comparative Evolutionary Perspective. *Encyclopedia of Neuroscience*, 1185-1193. Butler, A. B., Reiner, A., y Karten, H. J. (2011). Evolution of the amniote pallium and the origins of mammalian neocortex. *Annals of the New York Academy of Sciences, 1225*, 14-27. Karten H. J. (2013). Neocortical evolution: neuronal circuits arise independently of lamination. *Current biology: CB, 23*(1), R12-R15. Scharff, C., Friederici, A. D., y Petrides, M. (2013). Neurobiology of human language and its evolution: primate and non-primate perspectives. *Frontiers in evolutionary neuroscience, 5*, 1. Karten, H. J. (2015). Vertebrate brains and evolutionary connectomics: on the origins of the mammalian 'neocortex'. Philosophical transactions of the Royal Society of London. *Series B, Biological sciences, 370*(1684), 20150060. Pessoa, L., Medina, L., Hof, P. R., y Desfilis, E. (2019). Neural architecture of the vertebrate brain: implications for the interaction between emotion and cognition. *Neuroscience and Biobehavioral Reviews, 107*, 296-312. Stacho, M., Herold, C., Rook, N., Wagner, H., Axer, M., Amunts, K., y Güntürkün, O. (2020). A cortex-like canonical circuit in the avian forebrain. *Science (New York, N.Y.), 369*(6511), eabc5534.

Capítulo 2. Las pensaciones

1. Ekman, P. (1992). An argument for basic emotions. *Cognition and Emotion, 6*, 169-200.

2. Ekman, P., y Friesen, W. V. (1971). Constants across cultures in the face and emotion. *Journal of personality and social psychology, 17*(2), 124-129. Ekman, P., Friesen, W. V., O'Sullivan, M., Chan, A., Diacoyanni-Tarlatzis, I., Heider, K., Krause,

R., LeCompte, W. A., Pitcairn, T., Ricci-Bitti, P. E., Scherer, K., Tomita, M., y Tzavaras, A. (1987). Universals and cultural differences in the judgments of facial expressions of emotion. *Journal of Personality and Social Psychology, 53*(4), 712-717. Russell, J. A. (1994). Is there universal recognition of emotion from facial expression? A review of the cross-cultural studies. *Psychological bulletin, 115*(1), 102-141.

3. Darwin, C. (1965). *The expression of emotions in man and animals*. University of Chicago Press. (Obra original publicada en 1872).

4. Haxby, J. V., Hoffman, E. A., y Gobbini, M. I. (2000). The distributed human neural system for face perception. *Trends in Cognitive Sciences. 4*, 223-233. Gorno-Tempini, M. L., Pradelli, S., Serafini, M., Pagnoni, G., Baraldi, P., Porro, C., Nicoletti, R., Umità, C., y Nichelli, P. (2001). Explicit and incidental facial expression processing: an fMRI study. *NeuroImage, 14*(2), 465-473. Ganel, T., Valyear, K. F., Goshen-Gottstein, Y., y Goodale, M. A. (2005). The involvement of the «fusiform face area» in processing facial expression. *Neuropsychologia, 43*(11), 1645-1654. Said, C. P., Haxby, J. V., y Todorov, A. (2011). Brain systems for assessing the affective value of faces. *Philosophical transactions of the Royal Society of London. Series B, Biological sciences, 366*(1571), 1660-1670.

5. Phillips, M. L., Bullmore, E. T., Howard, R., Woodruff, P. W., Wright, I. C., Williams, S. C., Simmons, A., Andrew, C., Brammer, M., y David, A. S. (1998). Investigation of facial recognition memory and happy and sad facial expression perception: an fMRI study. *Psychiatry research, 83*(3), 127-138. Harmer, C. J., Thilo, K. V., Rothwell, J. C., y Goodwin, G. M. (2001). Transcranial magnetic stimulation of medial prefrontal cortex impairs processing of angry facial expression. *Nature neuroscience, 4*(1), 17-18. Mattavelli, G., Cattaneo, Z., y Papagno, C. (2011). Transcranial magnetic stimulation of medial prefrontal cortex modulates face expressions processing in a priming task. *Neuropsychologia 49*, 992-998. Mattavelli, G., Rosanova, M., Casali, A. G., Papagno, C., y Romero Lauro, L. J. (2016). Timing of emotion representation in right and left occipital region: evidence from combined TMS-EEG. *Brain and Cognition. 106*, 13-22.

6. Donovan, B. M., Semmens, R., Keck, P., Brimhall, E., Busch, K. C., Weindling, M., Duncan, A., Stuhlsatz, M., Bracey, Z. B., Bloom, M., Kowalski, S., y Salazar, B. (2019). Toward a more humane genetics education: Learning about the social and quantitative complexities of human genetic variation research could reduce racial bias in adolescent and adult populations. *Science Education, 103*(3), 529-560.

7. Lisa Feldman Barrett realizó un experimento muy similar al nuestro en: Barrett, L. F., Adolphs, R., Marsella, S., Martinez, A. M., y Pollak, S. D. (2019). Emotional Expressions Reconsidered: Challenges to Inferring Emotion From Human Facial Movements. *Psychological science in the public interest: a journal of the American Psychological Society, 20*(1), 1-68. O quizá nosotros al suyo.

8. Ekman, P., y Rosenberg, E. L. (Eds.). (2005). *What the face reveals: Basic and applied studies of spontaneous expression using the facial action coding system (FACS), segunda edición*. Oxford University Press.

9. Cacioppo, J. T., Petty, R. E., y Morris, K. J. (1985). Semantic, evaluative, and self-referent processing: Memory, cognitive effort, and somatovisceral activity. *Psychophysiology, 22*, 371-384. Smith, C. A. (1989). Dimensions of appraisal and physiological response in emotion. *Journal of Personality and Social Psychology, 56*, 339-353.

10. Ortona, A., y Turner, T. J. (1990). What's basic about basic emotions? *Psychological Review, 97*, 315-331.

11. Un excelente artículo de Lisa donde pone en boga el demoledor efecto que tiene el contexto sobre el reconocimiento de las emociones: Barrett, L. F., Mesquita, B., y Gendron, M. (2011). Context in emotion perception. *Current Directions in Psychological Science, 20*, 286-290.

12. Righart, R., y de Gelder, B. (2008). Rapid influence of emotional scenes on encoding of facial expressions. An ERP study. *Social Cognitive and Affective Neuroscience, 3*, 270-278.

13. Ngo, N., y Isaacowitz, D. M. (2015). Use of context in emotion perception: The role of top-down control, cue type, and perceiver's age. *Emotion, 15*(3), 292-302. Hassin, R. R., Aviezer, H., y Bentin, S. (2013). Inherently ambiguous: Facial expressions of emotions, in context. *Emotion Review, 5*, 60-65. Wieser, M. J., y Brosch, T. (2012). Faces in context: A review and systematization of contextual influences on affective face processing. *Frontiers in Psychology, 3*, 471. Aviezer, H., Hassin, R. R., Ryan, J., Grady, C., Susskind, J., Anderson, A., y Bentin, S. (2008). Angry, disgusted, or afraid? Studies on the malleability of emotion perception. *Psychological Science, 19*, 724-732.

14. Aviezer, H., Bentin, S., Dudarev, V., y Hassin, R. R. (2011). The automaticity of emotional facease-context integration. *Emotion, 11*, 1406-414.

15. Barrett, L. F., y Kensinger, E. A. (2010). Context is routinely encoded during emotion perception. *Psychological Science, 21*, 595-599. Ito, K., Masuda, T., y Hioki, K. (2012). Affective information in context and judgment of facial expression: Cultural similarities and variations in context effects between North Americans and East Asians. *Journal of Cross-Cultural Psychology, 43*, 429-445. Ko, S.-G., Lee, T. H., Yoon, H. Y., Kwon, J. H., y Mather, M. (2011). How does context affect assessments of facial emotion? The role of culture and age. *Psychology and Aging, 26*, 48-59. Righart, R., y de Gelder, B. (2008a). Rapid influence of emotional scenes on encoding of facial expressions: An ERP study. *Social Cognitive and Affective Neuroscience, 3*, 270-278. Righart, R., y de Gelder, B. (2008b). Recognition of facial expressions is influenced by emotional scene gist. *Cognitive, Affective and Behavioral Neuroscience, 8*, 264-272.

16. Masuda, T., Ellsworth, P. C., Mesquita, B., Leu, J., Tanida, S., y Van de Veerdonk, E. (2008). Placing the face in context: Cultural differences in the perception of facial emotion. *Journal of Personality and Social Psychology, 94*, 365-381. Neta, M., y Whalen, P. J. (2010). The primacy of negative interpretations when resolving the valence of ambiguous facial expressions. *Psychological Science, 21*, 901-907.

17. Lindquist, K. A., Barrett, L. F., Bliss-Moreau, E., y Russell, J. A. (2006). Language and the perception of emotion. *Emotion, 6*(1), 125-138.

18. De Gelder, B., Böcker, K. B., Tuomainen, J., Hensen, M., y Vroomen, J. (1999). The combined perception of emotion from voice and face: early interaction revealed by human electric brain responses. *Neuroscience letters, 260*(2), 133-136. De Gelder, B., y Vroomen, J. (2000). The perception of emotions by ear and by eye. *Cognition and Emotion, 14*, 289-311.

19. Barrett, L. F., Mesquita, B., y Gendron, M. (2011). Context in emotion perception. *Current Directions in Psychological Science, 20*, 286-290.

20. Roberson, D., Davidoff, J., y Braisby, N. (1999). Similarity and categorisation: Neuropsychological evidence for a dissociation in explicit categorisation tasks. *Cognition, 71*, 1-42.

21. Barrett, L. F., Mesquita, B., y Gendron, M. (2011). Context in emotion perception. *Current Directions in Psychological Science, 20*, 286-290.

22. El 3 % de los voluntarios que participaron en el experimento del llorón misterioso no supieron identificar y poner en palabras aquello que sentían: un fenómeno interno conocido como «alexitimia».

23. Barrett, L. F., Adolphs, R., Marsella, S., Martinez, A. M., y Pollak, S. D. (2019). Emotional Expressions Reconsidered: Challenges to Inferring Emotion From Human Facial Movements. *Psychological Science in the Public Interest, 20*(1), 1-68.

Capítulo 3. Los hemisferios cerebrales y el joven manos de tijera

1. Más detalles jugosos acerca de la vida de John Huglins Jackson en: Palacios, L. (2003). John Huglins Jackson y su contribución al estudio de la epilepsia. *Revista Ciencias de la Salud*, vol. 1, n.º 1, pp. 93-96. Consultado: 22 de agosto de 2021.

2. Engel J. Perspectives. En: Engel, J. *Seizures and epilepsy*. (1989). F. A. Davis Company. (pp. 22-37). Palacios, L., y Palacios, E. (1995). *La epilepsia a través de los siglos*. Horizonte.

3. Jackson, J. H. (1876). Case of large cerebral tumour without optic neuritis and with left hemiplegia and imperception. *Ophthalmic Hospital Reports, 8*, 434-444. Jackson, J. H. (1874). Remarks on systematic sensations in epilepsies. *British Medical Journal, 1*, 174. Jackson, J. H. (1874/1915). On the nature of the duality of the brain. *Brain, 38*, 80-103.

4. Un viaje ameno y detallado de la agnosia visual en: Peña-Casanova, J. (2007). *Neurología de la Conducta y Neuropsicología*. Panamericana. (pp. 157-185).

5. El experimento original de Elizabeth Warrington y Angela Taylor se realizó tanto con pacientes con lesiones del hemisferio derecho como del izquierdo. Estos últimos mostraron serios problemas a la hora de nombrar o describir objetos desde una perspectiva inusual a causa de trastornos del habla. Warrington, E. K., y Taylor,

A. M. (1973). The contribution of the right parietal lobe to object recognition. *Cortex: A Journal Devoted to the Study of the Nervous System and Behavior, 9*(2), 152-164.

6. El trabajo de Brenda Milner, una de las fundadoras de la neuropsicología moderna, señala con el dedo el hemisferio derecho en la participación del reconocimiento visual. Milner, B. (1968). Visual recognition and recall after right temporal lobe excision in man. *Neuropsychologiu, 6*, 191-210. Al igual que John Hughlings Jackson en: Jackson, J. H. (1931). *Selected Writings of John Hughlings Jackson*, vol. 2, J. Taylor (Ed.), Hodder and Stoughton. Catalogue Raisonné of the Writings of John Hughlings Jackson. (2007). *Medical History. Supplement*, (26), 36-139.

7. El hemisferio derecho también se ha descrito como un «detector de anomalías» a la hora de identificar objetos imposibles: The Right Hemisphere as an Anomaly Detector: Evidence from Visual Perception. (2002). *Brain and Cognition, 48*(2-3), 574-579.

8. Investigadores que se han topado con una superioridad del hemisferio derecho en el reconocimiento facial: Brady, N., Campbell, M., y Flaherty, M. (2005). Perceptual asymmetries are preserved in memory for highly familiar faces of self and friend. *Brain and Cognition, 58*(3), 334-342. Burt, D. M., y Perrett, D. I. (1997). Perceptual asymmetries in judgements of facial attractiveness, age, gender, speech and expression. *Neuropsychologia, 35*(5), 685-693. Coolican, J., Eskes, G. A., McMullen, P. A., y Lecky, E. (2008). Perceptual biases in processing facial identity and emotion. *Brain and Cognition, 66*(2), 176-187. Dundas, E. M., Plaut, D. C., y Behrmann, M. (2013). The joint development of hemispheric lateralization for words and faces. *Journal of Experimental Psychology: General, 142*(2), 348-358. Harrison, M. T., y Strother, L. (2019). Does right hemisphere superiority sufficiently explain the left visual field advantage in face recognition? *Attention, Perception, & Psychophysics*.

9. George, M. S., Nahas, Z., Lisanby, S. H., Schlaepfer, T., Kozel, F. A., y Greenberg, B. D. (2003). Transcranial magnetic stimulation. *Neurosurgery Clinics of North America, 14*(2), 283-301.

10. Estudios que apoyan la idea del dominio hemisférico derecho en menesteres visoespaciales: Pourtois, G., Vandermeeren, Y., Olivier, E., y de Gelder, B. (2001). Event-related TMS over the right posterior parietal cortex induces ipsilateral visuo-spatial interference. *Neuroreport, 12*(11), 2369-2374. Muggleton, N. G., Juan, C.-H., Cowey, A., y Walsh, V. (2003). Human Frontal Eye Fields and Visual Search. *Journal of Neurophysiology, 89*(6), 3340-3343. Ruff, C. C., Blankenburg, F., Bjoertomt, O., Bestmann, S., Weiskopf, N., y Driver, J. (2009). Hemispheric differences in frontal and parietal influences on human occipital cortex: direct confirmation with concurrent TMS-fMRI. *Journal of Cognitive Neuroscience, 21*(6), 1146-1161. Evidencia del papel de la corteza frontal derecha —mano sobre la frente— y la parietal derecha —recuerda: mano sobre la nuca— en el procesamiento visual. Mesulam, M.-M. (1999). Spatial attention and neglect: parietal, frontal and cingulate contributions to the mental representation and attentional targeting of salient extrapersonal

events. *Philosophical Transactions of the Royal Society B: Biological Sciences, 354*(1387), 1325-1346. Marzi, C., Girelli, M., Natale, E., y Miniussi, C. (2001). What exactly is extinguished in unilateral visual extinction? Neurophysiological evidence. *Neuropsychologia, 39*(12), 1354-1366. Deco, G., y Zihl, J. (2004). A biased competition based neurodynamical model of visual neglect. *Medical Engineering & Physics, 26*(9), 733-743.

11. Más acerca de la categorización perceptiva y la categorización semántica. Warrington, E. K., y Taylor, A. M. (1978). Two Categorical Stages of Object Recognition. *Perception, 7*(6), 695-705.

12. De Weert, C. M., y Wade, N. J. (1988). Compound binocular rivalry. *Vision research. 28*:1031-1040. Kanga, P., y Shevell, S. (2008). The role of luminance edges in misbinding of color to form. *Vision research, 48*, 2495-2500.

13. Los procesos que involucran redes de neuronas de la corteza visual primaria y el lóbulo occipital —mano sobre la nuca— se conocen como áreas de procesamiento de bajo nivel. El procesamiento visual de bajo nivel es aquel que da lugar a los recipientes vacíos. En contraposición, existen operaciones visuales de alto nivel, como puede ser rotar una figura mentalmente, que utilizan los lóbulos temporal —mano sobre la oreja con el pulgar mirando al suelo— y parietal —mano sobre la coronilla con los dedos apuntando hacia las orejas— Zeki, S. M. (1978). Uniformity and diversity of structure and function in the monkey prestriate cortex. *Journal of Physiology, 277*, 273-290. El porcentaje de conexiones entrantes a la corteza visual procedentes de la retina lo encontré en *La vida secreta del cerebro: cómo se construyen las emociones*, (2018) publicado por Paidós de Lisa Feldman Barrett. Un tocho más que recomendable.

14. Kuffler, S., y Nicholls, J. G. (1976). *From Neuron to Brain: Cellular Approach to the Function of the Nervous System*. Sunderland, MA: Sinauer. Livingstone, M. (2002). The first stages of processing color and luminance: where and what. *Vision and Art: The Biology of Seeing (New York, NY: Harry N. Abrams)*, 46-67.

15. Información acerca de cómo el cerebro modifica los colores en función del contexto: Monnier, P., y Shevell, S. K. (2003). Large shifts in color appearance from patterned chromatic backgrounds. *Nature Neuroscience, 6*, 801-802. Gordon, J., y Shapley, R. (2006). Brightness contrast inhibits color induction: Evidence for a new kind of color theory. *Spatial Vision, 19*, 133-146. Bimler, D. L., Paramei, G. V., y Izmailov, C. A. (2009). Hue and saturation shifts from spatially induced blackness. *Journal of the Optical Society of America A, 26* (1), 163-172. Cerda-Company, X., Otazu, X., Sallent, N., y Parraga, C. A. (2018). The effect of luminance differences on color assimilation. *Journal of Vision, 18*(11), artículo 10. O de las peculiaridades del contorno. Vergeer, M., Anstis, S., y Van Lier, R. (2015). Flexible color perception depending on the shape and positioning of achromatic contours. *Frontiers in psychology, 6*, 620. Anstis, S., Vergeer, M., y Van Lier, R. (2012). Looking at two paintings at once: Luminance edges can gate colors. *i-Perception, 3*(8), 515-518.

16. Pinna, B., Wener, S. J., y Spillmann, L. (2008). Illusory Color & the Brain. *Scientific American Special Editions, 18*(2s), 82-88. Ramachandran, V. S. (1988). Perception of shape from shading. *Nature, 331*, 163-166. Todd, J. T., y Mingolla, E. (1983). Perception of surface curvature and direction of illumination from patterns of shading. *Journal of Experimental Psychology: Human Perception and Performance, 9*(4), 583-595.

17. Experimentos que estiman el tiempo necesario para completar la información ausente en una imagen. Bruno, N., Bertamini, M., Domini, F. (1997). Amodal completion of partly occluded surfaces: Is there a mosaic stage? *Journal of Experimental Psychology: Human Perception and Performance 23*, 1412-1426. Variando el grado de cierre de un contorno hacemos que la velocidad de procesamiento de las formas en dos dimensiones por parte del cerebro se vuelva lento y perezoso —estímulos abiertos— o veloz como un rayo —estímulos cerrados—. Una forma elegante de ahorrar toneladas de energía. Elder, J., y Zucker, S. W. (1993). The effect of contour closure on the rapid discrimination of two-dimensional shapes. *Vision Research, 33*, 981-991. Elder, J., y Zucker, S. W. (1994). A measure of closure. *Vision Research, 34,* 3361-3369. Sospechamos que el principio de similitud ayuda a optimizar la memoria de trabajo visual. Peterson, D. J., y Berryhill, M. E. (2013). The Gestalt principle of similarity benefits visual working memory. *Psychonomic bulletin and review, 20*(6), 1282-1289.

18. El artículo original en el que Max Wertheimer planteó por primera vez el problema de la agrupación perceptiva —en perfecto alemán—: Wertheimer, M. (1923). Untersuchungen zur Lehre von der Gestalt. II. *Psychologische Forschung, 4*(1), 301-350. Una completa revisión acerca de los principios de la Gestalt y el sistema visual que asisten a la categorización perceptiva. Wagemans, J., Elder, J. H., Kubovy, M., Palmer, S. E., Peterson, M. A., Singh, M., y Von der Heydt, R. (2012). A century of Gestalt psychology in visual perception: I. Perceptual grouping and figure-ground organization. *Psychological Bulletin, 138*(6), 1172-1217.

19. Palmer, S. E. (2002). Perceptual organization in vision. En: Pashler, H., y Yantis, S. (Eds.). *Steven's handbook of experimental psychology: Sensation and perception*. John Wiley & Sons Inc. (pp. 177-234). En la regla de proximidad, la fuerza de agrupación varía en función de la distancia igual que una ley de potencia clásica. Oyama, T. (1961). Perceptual grouping as a function of proximity. *Perceptual and Motor Skills, 13*, 305-306. Kubovy, M., y Wagemans, J. (1995). Grouping by proximity and multi- stability in dot lattices: A quantitative Gestalt theory. *Psychological Science, 6*, 225-234. doi: 10.UU/j. 1467-9280.1995.tb00597.x.

20. Palmer, S. E. (2002). Perceptual organization in vision. En: Pashler, H., y Yantis, S. (Eds.). *Steven's handbook of experimental psychology: Sensation and perception*. John Wiley & Sons Inc. (pp. 177-234). La regla de similitud y estudios relacionados con el contraste. Earle, D. C. (1999). Glass patterns: Grouping by contrast similarity. *Perception, 28*, 1373-1382. Rock, I., Nijhawan, R., Palmer, S., y Tudor, L.

(1992). Grouping Based on Phenomenal Similarity of Achromatic Color. *Perception, 21*(6), 779-789. Palmer, S., y Rock, I. (1994). Rethinking perceptual organization: The role of uniform connectedness. *Psychonomic Bulletin & Review, 1*, 29-55.

21. Singh, M., y Fulvio, J. M. (2007). Bayesian contour extrapolation: Geometric determinants of good continuation. *Vision Research, 47*(6), 783-798.

22. El proceso por el cual un cerebro rellena objetos en ausencia de información visual se conoce como «compleción amodal». Dos interesantes revisiones te esperan en: Thielen, J., Bosch, S. E., Van Leeuwen, T. M., Van Gerven, M., y Van Lier, R. (2019). Neuroimaging Findings on Amodal Completion: A Review. *i-Perception, 10*(2), 2041669519840047 y Van Lier R., y Gerbino W. (2015). Perceptual completions. En *Oxford handbook of perceptual organization*. Oxford University Press. (pp. 294-320). Detalles acerca de los mecanismos de predicción empleados para resolver el problema de agrupamiento y de la forma. Singh, M., y Fulvio, J. M. (2007). Bayesian contour extrapolation: Geometric determinants of good continuation. *Vision Research, 47*(6), 783-798.

23. Sutton, G. (1984). The physical and chemical path to vitalism: Xavier Bichat's Physiological Researches on Life and Death. *Bulletin of the history of medicine, 58*(1), 53-71. Stookey, Bouillad, J.-B, y Auburtin, E. (1963). Early studies on cerebral localization and the speech center. *JAMA, 184*, 1024-1029. Harrington, A. (1987). *Medicine, Mind, and the Double Brain: A Study in Nineteenth-Century Thought*. Princeton University Press. Bichat, M. F. X. (1805). *Recherches physiologiques sur la vie et la mort, tercera edición*. Brosson/Gabon.

24. Broca, P. (1861). Perte de la parole; ramollissement chronique et destruction partielle du lobe antérieure gauche du cerveau. *Bulletins de la Société d'Anthropologie de Paris, 2*, 235-238. Schiller, F. (1992). *Paul Broca: explorer of the brain*. Oxford University Press. Clarke, E., y O'Malley, C. D. (1968). *The human brain and spinal cord*. University of California Press. Monod-Broca, P. (2005). *Paul Broca, un géant du XIXè siècle. Collection hommes de science, homme de vérité*. Vulbert. García-Molina, A., y Roig-Rovira, T. (2013). Broca, prisoner of his time. *Neurosciences and History, 1*, 119-124.

25. Joynt, R. J., y Benton, A. (1964). The memoir of Marc Dax on aphasia. *Neurology, 14*, 851-854. Riese, W. (1947). The early history of aphasia. *Bulletin of the History of Medicine, 21*, 322-334. Stookey, B., Bouillaud, J.-B, y Auburtin, E. (1963). Early studies on cerebral localization and the speech center. *JAMA, 184*, 1024-1029. Keller, E., y Gopnik, M. (Eds.). (1987). *Motor and Sensory Processes of Language* (primera edición). Psychology Press. Benton, A. (1984). Hemispheric dominance before Broca. *Neuropsycologia 22*, 807-811. Cubelli, R., y Montagna, C. G. (1994). A reappraisal of the controversy of Dax and Broca. *Journal of the History of the Neurosciences, 3*:4, 215-226. Finger, S., y Roe, D. (1996). Gustave Dax and the early history of cerebral dominance. *Archives of neurology, 53*(8), 806-813. Finger, S., y Roe, D. (1999). Does Gustave Dax deserve to be forgotten? The temporal lobe

theory and other contributions of an overlooked figure in the history of language and cerebral dominance. *Brain and language, 69*(1), 16-30. Buckingham, H. W. (2006). The Marc Dax (1770-1837)/Paul Broca (1824-1880) controversy over priority in science: left hemisphere specificity for seat of articulate language and for lesions that cause aphemia. *Clinical linguistics & phonetics, 20*(7-8), 613-619.

26. García-Molina, Alberto, y Roig-Rovira, Teresa. (2013). Broca, prisoner of his time. *Neurosciences and History, 1*, 119-124. Brown-Séquard, C. É. (1877). Aphasia as an effect of brain-disease. *The Dublin Journal of Medical Science 63*, 209-225. Bramwell, B. (1898). A remarkable case of aphasia. *Brain; 21*, 343-373. Moutier, F. (1908). *L'aphasie de Broca*. Paris: Steinheil.

27. Broca, P. (1863). Localisation des fonctions cérébrales. Siège de la faculté du langage articulé. *Bulletins de la Société d'Anthropologie de Paris, 4*, 200-202. Broca, P. (1863). Sur le siège de la faculté du language articulé. *Bulletins de la Société d'Anthropologie de Paris, 6*, 337-393. Broca P. (1861). Nouvelle observation d'aphémie produite par une lésion de la moitie postérieure des deuxième et troisième circonvolutions frontales gauches. *Bulletins de la Société Anatomique de Paris, 6*, 398-407. Dronkers, N. F., Plaisant, O., Iba-Zizen, M. T., y Cabanis, E. A. (2007). Paul Broca's historic cases: high resolution MR imaging of the brains of Leborgne and Lelong. *Brain: a journal of neurology, 130(Pt 5)*, 1432-1441.

28. Castaigne, P., Lhermitte, F., Signoret, J. L., y Abelanet, R. (1980). Description et étude scannographique du cerveau de Leborgne. La découverte de Broca (Description and scanographic study of Leborgne's brain. Broca's discovery). *Revue neurologique, 136*(10), 563-583. Signoret, J. L., Castaigne, P., Lhermitte, F., Abelanet, R., y Lavorel, P. (1984). Rediscovery of Leborgne's brain: anatomical description with CT scan. *Brain and language, 22*(2), 303-319. Abanis, E. A., Iba-Zizen, M. T., Abelanet, R., Monod-Broca, P., Signoret, J. L. «Tan-Tan» the first Paul Broca's patient with «Aphemia» (1861): CT (1979), y MRI (1994) of the brain. En: Picard, L., Salamon, G., (Eds.), 4th refresher course of the ESNR: language and the aphasias. *Nancy: European Society of Neuroradiology; 1994*, pp. 9-22. Dronkers, N. F., Plaisant, O., Iba-Zizen, M. T., y Cabanis, E. A. (2007). Paul Broca's historic cases: high resolution MR imaging of the brains of Leborgne and Lelong. *Brain: a journal of neurology, 130(Pt 5)*, 1432-1441.

29. En oraciones complejas pueden aparecer dificultades durante la lectura. DeDe, G. (2012). Effects of word frequency and modality on sentence comprehension impairments in people with aphasia. *American journal of speech-language pathology, 21*(2), S103-S114. DeDe, G. (2013). Reading and listening in people with aphasia: effects of syntactic complexity. *American journal of speech-language pathology, 22*(4), 579-590.

30. Hamsher, K. (1998). *Intelligence and Aphasia. Acquired Aphasia, tercera edición.* Academic Press. (pp. 341-373). Fedorenko, E., y Varley, R. (2016). Language and thought are not the same thing: evidence from neuroimaging and neurological patients. *Annals of the New York Academy of Sciences, 1369*(1), 132-153.

Capítulo 4. Un mundo sin palabras

1. Existe bastante variabilidad en el tiempo que pasamos devanándonos los sesos. Hurlburt, R. T., Heavey, C. L., y Kelsey, J. M. (2013). Toward a phenomenology of inner speaking. *Consciousness and Cognition, 22*(4), 1477-1494. Heavey, C. L., y Hurlburt, R. T. (2008). The phenomena of inner experience. *Consciousness and Cognition, 17*(3), 798-810. Carruthers, P. (2002). The cognitive functions of language. *Behavioral and Brain Sciences, 25*(06). Por dar una cifra, algunos autores señalan que pasamos entre el 7 % y el 80 % del día hablando en silencio con nosotros mismos. Carruthers, P. (2002). The cognitive functions of language. *Behavioral and Brain Sciences, 25*(06). Para una descripción de la metodología «Muestreo de experiencia descriptiva» o DES ver: Hurlburt, R. T., y Heavey, C. L. (2001). Telling what we know: describing inner experience. *Trends in Cognitive Sciences, 5*(9), 400-403.

2. Hurlburt, R. T., Heavey, C. L., y Kelsey, J. M. (2013). Toward a phenomenology of inner speaking. *Consciousness and Cognition, 22*(4), 1477-1494.

3. Para quien quiera hacerse una idea de la visión conductivista del lenguaje: Watson, J. B. (1920). Is thinking merely the action of language mechanisms? *British Journal of Psychology, 11*, 87-104.

4. El «mentalés» es una de las explicaciones más elegantes de la posibilidad de pensar sin lenguaje hasta la fecha. Fodor, J. (1975). *The language of thought*. Harvard University Press. Pinker, S. (1994). *The Language Instinct*. Penguin Books. Imaginemos la existencia de un idioma previo al pensamiento. Un idioma universal que, además de explicar las habilidades artísticas de las palomas o las peripecias de Moinseur Tan-Tan, esclarece fenómenos populares como el «Lo tengo en la punta de la lengua» —un error de traducción mentalés-español— o los «No quería decir eso». (Para saber que no queríamos decir algo el cerebro compara la idea original en mentalés con la traducción al español de ese algo). El mentalés es la fuerza que mueve el verso. Aquello que inspira la canción. Los monemas de la consciencia. Una de las críticas más habituales es que se apoya en el inconsciente y, hasta hoy, nadie ha demostrado categóricamente que el inconsciente exista. Resulta complicado atrapar al mentalés con una capa de datos empíricos. Wiley, N. (2006). Inner Speech as a Language: A Saussurean Inquiry. *Journal for the Theory of Social Behaviour, 36*(3), 319-341.

5. Las ideas de Vygotsky resultan muy interesantes y se hallan a medio camino entre los conductistas y los mentalistas. Vygotsky, L. S. (1987). *Thinking and speech. The Collected Works of L.S. Vygotsky, vol. 1*. Plenum. (Obra original publicada en 1934).

6. Baddeley, A. D., y Hitch, G. J. (1974). *Working memory*. Academic Press.

7. Morin, A. (2012). Inner Speech Encyclopedia of Human Behavior. *Elsevier,* 436-443.

8. Baldo, J. V., Paulraj, S. R., Curran, B. C., y Dronkers, N. F. (2015). Impaired reasoning and problem-solving in individuals with language impairment due to aphasia or language delay. *Frontiers in Psychology, 6*, 1523.

9. Emerson, M. J., y Miyake, A. (2003). The role of inner speech in task switching: A dual-task investigation. *Journal of Memory and Language, 48*, 148-168.

10. Morin, A. (2009). Self-awareness deficits following loss of inner speech: Dr. Jill Bolte Taylor's case study. *Consciousness and cognition,18*, 524-529.

11. Además de Tan-Tan, existen otros casos históricos de afasia como el del político ruso Vladimir Ilyitch Ulianov, más conocido como «Lenin», y el poeta francés Charles Baudelaire. Teive, H. A., Munhoz, R. P., y Caramelli, P. (2011). Historical aphasia cases: «Tan-tan», «Vot-vot», and «Cré nom!». *Arquitos de neuro-psiquiatria, 69*(3), 555-558.

12. El experimento recreado en: Bek, J., Blades, M., Siegal, M., y Varley, R. (2010). Language and spatial reorientation: Evidence from severe aphasia. *Journal of Experimental Psychology: Learning, Memory, and Cognition, 36*(3), 646-658.

13. Hermer-Vazquez, L., Spelke, E. S., y Katsnelson, A. S. (1999). Sources of flexibility in human cognition: Dual-task studies of space and language. *Cognitive Psychology, 39*, 3-36.

14. Evidencias de que el lenguaje no es necesario para la reorientación en: Ratliff, K. R., y Newcombe, N. S. (2008). Is language necessary for human spatial reorientation? Reconsidering evidence from dual task paradigms. *Cognitive psychology, 56*(2), 142-163.

15. Learmonth, A. E., Newcombe, N. S., Sheridan, N., y Jones, M. (2008). Why size counts: Children's spatial reorientation in large and small enclosures. *Developmental Science, 11*, 414-426. Nardini, M., Atkinson, J., y Burgess, N. (2008). Children reorient using the left/right sense of coloured landmarks at 18-24 months. *Cognition, 106*, 519-527. Un bebé de cinco meses es incapaz de decir «aserejé» o «pepinillo». Sin embargo, hace un berrinche monumental cuando un investigador le enseña un Mickey Mouse y, tras ocultar la escena con una pantalla que le impide ver lo que ocurre, coloca un nuevo Mickey de plástico. El bebé se enoja puesto que el segundo muñeco no debería estar ahí. Los más pequeños son capaces de «pensar» sin una voz en su cabeza que diga «Uno más uno son dos» o «¡Esta investigadora me está tomando el pelo!». Spelke, E. S., Breinlinger, K., Macomber, J., y Jacobson, K. (1992). «Origins of knowledge». *Psychological Review, 99*, 605-632. Wynn, K. (1992). Addition and subtraction in human infants. *Nature, 358*, 749-750.

16. Gouteux, S., Thinus-Blanc, C., y Vauclair, J. (2001). Rhesus monkeys use geometric and nongeometric information during a reorientation task. *Journal of Experimental Psychology: General, 130*, 505-519.

17. Sovrano, V. A., Bisazza, A., y Vallortigara, G. (2003). Modularity as a fish (Xenotoca eiseni) views it: Conjoining geometric and nongeometric information for spatial reorientation. *Journal of Experimental Psychology: Animal Behavior Processes, 29*, 199-210.

18. Vallortigara, G., Feruglio, M., y Sovrano, V. A. (2005). Reorientation by geometric and landmark information in environments of different size. *Developmental Science, 8*, 393-401.

19. Estudios neuropsicológicos de casos de afasia grave que pueden desarrollar razonamientos matemáticos. Klessinger, N., Szczerbinski, M., y Varley, R. (2007). Algebra in a man with severe aphasia. *Neuropsychologia, 45*, 1642-1648. Varley, R. A., Klessinger, N. J. C., Romanowski, C. A. J., y Siegal, M. (2005). Agrammatic but numerate. *Proceedings of the National Academy of Sciences, USA, 102*, 3519-3524.

20. Razonamiento deductivo y dotes de ajedrecista en afasia. Varley, R., y Siegal, M. (2000). Evidence for cognition without grammar from causal reasoning and «theory of mind» in an agrammatic aphasic patient. *Current biology: CB, 10*(12), 723-726.

21. Estudios neuropsicológicos relacionados con pacientes afásicos capaces de averiguar qué piensan o sienten los demás. Varley, R., y Siegal, M. (2000). Evidence for cognition without grammar from causal reasoning and «theory of mind» in an agrammatic aphasic patient. *Current Biology, 10*, 723-726. Varley, R., Siegal, M., y Want, S. C. (2001). Severe impairment in grammar does not preclude theory of mind. *Neurocase, 7*, 489-493.

22. Un área de Broca o Wernicke sanas no son suficientes para determinar si el homicida fue Joselito —de ser él fue premeditado— o Marita —de ser ella ocurrió durante la noche—, cuando Sherlock asegura que la víctima falleció el domingo por la tarde. Las cortezas frontal, lateral y medial izquierda parecen ser las encargadas de resolver el caso, mi querido Watson, puesto que personas con lesiones en las cortezas frontal lateral y medial izquierda presentan problemas para el razonamiento deductivo. Reverberi, C., Shallice, T., D'Agostini, S., Skrap, M., y Bonatti, L. L. (2009). Cortical bases of elementary deductive reasoning: Inference, memory, and metadeduction. *Neuropsychologia, 47*(4), 1107-1116.

23. Autobiografías de personas que perdieron y recuperaron el lenguaje: Luria, A. R. (1972). *The man with a shattered world: The history of a brain wound.* Harvard University Press. Mills, H. (2004). *A mind of my own. Memoir of recovery from aphasia.* Bloomington. AuthorHouse. Hale, S. (2007). *The man who lost his language: A case of aphasia.* Philadelphia, PA. Jessica Kingsley Publishers. Weinstein, D. F. (2008). *My stroke: 450 days from severe apha-sia to speaking, reading and writing.* Long Island, NY: Donald F. Weisntein. Casos clínicos de pacientes afásicos: Lebrun, Y., Hasquin-Deleval, J., Brohaye, J., y Flament, J. (1971). L' aphasie de Charles Baudelaire (The aphasia of Charles Baudelaire). *Revue Neurologique, 125*, 310-316. Dieguez, S., y Bogousslavsky, J. (2007). Baudelaire's aphasia: From poetry to cursing. *Frontiers of Neurology and Neuroscience, 22*, 121-149. En Afasia desde dentro [Ardila, A., y Rubio-Bruno, S. (2017). Aphasia from the inside: The cognitive world of the aphasic patient. *Applied Neuropsychology: Adult, 25*(5), 434-440.] encontrarás unos versos entrañables de un poeta español afásico en el apéndice A.

24. Instituto Nacional de Estadística. Cifras de población. Series detalladas desde 2002. Resultados por comunidades autónomas. Población residente por fecha, sexo y edad. Datos de población residente a 1 de enero de 2018 [internet]. (2018). [consultado el 27 de noviembre de 2018]; disponible en: <http://www.ine.es/jaxiT3/Tabla.htm?t=9681yL=0>. Nichols, M., Townsend, N., Luengo-Fernandez, R., Leal, J., Gray, A., Scarborough, P., y Rayner, M. (2012). *European Cardiovascular Disease Statistics 2012. European Heart Network.* <https://www.bhf.org.uk/information support/publications/statistics/european-cardiovascular-disease-statistics-2012>. Warlow, C. P. (1998). Epidemiology of stroke. *Lancet (London, England), 352 Suppl 3*, SIII1–SIII4.

25. Nos quebramos la cabeza acerca de la posibilidad de encontrar un paciente afásico basándonos en: Enderby, P., Wood, V. A., Wade, D. T., y Hewer, R. L. (1987). Aphasia after stroke: A detailed study of recovery in the first 3 months. *International Rehabilitation Medicine, 8*, 162-165. De hecho, la probabilidad de presentar afasia tras un ictus varía en función de las características del accidente cerebrovascular, las zonas afectadas, el patrón de recuperación u otros aspectos como la edad o la clase social. Flamand-Roze, C., Flowers, H., Roze, E., y Denier, C. (2013). Diagnosis and management of language impairment in acute stroke. En: Holmgren, E., y Rudkilde, E. S., (Eds.). Aphasia: Classification, Management Practices, and Prognosis. *Nova Science Publishers*, 91-114. Plowman E., Hentz B., y Ellis Jr. C. (2012). Post-stroke aphasia prognosis: a review of patient-related and stroke-related factors. *Journal of Evaluation in Clinical Practice, 18*, 689-694. Flowers, H. L., Skoretz, S. A., Silver, F. L., Rochon, E., Fang, J., Flamand-Roze, C., y Martino, R. (2016). Poststroke Aphasia Frequency, Recovery, and Outcomes: A Systematic Review and Meta-Analysis. *Archives of physical medicine and rehabilitation, 97*(12), 2188–2201.e8. Thompson, C. K., y den Ouden, D. B. (2008). Neuroimaging and recovery of language in aphasia. *Current neurology and neuroscience reports, 8*(6), 475-483. Plowman, E., Hentz, B., y Ellis, C., Jr (2012). Post-stroke aphasia prognosis: a review of patient-related and stroke-related factors. *Journal of evaluation in clinical practice, 18*(3), 689-694.

26. Cincuenta y dos casos de pacientes que, tras un ictus, estuvieron afásicos durante más de cuatro semanas y luego recuperaron el habla. Lendrem, W., y Lincoln, N. B. (1985). Spontaneous recovery of language in patients with aphasia between 4 and 34 weeks after stroke. *Journal of Neurology, Neurosurgery, and Psychiatry, 48*(8), 743-748. En el siguiente estudio señalan que el 61 % de los pacientes presentaba síntomas de afasia unos años después del ictus [Pedersen, P., Vinter, K., y Olsen, T. (2004) Aphasia after stroke: type, severity, and prognosis. *Cerebrovascular Diseases, 17*, 35-43], aunque sabemos que existe gran variabilidad en la recuperación [Plowman, E., Hentz, B., y Ellis, C. (2011). Post-stroke aphasia prognosis: a review of patient-related and stroke-related factors. *Journal of Evaluation in Clinical Practice,*

18(3), 689-694.]. No menos interesante: Thompson, C. K., y den Ouden, D. B. (2008). Neuroimaging and recovery of language in aphasia. *Current Neurology and Neuroscience Reports, 8*(6), 475-483.

27. Ejemplos de migración hemisférica: Basso, A., Gardelli, M., Grassi, M. P., y Mariotti, M. (1989). The role of the right hemisphere in recovery from aphasia. Two case studies. *Cortex; a journal devoted to the study of the nervous system and behavior, 25*(4), 555–566. Willmes, K., y Poeck, K. (1993). To what extent can aphasic syndromes be localized? *Brain: a journal of neurology, 116 (Pt 6)*, 1527-540. Weiller, C., Isensee, C., Rijntjes, M., Huber, W., Müller, S., Bier, D., Dutschka, K., Woods, R. P., Noth, J., y Diener, H. C. (1995). Recovery from Wernicke's aphasia: a positron emission tomographic study. *Annals of neurology, 37*(6), 723-732. Cao, Y., Vikingstad, E. M., George, K. P., Johnson, A. F., y Welch, K. M. (1999). Cortical language activation in stroke patients recovering from aphasia with functional MRI. *Stroke, 30*(11), 2331-2340. Perani, D., Cappa, S. F., Tettamanti, M., Rosa, M., Scifo, P., Miozzo, A., Basso, A., y Fazio, F. (2003). A fMRI study of word retrieval in aphasia. *Brain and language, 85*(3), 357-368.

28. Ejemplos de plasticidad/semiconnectividad neuronal. Merzenich, M., Wright, B., Jenkins, W., Xerri, C., Byl, N., Miller, S., y Tallal, P. (1996). Cortical plasticity underlying perceptual, motor, and cognitive skill development: implications for neurorehabilitation. *Cold Spring Harbor symposia on quantitative biology, 61*, 1-8. Perani, D., Cappa, S. F., Tettamanti, M., Rosa, M., Scifo, P., Miozzo, A., Basso, A., y Fazio, F. (2003). A fMRI study of word retrieval in aphasia. *Brain and language, 85*(3), 357-368. Cornelissen, K., Laine, M., Tarkiainen, A., Järvensivu, T., Martin, N., y Salmelin, R. (2003). Adult brain plasticity elicited by anomia treatment. *Journal of Cognitive Neuroscience, 15*(3), 444-461. Warburton, E., Price, C. J., Swinburn, K., y Wise, R. J. (1999). Mechanisms of recovery from aphasia: evidence from positron emission tomography studies. *Journal of neurology, neurosurgery, and psychiatry, 66*(2), 155-161. Kurland, J., Naeser, M. A., Baker, E. H., Doron, K., Martin, P. I., Seekins, H. E., Bogdan, A., Renshaw, P., y Yurgelun-Todd, D. (2004). Test-retest reliability of fMRI during nonverbal semantic decisions in moderate-severe nonfluent aphasia patients. *Behavioural neurology, 15*(3-4), 87-97.

29. Loukola, O. J., Perry, C. J., Coscos, L., y Chittka, L. (2017). Bumblebees show cognitive flexibility by improving on an observed complex behavior. *Science, 355*(6327), 833-836.

30. Howard, S. R., Avarguès-Weber, A., Garcia, J. E., Greentree, A. D., y Dyer, A. G. (2019). Numerical cognition in honeybees enables addition and subtraction. *Science Advances, 5*(2), eaav0961.

31. Raby, C. R., Alexis, D. M., Dickinson, A., y Clayton, N. S. (2007). Planning for the future by western scrub-jays. *Nature, 445*(7130), 919-921.

32. Kenward, B., Weir, A., Rutz, C., y Kacelnik, A. (2005). Tool manufacture by naive juvenile crows. *Nature 433*, 121.

33. Watanabe, S., Sakamoto, J., y Wakita, M. (1995). Pigeons' discrimination of paintings by Monet and Picasso. *Journal of the Experimental Analysis of Behavior, 63*(2), 165-174.

34. Watanabe, S. (2001). Van Gogh, Chagall, and pigeons: Picture discrimination in pigeons and humans. *Animal Cognition, 4*, 147-151.

35. Scarf, D., Hayne, H., y Colombo, M. (2011). Pigeons on Par with Primates in Numerical Competence. *Science, 334*(6063), 1664-1664.

36. Wascher, C. A. F., y Bugnyar, T. (2013). Behavioral Responses to Inequity in Reward Distribution and Working Effort in Crows and Ravens. *PLoS ONE, 8*(2), e56885.

37. El relato completo de Theophilus d'Estrella y sus reflexiones acerca de la Luna o de un Dios todopoderoso puede encontrarse en un artículo de William James [James, W. (1892). Thought Before Language: A Deaf-Mute's Recollections. *The Philosophical Review, 1*(6), 613.], considerado el padre de la psicología moderna. Sin una lengua modelo, sabemos que los niños y las niñas con trastornos auditivos desarrollan su propio lenguaje de forma natural. Goldin-Meadow, S., y Feldman, H. (1977). The development of language-like communication without a language model. *Science, 197*, 401-403.

38. MacSweeney, M., Capek, C. M., Campbell, R., y Woll, B. (2008). The signing brain: the neurobiology of sign language. *Trends in Cognitive Sciences, 12*, 432-440. Gordon, N. (2004). The neurology of sign language. *Brain and development, 26*(3), 146-150. Okada, K., Rogalsky, C., O'Grady, L., Hanaumi, L., Bellugi, U., Corina, D., y Hickok, G. (2016). An fMRI study of perception and action in deaf signers. *Neuropsychologia, 82*, 179-188.

39. Corina, D. P., y Knapp, H. (2006). Sign language processing and the mirror neuron system. *Cortex, 42*(4), 529-539. Hickok, G. (2014). *The myth of mirror neurons: the real neuroscience of communication and cognition*. New York, NY: W.W. Norton y Company.

40. Para una descripción del campo mental de un hablante de señas: Bellugi, U., Klima, E., y Siple, P. (1975). Remembering in signs. *Cognition, 3*(2), 93-125. Wilson, M., y Emmorey, K. (1998). A «word length effect» for sign language: Further evidence for the role of language in structuring working memory. *Memory y Cognition, 26*, 584-590. Tampoco es tan raro que un hablante de señas tenga habla interior. En el fondo, el habla es una herramienta audiovisual *per se*: Nahorna, O., Berthommier, F., y Schwartz, J.-L. (2015). Audio-visual speech scene analysis: characterization of the dynamics of unbinding and rebinding the McGurk effect. *The Journal of the Acoustical Society of America, 137*(1), 362-377. Leer los labios mejora la comprensión si estamos en un bar lleno de gente [Sumby, W. H., y Pollack, I. (1954). Visual contribution to speech intelligibility in noise. *The Journal of the Acoustical Society of America, 26*, 212-215.] y el efecto McGurk [McGurk, H., y MacDonald, J. (1976). Hearing lips and seeing voices. *Nature, 264*, 746-748.] —una ilusión que tiene lugar al superponer

el sonido «ba» sobre unos labios que pronuncian «ga» (solemos escuchar «da»)—, deja derrotado al componente visual del lenguaje y a la naturaleza multisensorial del habla interior. Loevenbruck, H. (2018). What the neurocognitive study of inner language reveals about our inner space. Epistémocritique, épistémocritique: littérature et savoirs, Langage intérieur - Espaces intérieurs/Inner Speech - *Inner Space, 18*. ffhal-02039667f.

41. Existe un lenguaje llamado «Dactyls» para personas sordo-ciegas: Consultado el 12 de febrero de 2023 en <https://www.dactyls.es/documentacionNav.html?ElSistemaDactyls>.

42. Sandak, R., Mencl, E. W., Frost, J. S., y Pugh, R. K. (2004). The neurobiological basis of skilled and impaired reading: Recent findings and new directions. *Scientific Studies of Reading, 8*(3), 273-292. Cuetos, F. (2019). *Neurociencia del Lenguaje: bases neurológicas e implicaciones clínicas*. Editorial Medica Panamericana.

43. En realidad la aportación de cada lector es mucho más decisiva que la de cualquier escritor. Los verbos, comas o palabras son una guía para la atención. A los ejemplos me remito. Piensa en la palabra «sanitario». Tu mente, probablemente, proyectará el plano medio de un inodoro blanco visto de perfil o desde arriba. Te mostrará la cosa. El objeto. Sus propiedades. Eso justo hacen las palabras. Ahora piensa en «jalarle al baño». Casi con toda seguridad, el ojo de la mente se enfocará en la acción. Te enseñará el botón que inicia el proceso o, tal vez, se centrará en la taza del baño para ofrecernos el fluir del agua. No importa. Lo interesante es que los verbos dirigen nuestra atención a la causa de las cosas, al movimiento o al cuándo.

Capítulo 5. Tiritas pa este cerebro partío

1. Más detalles del funcionamiento del aparato respiratorio en: Cruz, E., y Moreno, R. (1999). *Aparato respiratorio. Fisiología y clínica*. Editorial Mediterráneo.

2. La activación de la red neuronal por defecto está vinculada al pensamiento espontáneo: Andrews-Hanna, J. R. (2011). The Brain's Default Network and Its Adaptive Role in Internal Mentation. *The Neuroscientist, 18*(3), 251-270. Otra cosa es, como veremos en un abrir y cerrar de ojos, el razonamiento —inferencia deductiva [Evans, J. S. B. T., Newstead, S. E., y Byrne, R. M. J. (1993). *Human reasoning: The psychology of deduction*. Erlbaum.]— o a la toma de decisiones. Kahneman, D., Slovic, P., y Tversky, A. (Eds.). (1988). *Judgment under uncertainty: Heuristics and biases*. New York. Cambridge University Press.

3. Buckner, R. L., Andrews-Hanna, J. R., y Schacter, D. L. (2008). The Brain's Default Network. *Annals of the New York Academy of Sciences, 1124*(1), 1-38.

4. Dekaban, A. S. (1978). Changes in brain weights during the span of human life: relation of brain weights to body heights and body weights. *Annals of neurology, 4*(4), 345-356.

5. Penfield, W., y Boldrey, E. (1937). Somatic motor and sensory representation in the cerebral cortex of man as studied by electrical stimulation. *Brain: A Journal of Neurology, 60*, 389-443. Woolsey, C. N., Erickson, T. C., y Gilson, W. E. (1979). Localization in somatic sensory and motor areas of human cerebral cortex as determined by direct recording of evoked potentials and electrical stimulation. *Journal of Neurosurgery, 51*(4), 476-506. White, L. E., Andrews, T. J., Hulette, C., Richards, A., Groelle, M., Paydarfar, J., y Purves, D. (1997). Structure of the human sensorimotor system. II: Lateral symmetry. *Cerebral cortex (New York, N.Y.: 1991), 7*(1), 31-47.

6. Klekamp, J., Riedel, A., Harper, C., y Kretschmann, H. J. (1991). Quantitative changes during the postnatal maturation of the human visual cortex. *Journal of the neurological sciences, 103*(2), 136-143. Leuba, G., y Kraftsik, R. (1994). Changes in volume, surface estimate, three-dimensional shape and total number of neurons of the human primary visual cortex from midgestation until old age. *Anatomy and embryology, 190*(4), 351-366.

7. Variabilidad de la corteza visual: Stensaas, S. S., Eddington, D. K., y Dobelle, W. H. (1974). The topography and variability of the primary visual cortex in man. *Journal of Neurosurgery, 40*(6), 747-755. Algo similar ocurre con el tracto óptico o el núcleo geniculado lateral: Andrews, T. J., Halpern, S. D., y Purves, D. (1997). Correlated Size Variations in Human Visual Cortex, Lateral Geniculate Nucleus, and Optic Tract. *The Journal of Neuroscience, 17*(8), 2859-2868.

8. Las diferencias anatómicas podrían llegar a explicar cómo el tamaño percibido de este mismo libro puede diferir ligeramente entre lectores: Moutsiana, C., de Haas, B., Papageorgiou, A., Van Dijk, J. A., Balraj, A., Greenwood, J. A., y Schwarzkopf, D. S. (2016). Cortical idiosyncrasies predict the perception of object size. *Nature Communications, 7*, 12110. O, también, cómo jóvenes con vista de águila (emétropes) presenten variaciones significativas en cuanto a la sensibilidad al contraste se refiere, la percepción del color, la orientación de formas y la agudeza visual. Halpern, S. D., Andrews, T. J., y Purves, D. (1999). Interindividual variation in human visual performance. *Journal of Cognitive Neuroscience, 11*(5), 521-534.

9. El cuerpo calloso se divide en diferentes partes: pico (anterior), rodilla, cuerpo y esplenio (posterior). El orden topográfico es importante [Witelson, S. F. (1989). Hand and sex differences in the isthmus and genu of the human corpus callosum. A postmortem morphological study. *Brain: a journal of neurology, 112 (Pt 3)*, 799-835. Aboitiz, F., López, J., y Montiel, J. (2003). Long distance communication in the human brain: timing constraints for inter-hemispheric synchrony and the origin of brain lateralization. *Biological research, 36*(1), 89-99. Lamantia, A. S., y Rakic, P. (1990). Cytological and quantitative characteristics of four cerebral commissures in the rhesus monkey. *The Journal of Comparative Neurology, 291*(4), 520-537.]. Todo apunta a que fibras de la parte posterior (esplenio) del cuerpo calloso transfieren la información de las palabras. Funnell, M. G., Corballis, P. M., y Gazzaniga, M. S. (2000). Insights into the functional specificity of the human

corpus callosum. *Brain, 123*(5), 920-926. Las diferencias individuales en la organización del cuerpo calloso pueden afectar considerablemente a la integración de la información entre los dos hemisferios [Häberling, I. S., Badzakova-Trajkov, G., y Corballis, M. C. (2011). Callosal tracts and patterns of hemispheric dominance: a combined fMRI and DTI study. *NeuroImage, 54*(2), 779-786. Gazzaniga M. S. (2005). Forty-five years of split-brain research and still going strong. Nature reviews. *Neuroscience, 6*(8), 653-659.] aunque, curiosamente, estudios que utilizaron tractografía por tensor de difusión encontraron asimetrías en el cuerpo calloso —no existe el mismo número de fibras que van de un hemisferio a otro—. A nivel del esplenio, existen más conexiones en dirección del hemisferio derecho al izquierdo [Putnam, M. C., Steven, M. S., Doron, K. W., Riggall, A. C., y Gazzaniga, M. S. (2010). Cortical projection topography of the human splenium: hemispheric asymmetry and individual differences. *Journal of Cognitive Neuroscience, 22*(8), 1662-1669. Iwabuchi, S. J., Häberling, I. S., Badzakova-Trajkov, G., Patston, L. L., Waldie, K. E., Tippett, L. J., Corballis, M. C., y Kirk, I. J. (2011). Regional differences in cerebral asymmetries of human cortical white matter. *Neuropsychologia 49*, 3599-3604.]. Para hacer un máster en cuerpo calloso consultar Goldstein, A., Covington, B. P., Mahabadi, N., y Mesfin, F. B. (2021). *Neuroanatomy, Corpus Callosum*. In StatPearls. StatPearls Publishing.]. En cambio, si te da curisosidad de por qué decimos que el cuerpo calloso participa en la inhibición interhemisférica. [Clarke, J. M., Lufkin, R. B., y Zaidel, E. (1993). Corpus callosum morphometry and dichotic listening performance: individual differences in functional interhemispheric inhibition? *Neuropsychologia, 31*(6), 547-557. Tzourio-Mazoyer, N. (2016). *Intra- and Inter-hemispheric Connectivity Supporting Hemispheric Specialization*. En: Kennedy, H. *et al.* (Eds.). *Micro-, Meso-and Macro-Connectomics of the Brain*. Springer (pp. 129-146).].

10. Otras peripecias de Van Wagenen en Kimmell, K. T., Petraglia, A. L., Ballou, M. A., y Pilcher, W. H. (2013). William P. Van Wagenen (1897-1961): pupil, mentor, and neurosurgical pioneer. *Journal of Neurosurgery, 119*(3), 789-795.

11. La historia completa de William Van Wagenen y la callosotomía en: Vaddiparti, A., Huang, R., Blihar, D., DuPlessis, M., Montalbano, M. J., Tubbs, R. S., y Loukas, M. (2020). The Evolution of Corpus Callosotomy for Epilepsy Management. *World Neurosurgery, 145*, 455-461. Las crónicas de sus primeras callesotomías en: Mathews, M. S., Linskey, M. E., y Binder, D. K. (2008). William P. Van Wagenen and the first corpus callosotomies for epilepsy. *Journal of Neurosurgery, 108*(3), 608-613.

12. Wagenen, W. P., y Herren, R. (1940). Surgical division of commissural pathways in the corpus callosum: relation to spread of an epileptic attack. *Journal of Nervous and Mental Disease, 44*, 740-759.

13. Asadi-Pooya, A. A., Sharan, A., Nei, M., y Sperling, M. R. (2008). Corpus callosotomy. *Epilepsy & Behavior, 13*(2), 271-278.

14. Kim, D. S., Yang, K. H., Kim, T. G., Chang, J. H., Chang, J. W., Choi, J. U., y Lee, B. I. (2004). The surgical effect of callosotomy in the treatment of intractable seizure. *Yonsei medical journal, 45*(2), 233-240. Oguni, H., Olivier, A., Andermann, F., y Comair, J. (1991). Anterior callosotomy in the treatment of medically intractable epilepsies: a study of 43 patients with a mean follow-up of 39 months. *Annals of neurology, 30*(3), 357-364. Malmgren, K., Rydenhag, B., y Hallböök, T. (2015). Reappraisal of corpus callosotomy. *Current opinion in neurology, 28*(2), 175-181. Vaddiparti, A., Huang, R., Blihar, D., DuPlessis, M., Montalbano, M. J., Tubbs, R. S., y Loukas, M. (2020). The Evolution of Corpus Callosotomy for Epilepsy Management. *World Neurosurgery, 145*, 455-461.

15. Los pacientes de cerebro dividido muestran un comportamiento normal en casi todos los aspectos del día a día [Bogen, J. E., Fisher, E. D., y Vogel, P. J. (1965). Cerebral commissurotomy. A second case report. *JAMA, 194*(12), 1328-1329.].

16. Estudios clásicos de pacientes incapaces de identificar objetos con su mano izquierda o leer estímulos en su campo visual izquierdo en: Gazzaniga, M. S., Bogen, J. E., y Sperry, R. W. (1963). Laterality effects in somesthesis following cerebral commissurotomy in man. *Neuropsychologia, 1*(3), 209-215. Gazzaniga, M. S., Bogen, J. E., y Sperry, R. W. (1967). Dyspraxia Following Division of the Cerebral Commissures. *Archives of Neurology, 16*(6), 606-612. Gazzaniga, M. S. (2000). Cerebral specialization and interhemispheric communication: Does the corpus callosum enable the human condition? *Brain, 123*, 1293-1326. Tras la desconexión de los hemisferios cerebrales en el quirófano el cociente intelectual verbal, la resolución de problemas y la formación de hipótesis es normal para el hemisferio izquierdo: Nass, R. D., y Gazzaniga, M. S. (1987). *Lateralization and specialization of the human central nervous system.* En: Mounteastle, V. B, Plum, F., y Geiger, S. R. (Eds.). (1990). *Handbook of physiology*. The American Physiological Society. (pp. 701-761). Zaidel, E. (1990). *Language functions in the two hemispheres following complete cerebral commissurotomy and hemispherectomy.* En: Nebes, R. D, y Corkin, S. (Eds.). *Handbook of neuropsychology*. Elsevier. (pp. 115-150). LeDoux, J. E., Risse, G., Springer, S., Wilson, D. H., y Gazzaniga, M. S. (1977). Cognition and commissurotomy. *Brain, 110*, 87-104. Sin embargo, el hemisferio derecho es muy torpe a la hora, por ejemplo, de resolver problemas u otras tareas cognitivas: Gazzaniga, M. S. (2000). Cerebral specialization and interhemispheric communication: Does the corpus callosum enable the human condition? *Brain, 123*, 1293-1326.

17. No es del todo cierto que la información táctil se transfiera al 100 % al hemisferio contralateral como nos enseñan Jerzy Rose y Vernon Mountcastle en las páginas del *Handbook of physiology*: Rose, J. E., Mountcastle, V. B. Touch and kinesthesis. En Field, J., Magoun, H. W., Hall, V. E. (Eds.), *Handbook of physiology*. Washington, D. C. (1959). *American Physiological Society.* (pp. 231-249). Unas cuantas fibras despistadas del sistema somatosensorial que informan aspectos básicos (como la presencia de un objeto en la mano) están conectadas ipsilateralmente o, en cristiano, no cruzan

al hemisferio contrario. Por motivos pedagógicos prescindiremos del fenómeno de ipsilateralidad.

18. Gazzaniga, M. S., Bogen, J. E., y Sperry, R. W. (1963). Laterality effects in somesthesis following cerebral commissurotomy in man. *Neuropsychologia, 1*(3), 209-215. Gazzaniga, M. S., Bogen, J. E., y Sperry, R. W. (1967). Dyspraxia Following Division of the Cerebral Commissures. *Archives of Neurology, 16*(6), 606-612. Gazzaniga, M. S. (2000). Cerebral specialization and interhemispheric communication: Does the corpus callosum enable the human condition? *Brain, 123*, 1293-1326.

19. Un experimento divertido consiste en hacer que un paciente de cerebro dividido manipule el mismo objeto con las dos manos e invitarle a dibujar el objeto, primero con la mano derecha y, posteriormente, con la izquierda. Podrá verse como la copia del dibujo realizado con la mano izquierda (cosa del hemisferio derecho) es un Van Gogh, mientras que el dibujo de la mano derecha (cosa del izquierdo) parece el de un niño de dos años. ¡Aun siendo diestro! Bogen, J. E., y Gazzaniga, M. S. (1965). Cerebral commissurotomy in man: Minor hemisphere dominance for certain visuospatial functions. *Journal of Neurosurgery, 23*, 394-399. Gazzaniga, M. S., Bogen, J. E., y Sperry, R. W. (1965a). Some functional effects of sectioning the cerebral commissures in man. *Proceedings of the National Academy of Sciences of the United States of America, 48*, 1765-1769. Gazzaniga, M. S., Bogen, J. E., y Sperry, R. W. (1965b). Observations on visual perception after disconnection of the cerebral hemispheres in man. *Brain, 88*, 221-236.]. Una prueba más de la supremacía del hemisferio de John Huglins-Jackson en el mundo de la forma y los recipientes vacíos.

20. Un apunte. Diversos experimentos con pacientes de cerebro divido revelan, por un lado, la existencia de vías de comunicación secundarias a través del fórnix capaces de traficar información primaria entre hemisferios [Uddin, L. Q., Mooshagian, E., Zaidel, E., Scheres, A., Margulies, D. S., Kelly, A. M., Shehzad, Z., Adelstein, J. S., Castellanos, F. X., Biswal, B. B., y Milham, M. P. (2008). Residual functional connectivity in the split-brain revealed with resting-state functional MRI. *Neuroreport, 19*(7), 703-709. Funnell, M. G., Corballis, P. M., y Gazzaniga, M. S. (2000). Insights into the functional specificity of the human corpus callosum. *Brain: a journal of neurology, 123 (Pt 5)*, 920-926. Eviatar, Z., y Zaidel, E. (1994). Letter matching within and between the disconnected hemispheres. *Brain and cognition, 25*(1), 128-137. Clarke, J. M., y Zaidel, E. (1989). Simple reaction times to lateralized light flashes. Varieties of interhemispheric communication routes. *Brain: a journal of neurology, 112(Pt 4)*, 849-870. Corsi-Cabrera, M., Trías, G., Guevara, M. A., Haro, R., y Hernández, A. (1995). EEG interhemispheric correlation after callosotomy: one case study. *Perceptual and motor skills, 80*(2), 504-506.] y, por otro, que la callosotomía rara vez logra seccionar el 100 % de las fichas del cuerpo calloso: Leocani, L., y Comi, G. (1999). EEG coherence in pathological conditions. *Journal of clinical neurophysiology, 16*(6), 548-555. Nielsen, T. A., y Montplaisir, J. (1996). Is interhemispheric connectivity reduced after callosotomy? A critique. *Perceptual and motor*

skills, 83(1), 348-350. En cierto modo, el cerebro dividido no está del todo dividido y el lado izquierdo de Broca puede tener acceso a recipientes vacíos generados en el lado derecho de John Huglins-Jackson.

21. Consultado el 1 de octubre de 2021. <https://www.theguardian.com/games/2019/jun/26/more-than-9m-play-candy-crush-for-three-hours-or-more-a-day-addiction>.

22. Corballis, P. M. (2003). Visuospatial processing and the right-hemisphere interpreter. *Brain and Cognition, 53*(2), 171-176.

23. Gazzaniga, M. S. (2000). Cerebral specialization and interhemispheric communication: Does the corpus callosum enable the human condition? *Brain, 123*, 1293-1326.

24. Gazzaniga, M. S. (2000). Cerebral specialization and interhemispheric communication: Does the corpus callosum enable the human condition? *Brain, 123*, 1293-1326.

Capítulo 6. Anatomía del pensamiento

1. Haxby, J. V., Hoffman, E. A., y Gobbini, M. I. (2000). The distributed human neural system for face perception. *Trends in Cognitive Sciences, 4*(6), 223-233. Yovel, G., y Kanwisher, N. (2005). The neural basis of the behavioral face-inversion effect. *Current biology: CB, 15*(24), 2256-2262.

2. Puedes encontrar la prueba de concepto original en el capítulo cuatro de la serie de Netflix *100 humans*.

3. Sin más demora, el momento más esperado… ¡El chisme! Paco (1) y Gómez (3) se comen juntos el pastel e inmortalizan el momento con su nuevo iPhone. Guillermo (2) y Sofía (5) se conocieron en un Bla Bla Car —un servicio francés de vehículos compartidos— y, cada vez que sus vidas lo permiten, viajan a la India con el pequeño Isao. Eva (4) y Marisol (6) me acogieron cuando viajaba de mochilero por México. Se casaron en el Pueblo Español de Barcelona en 2018 en una ceremonia entrañable. ¡Qué fiestón!

4. Wilke, A., y Mata, R. (2012). Cognitive Bias. *Encyclopedia of Human Behavior*, 531-535.

5. Holman, L., Head, M. L., Lanfear, R., y Jennions, M. D. (2015). Evidence of Experimental Bias in the Life Sciences: Why We Need Blind Data Recording. *PLoS biology, 13*(7), e1002190.

6. Howe, C. Q., y Purves, D. (2005). The Muller-Lyer illusion explained by the statistics of image-source relationships. *Proceedings of the National Academy of Sciences, 102*(4), 1234-1239.

7. Milgram, S. (1963). Behavioral Study of obedience. *The Journal of Abnormal and Social Psychology, 67*(4), 371-378.

8. Beckman, L. (1970). Effects of students' performance on teachers' and observers' attributions of causality. *Journal of Educational Psychology, 61*(1), 76-82. Feather, N. T., y Simon, J. G. (1971). Attribution of responsibility and valence of outcome in relation to initial confidence and success and failure of self and other. *Journal of Personality and Social Psychology, 18*(2), 173-188. Miller, D. T., y Ross, M. (1975). Self-serving biases in the attribution of causality: Fact or fiction? *Psychological Bulletin, 82*(2), 213-225. Una visión general de la idea de atribución para los que estén pez en: Malle, B. F. (2011). Attribution theories: How people make sense of behavior. En: Chadee, D. (Ed.). *Theories in social psychology*. Wiley-Blackwell.

9. Miller, D. T., y Ross, M. (1975). Self-serving biases in the attribution of causality: Fact or fiction? *Psychological Bulletin, 82*(2), 213-225. Miller, D. T. (1976). Ego involvement and attributions for success and failure. *Journal of Personality and Social Psychology, 34*(5), 901-906. Mezulis, A. H., Abramson, L. Y., Hyde, J. S., y Hankin, B. L. (2004). Is there a universal positivity bias in attributions? A meta-analytic review of individual, developmental, and cultural differences in the self-serving attributional bias. *Psychological bulletin, 130*(5), 711-747.

10. Wen, S. (2018). The effect of result publicity on self-serving attributional bias: a social comparison perspective. *Frontiers of Business Research in China, 12*(7).

11. Ross, L., y Ward, A. (1996). Naive realism in everyday life: Implications for social conflict and misunderstanding. En: Brown, T., Reed, E. S., y Turiel, E. (Eds.). *Values and Knowledge.* Erlbaum. (pp. 103-135). Ross, L., Lepper, M., y Ward, A. (2010). History of Social Psychology: Insights, challenges, and contributions to theory and application. En: Fiske, S. T., Gilbert, D. T., y Lindzey, G. (Eds.). *Handbook of social psychology, quinta edición*. John Wiley (pp. 3-50).

12. Katz, D., y Braly, K. W. (1935). Racial prejudice and racial stereotypes. *The Journal of Abnormal and Social Psychology, 30*(2), 175-193. Gilbert, G. M. (1951). Stereotype persistence and change among college students. *The Journal of Abnormal and Social Psychology, 46*(2), 245-254. Karlins, M., Coffman, T. L., y Walters, G. (1969). On the fading of social stereotypes: Studies in three generations of college students. *Journal of Personality and Social Psychology, 13*(1), 1-16.

13. Gazzaniga, M. S. (1995). Consciousness and the cerebral hemispheres. En: Gazzaniga, M. S. (Ed.). *The cognitive neurosciences.* The MIT Press. (pp. 1391–1400).

14. El trabajo original de Benjamin Libet acerca del libre albedrío [Libet, B., Gleason, C. A., Wright, E. W., y Pearl, D. K. (1983). Time of conscious intention to act in relation to onset of cerebral activity (readiness-potential). The unconscious initiation of a freely voluntary act. *Brain: a journal of neurology, 106 (Pt 3)*, 623-642. Libet, B. (1985). Unconscious cerebral initiative and the role of conscious will in voluntary action. *Behavioral and Brain Sciences, 8*(4), 529-566.] vio su continuidad en la figura de Patrick Haggard del Instituto de Neurociencia Cognitiva de la Universidad

de Londres [Haggard, P., y Eimer, M. (1999). On the relation between brain potentials and the awareness of voluntary movements. *Experimental brain research, 126*(1), 128-133. Haggard, P., Clark, S., y Kalogeras, J. (2002). Voluntary action and conscious awareness. *Nature Neuroscience*, 5(4), 382-385. Haggard P. (2008). Human volition: towards a neuroscience of will. Nature reviews. *Neuroscience, 9*(12), 934-946.], John-Dylan Haynes del Instituto Max Planck de Ciencias Cognitivas y Neurología de Leipzig [Soon, C. S., Brass, M., Heinze, H.-J., y Haynes, J.-D. (2008). Unconscious determinants of free decisions in the human brain. *Nature Neuroscience*, 11(5), 543-545.] y otros avispados investigadores [Fried, I., Mukamel, R., y Kreiman, G. (2011). Internally generated preactivation of single neurons in human medial frontal cortex predicts volition. *Neuron, 69*(3), 548-562. Schurger, A., Sitt, J. D., y Dehaene, S. (2012). An accumulator model for spontaneous neural activity prior to self-initiated movement. *Proceedings of the National Academy of Sciences of the United States of America, 109*(42), E2904-E2913. Bode, S., He, A. H., Soon, C. S., Trampel, R., Turner, R., y Haynes, J. D. (2011). Tracking the unconscious generation of free decisions using ultra-high field fMRI. *PloS one, 6*(6), e21612.].

15. Soon, C. S., Brass, M., Heinze, H.-J., y Haynes, J.-D. (2008). Unconscious determinants of free decisions in the human brain. *Nature Neuroscience, 11*(5), 543-545. Bode, S., He, A. H., Soon, C. S., Trampel, R., Turner, R., y Haynes, J.-D. (2011). Tracking the Unconscious Generation of Free Decisions Using Ultra-High Field fMRI. *PLoS ONE, 6*(6), e21612.

16. Las investigaciones clásicas acerca de la percepción y atribución de la causa [Kelley, H. H. (1972). Causal schemata and the attribution process. En: Jones, E. E., Kanouse, E. D., Kelley, H. H., Nisbett, E. R., Valins, S., y Weines, B. (Eds.). *Attribution: Perceiving the Causes of Behavior.* General Learning Press (pp. 151-174). Einhorn, H. J., y Hogarth, R. M. (1986). Judging probable cause. *Psychol. Bull. 99*, 3-19. Gilbert, D. T. (1995). Attribution and interpersonal perception. En: Tesse, A. (Eds.). *Advanced Social Psychology.* McGraw-Hill (pp. 98-147). McClure, J. (1998). Discounting causes of behavior: are two reasons better than one? *J. Pers. Soc. Psychol.* 74, 7-20.] dieron lugar a la teoría de la causalidad mental aparente. [Wegner, D. M., y Wheatley, T. P. (1999). Apparent mental causation: sources of the experience of will. *Am. Psychol. 54*, 480-492.].

17. Wegner, D. M. (2003). The mind's best trick: how we experience conscious will. *Trends in Cognitive Sciences, 7*(2), 65-69.

18. Wegner, D. M., y Wheatley, T. (1999). Apparent mental causation. Sources of the experience of will. *The American psychologist, 54*(7), 480-492.

19. Wegner, D. M. (2003). The mind's best trick: how we experience conscious will. *Trends in Cognitive Sciences, 7*(2), 65-69.

20. Wegner, D. M. (2003). The mind's best trick: how we experience conscious will. *Trends in Cognitive Sciences, 7*(2), 65-69. Haggard, P. (2005). Conscious intention and motor cognition. *Trends in Cognitive Sciences, 9*(6), 290-295.

21. Nota del traductor —el cual no existe—. «Me siento Flex» fue el eslogan de una conocida marca de colchones en la década de los noventa. Una expresión que solo conocerás si eres como mínimo un cuarentón y viviste en España.

22. Medvec, V. H., Madey, S. F., y Gilovich, T. (1995). When less is more: Counterfactual thinking and satisfaction among Olympic medalists. *Journal of Personality and Social Psychology, 69*(4), 603-610.

23. Para ponerse al día acerca del pensamiento contrafactual [Epstude, K., y Roese, N. J. (2008). The functional theory of counterfactual thinking. *Personality and Social Psychology Review, 12*(2), 168-192.].

24. La idea «Moneda como proceso aleatorio» no es del todo cierta. El 51 % de las veces el metal aterriza tal y como comienza su viaje, pues el resultado depende del ángulo entre la normal y el vector de su momento angular —algo que sabemos gracias a fotografías de alta velocidad [Diaconis, P., Holmes, S., y Montgomery, R. (2007). Dynamical Bias in the Coin Toss. *SIAM Review, 49*(2), 211-235.]—. Lanzar una moneda, más que un proceso azaroso, es física en estado puro.

25. En realidad, no existe una región cerebral para el Sistema 1 y otra para el Sistema 2. Ambos utilizan las mismas redes neuronales [Kruglanski, A. W., y Gigerenzer, G. (2011). Intuitive and deliberate judgments are based on common principles. *Psychological Review, 118*(1), 97-109. Mega, L. F., Gigerenzer, G., y Volz, K. G. (2015). Do intuitive and deliberate judgments rely on two distinct neural systems? A case study in face processing. *Frontiers in Human Neuroscience, 9.*]. En la práctica, la única diferencia es que el pensamiento intuitivo del Sistema 1 genera más activación en regiones asociadas al procesamiento no consciente —corteza orbitofrontal medial o la ínsula anterior [Mega, L. F., Gigerenzer, G., y Volz, K. G. (2015). Do intuitive and deliberate judgments rely on two distinct neural systems? A case study in face processing. *Frontiers in Human Neuroscience, 9.*]—. Después de todo, el pensamiento humano cuenta con dos características operativas —la sensación de voluntad y el nivel de consciencia [Keren, G., y Schul, Y. (2009). Two Is Not Always Better Than One: A Critical Evaluation of Two-System Theories. *Perspectives on psychological science: a journal of the Association for Psychological Science, 4*(6), 533-550. Kruglanski, A. W., y Gigerenzer, G. (2011). Intuitive and deliberate judgments are based on common principles. *Psychological review, 118*(1), 97-109.]—, las cuales hacen que pensar y razonar parezcan dos cosas distintas. Pero no lo son.

Bajo el paraguas de la teoría del cerebro predictivo [Bubic. (2010). Prediction, cognition and the brain. *Frontiers in Human Neuroscience, 4*(25), 1-15. Friston, K. J., y Stephan, K. E. (2007). *Free-energy and the brain. Synthese, 159*(3), 417-458.], aquello que diferencia al Sistema 1 y al 2 es el número de veces que el sistema nervioso corrige una predicción. De este modo, en el pensamiento intuitivo las predicciones apenas se corrigen y en el razonamiento las predicciones se ajustan una y otra vez a partir del error de predicción.

En la actualidad, más y más grupos de investigación apuestan por un modelo unificado del pensamiento [Gonzalez, C., Dana, J., Koshino, H., y Just, M. (2005). The framing effect and risky decisions: Examining cognitive functions with fMRI. *Journal of Economic Psychology, 26*(1), 1-20. Kruglanski, A. W., Chen, X., Pierro, A., Mannetti, L., Erb, H.-P., y Spiegel, S. (2006). Persuasion According to the Unimodel: Implications for Cancer Communication. *Journal of Communication, 56*(suppl_1), S105-S122. O'Keefe, D. J., y Jensen, J. D. (2007). The relative persuasiveness of gain-framed and loss-framed messages for encouraging disease prevention behaviors: a meta-analytic review. *Journal of Health Communication, 12*(7), 623-644. Kühberger, A., y Tanner, C. (2009). Risky choice framing: Task versions and a comparison of prospect theory and fuzzy-trace theory. *Journal of Behavioral Decision Making, 23*(3), 314-329. Reyna, V. F., y Brainerd, C. J. (2011). Dual Processes in Decision Making and Developmental Neuroscience: A Fuzzy-Trace Model. *Developmental Review: DR, 31*(2-3), 180-206. Wright, N. D., Symmonds, M., Hodgson, K., Fitzgerald, T. H., Crawford, B., y Dolan, R. J. (2012). Approach-avoidance processes contribute to dissociable impacts of risk and loss on choice. *The Journal of Neuroscience, 32*(20), 7009-7020. Dijkstra, K. A., Van der Pligt, J., Van Kleef, G. A., y Kerstholt, J. H. (2012). Deliberation versus intuition: Global versus local processing in judgment and choice. *Journal of Experimental Social Psychology, 48*(5), 1156-1161. Dijkstra, K. A., Van der Pligt, J., y Van Kleef, G. A. (2013). Effects of processing style on responsiveness to affective stimuli and processing fluency. *Cognition and Emotion, 28*(6), 959-970. Voss, R. P., Jr, Corser, R., McCormick, M., y Jasper, J. D. (2018). Influencing health decision-making: A study of colour and message framing. *Psychology & health, 33*(7), 941-954.]. El mismísimo Daniel Kahneman ya lo sospechaba al confesar en su bestseller: «Los Sistemas 1 y 2 no son sistemas en el sentido corriente de entidades con aspectos o partes que interaccionan. Y no hay una sola zona del cerebro que cada uno de los sistemas pueda llamar su hogar [Kahneman, D. (2011). *Pensar rápido, pensar despacio*. Debolsillo (pp. 46-47).]. En último término, ambos sistemas comparten arquitectura, sesgos, reglas. Ambos conforman al intérprete y beben tanto de la memoria asociativa como del detector de incoherencias.

26. Kahneman, D., y Frederick, S. (2002). Representativeness revisited: Attribute substitution in intuitive judgment. En: Gilovich, T., Griffin, D., y Kahn, D. (Eds.). *Heuristics and biases: The Psychology of Intuitive Judgment*. Cambridge University Press. (pp. 49-81). Kahneman, D., Knetsch, J. L., y Thaler, R. H. (1991). Anomalies: The endowment effect, loss aversion, and status quo bias. *The Journal of Economic Perspectives, 5*, 193-206. Kahneman, D., y Tversky, A. (1982). Judgments of and by representativeness. En: Kahneman, D., Slovic, P., y Tversky, A. (Eds.). *Judgment under uncertainty: Heuristics and biases*. Cambridge University Press. (pp. 84-98). Kahneman, D., y Tversky, A. (1982). The simulation heuristic. En: Kahneman, D., Slovic, P., y Tversky, A. (Eds.). *Judgment under uncertainty: Heuristics and biases*. Cambridge University Press. (pp. 201-208).

27. Si vemos una palabra la leeremos (Sistema 1) a no ser que nuestro Sistema 2 esté totalmente concentrado en una tarea [Lavie, N. (2010). Attention, Distraction, and Cognitive Control Under Load. *Current Directions in Psychological Science, 19*(3), 143-148.].

28. Lieberman, M. D., Gaunt, R., Gilbert, D. T., y Trope, Y. (2002). Reflexion and reflection: A social cognitive neuroscience approach to attributional inference. En: Zanna, M. P. (Ed.). *Advances in experimental social psychology*, vol. 34. Academic Press. (pp. 199-249). Morewedge, C. K., y Kahneman, D. (2010). Associative processes in intuitive judgment. *Trends in Cognitive Sciences, 14*(10), 435-440.

29. Alvarez, J. A., y Emory, E. (2006). Executive Function and the Frontal Lobes: A Meta-Analytic Review. *Neuropsychology Review, 16*(1), 17-42.

30. Kahneman, D. (2011). *Pensar rápido, pensar despacio.* Debolsillo.

31. Bolte, A., Goschke, T., y Kuhl, J. (2003). Emotion and Intuition. *Psychological Science, 14*(5), 416-421.

32. Schooler, L. J., y Hertwig, R. (2005). How forgetting aids heuristic inference. *Psychological Review, 112*, 610-628. Gigerenzer, G., y Goldstein, D. G. (1996). Reasoning the fast and frugal way: Models of bounded rationality. *Psychological Review, 103*, 650-669.

33. MacLeod, C. M. (2015). The Stroop Effect. *Encyclopedia of Color Science and Technology*, 1-6.

34. Knapmeyer-Endrun, B., Panning, M. P., Bissig, F., Joshi, R., Khan, A., Kim, D., Lekić, V., Tauzin, B., Tharimena, S., Plasman, M., Compaire, N., Garcia, R. F., Margerin, L., Schimmel, M., Stutzmann, É., Schmerr, N., Bozdağ, E., Plesa, A. C., Wieczorek, M. A., Broquet, A., … Banerdt, W. B. (2021). Thickness and structure of the martian crust from InSight seismic data. *Science (New York, N.Y.), 373*(6553), 438-443. Khan, A., Ceylan, S., Van Driel, M., Giardini, D., Lognonné, P., Samuel, H., Schmerr, N. C., Stähler, S. C., Duran, A. C., Huang, Q., Kim, D., Broquet, A., Charalambous, C., Clinton, J. F., Davis, P. M., Drilleau, M., Karakostas, F., Lekic, V., McLennan, S. M., Maguire, R. R., … Banerdt, W. B. (2021). Upper mantle structure of Mars from InSight seismic data. *Science (New York, N.Y.), 373*(6553), 434-438. Stähler, S. C., Khan, A., Banerdt, W. B., Lognonné, P., Giardini, D., Ceylan, S., Drilleau, M., Duran, A. C., Garcia, R. F., Huang, Q., Kim, D., Lekic, V., Samuel, H., Schimmel, M., Schmerr, N., Sollberger, D., Stutzmann, É., Xu, Z., Antonangeli, D., Charalambous, C., … Smrekar, S. E. (2021). Seismic detection of the martian core. *Science (New York, N.Y.), 373*(6553), 443-448.

35. Los detalles del algoritmo AlphaFold de Google capaz de simular el plegamiento proteico en: Tunyasuvunakool, K., Adler, J., Wu, Z., Green, T., Zielinski, M., Žídek, A., … Hassabis, D. (2021). Highly accurate protein structure prediction for the human proteome. *Nature, 596*(7873), 590-596. Curiosamente, en el mismo año se publicó el algoritmo RoseTTA Fold en la revista *Science* que hace algo muy similar. [Baek, M., DiMaio, F., Anishchenko, I., Dauparas, J., Ovchinnikov, S., Lee, G. R.,

Wang, J., Cong, Q., Kinch, L. N., Schaeffer, R. D., Millán, C., Park, H., Adams, C., Glassman, C. R., DeGiovanni, A., Pereira, J. H., Rodrigues, A. V., Van Dijk, A. A., Ebrecht, A. C., Opperman, D. J., ... Baker, D. (2021). Accurate prediction of protein structures and interactions using a three-track neural network. *Science (New York, N.Y.), 373*(6557), 871-876.].

36. Erickson, T. A., y Mattson, M. E. (1981). From words to meaning: A semantic illusion. *Journal of Verbal Learning and Verbal Behavior, 20*, 540-552.

37. Cantor, A. D., y Marsh, E. J. (2016). Expertise effects in the Moses illusion: detecting contradictions with stored knowledge. *Memory, 25*(2), 220-230.

38. Morewedge, C. K., y Kahneman, D. (2010). Associative processes in intuitive judgment. *Trends in Cognitive Sciences, 14*(10), 435-440.

39. La ilusión de Moisés nos enseña que el mundo que vemos, más que una rigurosa operación de coincidencia, es el resultado de una fantasía heurística capaz de encontrar respuestas simples a preguntas difíciles utilizando la familiaridad [Park, H., y Reder, L. M. (2003). Moses illusion. En: Pohl, R. F. (Ed.). *Cognitive illusions*. Psychology Press. (p. 283).].

40. Ilg, R., Vogeley, K., Goschke, T., Bolte, A., Shah, J. N., Pöppel, E., y Fink, G. R. (2007). Neural processes underlying intuitive coherence judgments as revealed by fMRI on a semantic judgment task. *NeuroImage, 38*(1), 228-238.

41. Carpenter, G., y Grossberg, S. (1995). A neural network architecture for autonomous learning, recognition, and prediction in a nonstationary world. En: Zornetzer, S. F., Davis, J. L., y McKenna, T. (Eds.). *An introduction to neural and electronic networks, segunda edición*, (pp. 465-482). Academic Press, Inc. Metcalfe, J., Schwartz, B. L., y Joaquim, S. G. (1993). The cue-familiarity heuristic in metacognition. *Journal of Experimental Psychology: Learning, Memory, and Cognition, 19*, 851-864. Park, H., y Reder, L. M. (2003). Moses illusion. En: Pohl, R. F. (Ed.). *Cognitive illusions*. Psychology Press. (pp. 275-292).

42. Hagoort, P., y Van Berkum, J. (2007). Beyond the sentence given. Philosophical transactions of the Royal Society of London. *Series B, Biological sciences, 362*(1481), 801-811.

43. Carpenter, G., y Grossberg, S. (1995). A neural network architecture for autonomous learning, recognition, and prediction in a nonstationary world. En: Zornetzer, S. F., Davis, J. L., Lau, C., y McKenna, T. (Ed.). *An introduction to neural and electronic networks, segunda edición*, Academic Press, Inc. (pp. 465-482). Reder, L. M. (1987). Strategy selection in question answering. *Congnitive Psychology, 19*, 90-138. Reder, L. M. (1988). Strategic control of retrieval strategies. En: Bower, G. (Ed.). *The psychology of learning and motivation*, vol. 22. Academic Press. Metcalfe, J., Schwartz, B. L., y Joaquim, S. G. (1993). The cue-familiarity heuristic in metacognition. *Journal of Experimental Psychology: Learning, Memory, and Cognition, 19*, 851-864. Park, H., y Reder, L. M. (2003). Moses illusion. En: Pohl, R. F. (Ed.). *Cognitive illusions*. Psychology Press. (pp. 275-292).

44. La tecnología no solo ha dado un giro de ciento ochenta grados a las relaciones humanas sino que, literalmente, el cerebro la está utilizando como una extensión de sí mismo. Un gran ejemplo es el acceso a la información y a la memoria. Por un lado, la cantidad de datos que podemos encontrar en la red es infinitamente superior al que un ser humano promedio puede recordar. El cerebro humano, veterano en temas evolutivos, utiliza los recursos de internet como si fueran propios, dando lugar a un nuevo tipo de memoria: la memoria transactiva [Wegner, D. M. (1986). Transactive memory: A contemporary analysis of the group mind. En: Mullen, B., y Goethals, G. R. (Eds.). *Theories of group behavior*. Springer Verlag. (pp. 185-208). Wegner, D. M. (1995). A computer network model of human transactive memory. *Social cognition, 13*, 319-339. Wegner, D. M., Erber, R., y Raymond, P. (1991). Transactive memory in close relationships. *Journal of Personality and Social Psychology, 61*, 923-929.]. De este modo, cuando la búsqueda de información del Sistema 2 termina en Google [Sparrow, B., Liu, J., y Wegner, D. M. (2011). Google Effects on Memory: Cognitive Consequences of Having Information at Our Fingertips. *Science, 333*(6043), 776-778.], no solo la cantidad de información accesible se dispara, sino también el costo temporal y energético. A la tradicional búsqueda del Sistema 2 hay que sumarle desbloquear el celular, abrir el navegador, introducir palabras clave y pasar horas leyendo ideas de otros cerebros sesgados hasta que la cabeza diga «¡Basta!». Durante el proceso de selección de información en la red, el sesgo de confirmación [Nickerson, R. S. (1998). Confirmation bias: A ubiquitous phenomenon in many guises. *Review of General Psychology, 2*(2), 175-220.] juega un papel protagonista, impulsándonos a quedarnos con aquella información que ratifica nuestra forma de ver el mundo y desechando el resto.

45. Van Berkum, J. J., Zwitserlood, P., Hagoort, P., y Brown, C. M. (2003). When and how do listeners relate a sentence to the wider discourse? Evidence from the N400 effect. Brain research. *Cognitive brain research, 17*(3), 701-718.

46. Coles, M. G. H., y Rugg, M. D. (1995). Event-related brain potentials: An introduction. En: Rugg, M. D., y Coles, M. G. H. (Eds.). *Electrophysiology of mind: Event-related brain potentials and cognition*. Oxford University Press. (pp. 1-26).

47. Este experimento de tríadas podría ser perfectamente, además de una de las herramientas más extendidas para investigar la coherencia neuronal [Mednick, S. A. (1962). The associative basis of the creative process. *Psychological review, 69*, 220-232. Bowers, K. S., Regehr, G., Balthazard, C., y Parker, K. (1990). Intuition in the context of discovery. *Cognitive Psychology, 22*, 72-110. Bolte, A., y Goschke, T. (2005). On the speed of intuition: intuitive judgments of semantic coherence under different response deadlines. *Memory & cognition, 33*(7), 1248-1255. Topolinski, S., y Strack, F. (2009). The architecture of intuition: Fluency and affect determine intuitive judgments of semantic and visual coherence and judgments of grammaticality in artificial grammar learning. *Journal of Experimental Psychology: General, 138*(1), 39-63.], una prueba del Party and Co o cualquier otro juego de mesa. Las

reglas son fáciles. Se trata de encontrar, dada una tríada de palabras, aquella palabra solución que es coherente con cada uno de los términos por separado. Ante la tríada CABRA-ESCALAR-SENDERO el Sistema 1 podría proponer la palabra solución MONTAÑA o, en su defecto, quedarse como conejo lampareado de un coche ante la tríada PÁJARO-TUBERÍA-LÁMPARA [Bowers, K. S., Regehr, G., Balthazard, C., y Parker, K. (1990). Intuition in the context of discovery. *Cognitive Psychology, 22*(1), 72110.]. ¿Más o menos? La idea es quedarse con la respuesta intuitiva. Con la respuesta del Sistema 1. Toma un lápiz… ¡Y a jugar!

1
SAL PROFUNDO ESPUMA
____

2
CONEJO NUBE CASA
____

3
SUEÑO PELOTA LIBRO
____

4
BARRIL CEREAL BARRIGA
____

5
DEDO HABLAR GUSANO
____

6
ROTO TRANSPARENTE OJO
____

Una característica del detector de incoherencias es la ultravelocidad. Echando mano de una artimaña neuronal a la altura de la sensación de voluntad, el cerebro ya sabe si una tríada es coherente mucho antes de que aparezca en la mente —o no— una palabra solución: Bowers, K. S., Regehr, G., Balthazard, C., y Parker, K. (1990). Intuition in the context of discovery. *Cognitive Psychology, 22*, 72-110. Baumann, N., y Kuhl, J. (2002). Intuition, affect, and personality: Unconscious coherence judgments and self-regulation of negative affect. *Journal of Personality and Social Psychology, 83*, 1213-1223. Bolte, A., Goschke, T., y Kuhl, J. (2003). Emotion and intuition: Effects of positive and negative mood on implicit judgments of semantic coherence. *Psychological Science, 14*, 416-421. Topolinski, S., y Strack, F. (2009). The architecture of intuition: Fluency and affect determine intuitive judgments of semantic and visual coherence and judgments of grammaticality in artificial grammar learning. *Journal of experimental psychology: General, 138*(1), 39-63. En los casos tres y cinco sin ir más lejos, el detector de incoherencias salta 150 milisegundos después de que el tren de palabras se adentre en el nervio óptico [Hagoort, P., y Van Berkum, J. (2007). Beyond the sentence given. Philosophical *Transactions of the Royal Society B: Biological Sciences, 362*(1481), 801-811.]. Esto es menos de lo que dura un parpadeo. En cambio, allí donde reina la coherencia («mar» en la primera tríada, «blanca» en la segunda, «cerveza» en la cuarta y «cristal» en la sexta), el Sistema 1 no teje su historia hasta transcurridos dos segundos como mínimo [Epstein, S. (2008). Intuition from the perspective of cognitive-experiential self-theory. En: Plessner, H., Betsch, C., y Betsel, T. (Eds.). *Intuition in judgment and decision making*. Lawrence Erlbaum Associates Publishers. (pp. 23-37). Bolte, A., y Goschke, T. (2005). On the speed of intuition: Intuitive judgments of semantic coherence under different response deadlines. *Memory & Cognition, 33*(7), 1248-1255.]. La coherencia es la chispa que prende la mecha del pensamiento.

48. Hagoort, P., y Van Berkum, J. (2007). Beyond the sentence given. *Philosophical Transactions of the Royal Society B: Biological Sciences, 362*(1481), 801-811.

49. Kahneman, D. (2011). *Pensar rápido, pensar despacio*. Debolsillo. (pp. 165-166).

50. Tversky, A., y Kahneman, D. (1974). Judgment under uncertainty: Heuristics and biases. *Science, 185*, 1124-1130. Mussweiler, T., y Strack, F. (2000). The use of category and exemplar knowledge in the solution of anchoring tasks. *Journal of Personality and Social Psychology, 78*(6), 1038-1052.

51. Morewedge, C. K., y Kahneman, D. (2010). Associative processes in intuitive judgment. *Trends in Cognitive Sciences, 14*(10), 435-440.

52. En el texto no quería echar más leña al fuego. Pero no podía dejar pasar la ocasión de presentarte la idea de «facilidad cognitiva» o *fluency*, que es la historia de cómo un pensamiento puede favorecer conexiones en la memoria asociativa. El experimento de las marcas de coches en: Mussweiler, T., y Strack, F. (2000). The use of category and exemplar knowledge in the solution of anchoring tasks. *Journal of personality and social psychology, 78*(6), 1038-1052.

Capítulo 7. Lady GABA y el dilema de usar o tirar

1. Walsh, C. A. (2013). Peter Huttenlocher (1931-2013). *Nature, 502*(7470), 172-172.

2. Sakai, J. (2020). Core Concept: How synaptic pruning shapes neural wiring during development and, possibly, in disease. *Proceedings of the National Academy of Sciences of the United States of America, 117*(28), 16096–16099.

3. Huttenlocher, P. R. (1979). Synaptic density in human frontal cortex - developmental changes and effects of aging. *Brain research, 163*(2), 195-205.

4. Aghanim, N., Akrami, Y., Ashdown, M., Aumont, J., Baccigalupi, C., Ballardini, M., Banday, A. J., Barreiro, R. B., Bartolo, N., Basak, S., Battye, R., Benabed, K.,

Bernard, J.-P., Bersanelli, M., Bielewicz, P., Bock, J. J., Bond, J. R., Borrill, J., … Zonca, A. (2020). Planck 2018 results. *Astronomy & Astrophysics, 641*, A6.

5. Drachman, D. A. (2005). Do we have brain to spare? *Neurology, 64*(12), 2004-2005. Yang, J.-T., Ge, C., Du, J.-Y., Huang, H.-Y., He, M., Wang, C., … Jin, K.-J. (2018). Artificial Synapses Emulated by an Electrolyte-Gated Tungsten-Oxide Transistor. *Advanced Materials, 30*(34).

6. Drachman, D. A. (2005). Do we have brain to spare? *Neurology, 64*(12), 2004-2005.

7. Huttenlocher, P. R. (1979). Synaptic density in human frontal cortex - developmental changes and effects of aging. *Brain research, 163*(2), 195-205.

8. Las «ventanas de oportunidad» son también conocidas como «períodos sensitivos» o «períodos críticos»: Bischof, H.-J. (2007). Behavioral and neuronal aspects of developmental sensitive periods. *NeuroReport, 18*(5), 461-465.

9. Zacharopoulos, G., Sella, F., Cohen Kadosh, K., Hartwright, C., Emir, U., Cohen Kadosh, R. (2021). Predicting learning and achievement using GABA and glutamate concentrations in human development. *PLoS Biol 19*(7): e3001325.] o los idiomas Todo apunta a que si aprendemos un segundo idioma durante la infancia pasaremos desapercibidos como «hablantes nativos», mientras que si aprendemos el mismo idioma de adultos tendremos más acento que Antonio Banderas y nuestros errores gramaticales serán más difíciles de corregir [Hartshorne, J. K., Tenenbaum, J. B., y Pinker, S. (2018). A critical period for second language acquisition: Evidence from 2/3 million English speakers. *Cognition, 177*, 263-277.]. De ahí que exista una ventana de oportunidad para la gramática [Pulvermüller, F. (2010). Brain embodiment of syntax and grammar: Discrete combinatorial mechanisms spelt out in neuronal circuits. *Brain and Language, 112*(3), 167-179.] que se cierra a los diecisiete años aproximadamente. Hartshorne, J. K., Tenenbaum, J. B., y Pinker, S. (2018). A critical period for second language acquisition: Evidence from 2/3 million English speakers. *Cognition, 177*, 263-277.

10. Knudsen, E. I. (2004). Sensitive periods in the development of the brain and behavior. *Journal of Cognitive Neuroscience, 16*(8), 1412-1425. Kral, A., y Eggermont, J. J. (2007). What's to lose and what's to learn: development under auditory deprivation, cochlear implants and limits of cortical plasticity. *Brain research reviews, 56*(1), 259-269. Bischof, H. J. (2007). Behavioral and neuronal aspects of developmental sensitive periods. *Neuroreport, 18*(5), 461-465. Penhune, V. B. (2011). Sensitive periods in human development: evidence from musical training. *Cortex; a journal devoted to the study of the nervous system and behavior, 47*(9), 1126-1137.

11. Hirtz, P., y Starosta, W. (2002). Sensitive and critical periods of motor co-ordination development and its relation to motor learning. J. *Human Kinetics 7*, 19-28. Di Cagno, A., Battaglia, C., Fiorilli, G., Piazza, M., Giombini, A., Fagnani, F., Borrione, P., Calcagno, G., y Pigozzi, F. (2014). Motor Learning as Young Gymnast's Talent Indicator. *Journal of sports science & medicine, 13*(4), 767-773. Musalek, M.

(2015). Skilled performance tests and their use in diagnosing handedness and footedness at children of lower school age 8-10. *Frontiers in psychology, 5*, 1513.

12. Hubel, D. H., y Wiesel, T. N. (1970). The period of susceptibility to the physiological effects of unilateral eye closure in kittens. The Journal of physiology, 206(2), 419-436. Dahmen, J. C., y King, A. J. (2007). Learning to hear: plasticity of auditory cortical processing. Current opinion in neurobiology, 17(4), 456-464.]. Alcauter, S., Lin, W., Keith Smith, J., Gilmore, J. H., y Gao, W. (2015). Consistent anterior-posterior segregation of the insula during the first 2 years of life. *Cerebral cortex (New York, N.Y.: 1991), 25*(5), 1176-1187.]

13. Rovee-Collier, C., y Cuevas, K. (2009). The development of infant memory. En: Courage, M. L., y Cowan, N. (Eds.). *The development of memory in infancy and childhood.* Psychology Press. (pp. 11-41). Más historias acerca de los sistemas amigdalianos e hipocampales en: Alberini, C. M., y Travaglia, A. (2017). Infantile Amnesia: A Critical Period of Learning to Learn and Remember. *The Journal of neuroscience: the official journal of the Society for Neuroscience, 37*(24), 5783-5795.

14. Cleeremans, A., Destrebecqz, A., y Boyer, M. (1998). Implicit learning: news from the front. *Trends in cognitive sciences, 2*(10), 406-416. Frensch, P. A., y Rünger, D. (2003). Implicit Learning. *Current Directions in Psychological Science, 12*(1), 13-18.

15. Roeder, J. L., Maddox, W. T., y Filoteo, J. V. (2017). The Neuropsychology of Perceptual Category Learning. *Handbook of Categorization in Cognitive Science*, 189-225.

16. Chau, L. S., y Galvez, R. (2012). Amygdala's involvement in facilitating associative learning-induced plasticity: a promiscuous role for the amygdala in memory acquisition. *Frontiers in integrative neuroscience, 6*, 92.]

17. Lukaszewska, I., Korczyński, R., Markowska, A., y Kostarczyk, E. (1980). Emotionality and exploratory behavior following cortico-basomedial amygdala lesion in rat. *Acta neurobiologiae experimentalis, 40*(6), 911-932. Rosen, J. B., y Davis, M. (1988). Temporal characteristics of enhancement of startle by stimulation of the amygdala. *Physiology & behavior, 44*(1), 117-123. Cahill, L., y McGaugh, J. L. (1995). A novel demonstration of enhanced memory associated with emotional arousal. *Consciousness and cognition, 4*(4), 410-421. Costafreda, S. G., Brammer, M. J., David, A. S., y Fu, C. H. (2008). Predictors of amygdala activation during the processing of emotional stimuli: a meta-analysis of 385 PET and fMRI studies. *Brain research reviews, 58*(1), 57-70. Adolphs, R., Tranel, D., Damasio, H., y Damasio, A. R. (1995). Fear and the human amygdala. *The Journal of neuroscience: the official journal of the Society for Neuroscience, 15*(9), 5879-5891.

18. Roeder, J. L., Maddox, W. T., y Filoteo, J. V. (2017). The Neuropsychology of Perceptual Category Learning. *Handbook of Categorization in Cognitive Science*, 189-225.

19. Rueda, M. R., Posner, M. I. y Rothbart, M. K. (2004). En *Handbook of Self-Regulation: Research, Theory, and Applications*, Baumeister, R. F. y Vohs, K.

(Eds.). Guilford. (pp. 283-300). Rueda, M. R., Fan, J., McCandliss, B. D., Halparin, J. D., Gruber, D. B., Lercari, L. P., y Posner, M. I. (2004). Development of attentional networks in childhood. *Neuropsychologia, 42*(8), 1029-1040.

20. En realidad, algunas funciones cognitivas superiores seguirán madurando hasta los treinta: Werker, J. F., y Hensch, T. K. (2015). Critical periods in speech perception: new directions. *Annual review of psychology, 66*, 173-196.

21. Pujol, J., Blanco-Hinojo, L., Macia, D., Martínez-Vilavella, G., Deus, J., Pérez-Sola, V., Cardoner, N., Soriano-Mas, C., y Sunyer, J. (2021). Differences between the child and adult brain in the local functional structure of the cerebral cortex. *NeuroImage, 237*, 118150. Sherman, L. E., Rudie, J. D., Pfeifer, J. H., Masten, C. L., McNealy, K., y Dapretto, M. (2014). Development of the Default Mode and Central Executive Networks across early adolescence: A longitudinal study. *Developmental Cognitive Neuroscience, 10*, 148-159.

22. Un estudio animal: Shionoya, K., Moriceau, S., Lunday, L., Miner, C., Roth, T. L., y Sullivan, R. M. (2006). Development switch in neural circuitry underlying odor-malaise learning. *Learning & memory (Cold Spring Harbor, N.Y.), 13*(6), 801-808.

23. Bouwmeester, H., Wolterink, G., y Van Ree, J. M. (2002). Neonatal development of projections from the basolateral amygdala to prefrontal, striatal, and thalamic structures in the rat. *The Journal of Comparative Neurology, 442*(3), 239-249. Moriceau, S., Wilson, D. A., Levine, S., y Sullivan, R. M. (2006). Dual circuitry for odor-shock conditioning during infancy: corticosterone switches between fear and attraction via amygdala. *The Journal of neuroscience: the official journal of the Society for Neuroscience, 26*(25), 6737-6748.

24. Solé-Padullés, C., Castro-Fornieles, J., de la Serna, E., Calvo, R., Baeza, I., Moya, J., Lázaro, L., Rosa, M., Bargalló, N., y Sugranyes, G. (2016). Intrinsic connectivity networks from childhood to late adolescence: Effects of age and sex. *Developmental Cognitive Neuroscience, 17*, 35-44.

25. Pujol, J., Blanco-Hinojo, L., Macia, D., Martínez-Vilavella, G., Deus, J., Pérez-Sola, V., Cardoner, N., Soriano-Mas, C., y Sunyer, J. (2021). Differences between the child and adult brain in the local functional structure of the cerebral cortex. *NeuroImage, 237*, 118150.

26. McKenzie, R. (2008). *What's Wrong with Topping Trees?* FNR-FAQ-14-W. Purdue University Cooperative Extension. Purcell, L. (2011). *Tree Installation: Process and Practices*, FNR-433-W. Purdue University Cooperative Extension.

27. Feinberg I. (1982). Schizophrenia: caused by a fault in programmed synaptic elimination during adolescence? *Journal of psychiatric research, 17*(4), 319-334. Tau, G. Z., y Peterson, B. S. (2010). Normal development of brain circuits. *Neuropsychopharmacology, 35*(1), 147-168. Semple, B. D., Blomgren, K., Gimlin, K., Ferriero, D. M., y Noble-Haeusslein, L. J. (2013). Brain development in rodents and humans: Identifying benchmarks of maturation and vulnerability to injury across species. *Pro-*

gress in Neurobiology, 106-107, 1-16. Sakai, J. (2020). Core Concept: How synaptic pruning shapes neural wiring during development and, possibly, in disease. *Proceedings of the National Academy of Sciences of the United States of America, 117*(28), 16096–16099.

28. Sowell, E. R., Thompson, P. M., y Toga, A. W. (2004). Mapping changes in the human cortex throughout the span of life. *Neuroscientist, 10*(4), 372-392. Semple, B. D., Blomgren, K., Gimlin, K., Ferriero, D. M., y Noble-Haeusslein, L. J. (2013). Brain development in rodents and humans: Identifying benchmarks of maturation and vulnerability to injury across species. *Progress in neurobiology, 106-107*, 1-16. Wang, X., Christian, K. M., Song, H., y Ming, G.-L. (2018). Synaptic dysfunction in complex psychiatric disorders: From genetics to mechanisms. *Genome Medicine, 10*(1), 9.

29. Navlakha, S., Barth, A. L., y Bar-Joseph, Z. (2015). Decreasing-Rate Pruning Optimizes the Construction of Efficient and Robust Distributed Networks. *PLOS Computational Biology, 11*(7), e1004347.

30. Sousa, D. A. (2016). *How the Brain Learns*, Corwin Ed. (California), (p. 59).

31. Helliwell, T. R., Wilkinson, A., Griffiths, R. D., McClelland, P., Palmer, T. E., y Bone, J. M. (1998) Muscle fibre atrophy in critically ill patients is associated with the loss of myosin filaments and the presence of lysosomal enzymes and ubiquitin. Neuropathol. *Appl. Neurobiol. 24*, 507-517. Snijders, T., Wall, B. T., Dirks, M. L., Senden, J. M., Hartgens, F., Dolmans, J., Losen, M., Verdijk, L. B., y Van Loon, L. J. (2014) Muscle disuse atrophy is not accompanied by changes in skeletal muscle satellite cell content. *Clin. Sci. 126*, 557-566. Dirks, M. L., Wall, B. T., Van de Valk, B., Holloway, T. M., Holloway, G. P., Chabowski, A., Goossens, G. H., y Van Loon, L. J. (2016). One Week of Bed Rest Leads to Substantial Muscle Atrophy and Induces Whole-Body Insulin Resistance in the Absence of Skeletal Muscle Lipid Accumulation. *Diabetes, 65*(10), 2862-2875.

32. Jiricka, M. K. (2008). Activity Tolerance and Fatigue. *Pathophysiology: Concepts of Altered Health States, octava edición*. International Edition, de Carol Mattson Porth.

33. Smith, J. F., Alexander, G. E., Chen, K., Husain, F. T., Kim, J., Pajor, N., y Horwitz, B. (2010). Imaging systems level consolidation of novel associate memories: A longitudinal neuroimaging study. *NeuroImage, 50*(2), 826-836. Harand, C., Bertran, F., La Joie, R., Landeau, B., Mézenge, F., Desgranges, B., Peigneux, P., Eustache, F., y Rauchs, G. (2012). The Hippocampus Remains Activated over the Long Term for the Retrieval of Truly Episodic Memories. *PLoS ONE, 7*(8), e43495. Zhan, L., Guo, D., Chen, G., y Yang, J. (2018). Effects of Repetition Learning on Associative Recognition Over Time: Role of the Hippocampus and Prefrontal Cortex. *Frontiers in human neuroscience, 12*, 277.

34. Parkinson, A., y McDonagh, M. (2006). Evidence for positive force feedback during involuntary aftercontractions. *Experimental Brain Research, 171*(4), 516-523.

35. Craske, B., y Craske, J. D. (1985). Muscular after-contraction reveals oscillator mechanisms in the human motor apparatus. *Human Movement Science, 4*(4), 249-269. Gurfinkel', V. S., Levik, I., y Lebedev, M. A. (1989). Blizhnie i otdalennye postaktivatsionnye éffekty v dvigatel'noĭ sisteme cheloveka Immediate and remote postactivation effects in the human motor system. *Neirofiziologiia = Neurophysiology, 21*(3), 343-351. Hagbarth, K.-E., y Nordin, M. (1998). Postural after-contractions in man attributed to muscle spindle thixotropy. *The Journal of Physiology, 506*(3), 875-883.

36. Duclos, C., Roll, R., Kavounoudias, A., y Roll, J.-P. (2007). Cerebral correlates of the «Kohnstamm phenomenon»: An fMRI study. *NeuroImage, 34*(2), 774-783. Parkinson, A., y McDonagh, M. (2006). Evidence for positive force feedback during involuntary aftercontractions. *Experimental Brain Research, 171*(4), 516-523.

37. Duclos, C., Roll, R., Kavounoudias, A., y Roll, J. P. (2004). Long-lasting body leanings following neck muscle isometric contractions. *Experimental Brain Research, 158*(1).

38. Duclos, C., Roll, R., Kavounoudias, A., y Roll, J.-P. (2007). Cerebral correlates of the «Kohnstamm phenomenon»: An fMRI study. *NeuroImage, 34*(2), 774-783.

39. Logan, G. D., Schachar, R. J., y Tannock, R. (1997). Impulsivity and Inhibitory Control. *Psychological Science, 8*(1), 60-64. Gagnepain, P., Henson, R. N., y Anderson, M. C. (2014). Suppressing unwanted memories reduces their unconscious influence via targeted cortical inhibition. *Proceedings of the National Academy of Sciences of the United States of America, 111*(13), E1310-E1319. Aron, A. R., Robbins, T. W., y Poldrack, R. A. (2014). Inhibition and the right inferior frontal cortex: one decade on. *Trends in Cognitive Sciences, 18*(4), 177-185.

40. Michael Posner y Steven Petersen llaman a los mecanismos atencionales del control cognitivo «redes de atención dorsal y ventral»: Posner, M. I., y Petersen, S. E. (1990). The attention system of the human brain. *Annual review of neuroscience, 13*, 25-42. Petersen, S. E., y Posner, M. I. (2012). The attention system of the human brain: 20 years after. *Annual review of neuroscience, 35*, 73-89.

41. Scolari, M., Seidl-Rathkopf, K. N., y Kastner, S. (2015). Functions of the human frontoparietal attention network: Evidence from neuroimaging. *Current opinion in behavioral sciences, 1,* 32-39. Dosenbach, N. U., Fair, D. A., Miezin, F. M., Cohen, A. L., Wenger, K. K., Dosenbach, R. A., Fox, M. D., Snyder, A. Z., Vincent, J. L., Raichle, M. E., Schlaggar, B. L., y Petersen, S. E. (2007). Distinct brain networks for adaptive and stable task control in humans. *Proceedings of the National Academy of Sciences of the United States of America, 104*(26), 11073-11078.

42. Depue, B. E., Curran, T., y Banich, M. T. (2007). Prefrontal regions orchestrate suppression of emotional memories via a two-phase process. *Science (New York, N.Y.), 317*(5835), 215-219. Benoit, R. G., y Anderson, M. C. (2012). Opposing mechanisms support the voluntary forgetting of unwanted memories. *Neuron, 76*(2), 450-460. Levy, B. J., y Anderson, M. C. (2012). Purging of memories from conscious

awareness tracked in the human brain. *The Journal of neuroscience: the official journal of the Society for Neuroscience, 32*(47), 16785-16794. Paz-Alonso, P. M., Bunge, S. A., Anderson, M. C., y Ghetti, S. (2013). Strength of Coupling within a mnemonic control network differentiates those who can and cannot suppress memory retrieval. *The Journal of neuroscience: the official journal of the Society for Neuroscience, 33*(11), 5017-5026. Anderson, M. C., y Hanslmayr, S. (2014). Neural mechanisms of motivated forgetting. *Trends in cognitive sciences, 18*(6), 279-292. Depue, B. E., Orr, J. M., Smolker, H. R., Naaz, F., y Banich, M. T. (2016). The Organization of Right Prefrontal Networks Reveals Common Mechanisms of Inhibitory Regulation Across Cognitive, Emotional, and Motor Processes. *Cerebral cortex (New York, N.Y.: 1991), 26*(4), 1634-1646. Castiglione, A., Wagner, J., Anderson, M., y Aron, A. R. (2019). Preventing a Thought from Coming to Mind Elicits Increased Right Frontal Beta Just as Stopping Action Does. *Cerebral cortex (New York, N.Y.: 1991), 29*(5), 2160-2172. Mary, A., Dayan, J., Leone, G., Postel, C., Fraisse, F., Malle, C., Vallée, T., Klein-Peschanski, C., Viader, F., de la Sayette, V., Peschanski, D., Eustache, F., y Gagnepain, P. (2020). Resilience after trauma: The role of memory suppression. *Science (New York, N.Y.), 367*(6479), eaay8477. Anderson, M. C., y Hulbert, J. C. (2020). Active Forgetting: Adaptation of Memory by Prefrontal Control. *Annual Review of Psychology, 72*(1). Apšvalka, D., Ferreira, C. S., Schmitz, T. W., Rowe, J. B., y Anderson, M. C. (2022). Dynamic targeting enables domain-general inhibitory control over action and thought by the prefrontal cortex. *Nature communications, 13*(1), 274.

43. Eugene Roberts. (1999). *The History of Neuroscience in Autobiography, y* Squire, L. R. (Ed.). Oxford University Press. Vol. 2. (pp. 350-395).

44. Roberts, E., y Kuriyama, K. (1968). Biochemical-physiological correlations in studies of the gamma-aminobutyric acid system. *Brain research, 8*(1), 1-35. Meinecke, D. L., y Peters, A. (1987). GABA immunoreactive neurons in rat visual cortex. *The Journal of Comparative Neurology, 261*(3), 388-404. Petroff, O. A. (2002). GABA and glutamate in the human brain. *The Neuroscientist, 8*(6), 562-573. Hassel, B., y Dingledine, R. (2006). *Glutamate*. En: Siegel, G. J., Arganoff, B. W., Albers, R. W., Fisher, S. K., Uhler, M. D. (Eds.). *Basic Neurochemistry: Molecular, Cellular, and Medical Aspects. Academic Press, New York, NY*. (pp. 267-290). Olsen, R. W., y Betz, H. (2006). GABA and glycine. En: Siegel, G. J., Arganoff, B. W., Albers, R. W., Fisher, S. K., Uhler, M. D. (Eds.). *Basic Neurochemistry: Molecular, Cellular, and Medical Aspects. Academic Press, New York, NY*. (pp. 291-301). Schousboe, A., Waagepetersen, H. S. (2008). *GABA neurotransmission: an overview*. En: Lajtha, A. (Ed.). *Handbook of Neurochemistry and Molecular Neurobiology*. Springer. (pp. 213-226).

45. Las células de nuestro cuerpo están rellenas de cargas negativas. Es algo que pocos saben. Tanto es así, que si cogemos un electrodo extrafino y comparamos la carga eléctrica de las células respecto al mundo exterior, llegaremos a conclusiones similares a las del exentrenador del Barcelona Louis Van Gaal: nunca positivas siem-

pre negativas. Y es que el «cerebro de la célula» —su membrana— negocia todo el tiempo con el organismo intercambiando partículas —iones— para asegurar en su interior una «polaridad negativa». Entonces, si el sistema nervioso quiere poner a la célula a trabajar, tendrá que hacerla más positiva. ¿Y cómo lo consigue? Con glutamato. Este neurotransmisor dotado con el don de la persuasión, acaba besándole la oreja a la neurona para que deje entrar a sus amigos —cargas positivas de sodio— a la fiesta del impulso nervioso. Conforme la célula se hace más y más positiva pierde el polo negativo. Se «despolariza». Ahora está dispuesta. Abierta. Receptiva. El impulso nervioso recorre a sus anchas todo el organismo. (Un chisme. Si por casualidad has oído hablar del término «potencial de acción», este se refiere justamente al paso de polaridad negativa-positiva dentro de la célula).

Ahora cambiemos de banqueta. Queremos que la red neuronal esté inactiva. Indispuesta. Inhibida. Para ello hay que conseguir que las células sean más negativas. ¿Más negativas? ¡¿Y esto es posible?! Sí. Con la ayuda de Lady GABA todo es posible. Organizando un concierto multitudinario, el neurotransmisor atraerá a sus fans —cargas negativas de cloro— hacia el interior de la célula llevándola a un estado de «hiperpolarización», de manera que, por mucho que el cerebro se empeñe en enviar información por esta vía, la neurona no se excitará, cortando cualquier tipo de comunicación. (Estas y otras anécdotas acerca de los neurotransmisores en: Enna, S. J. (2007). The GABA Receptors. *The Receptors*, 1-21). Siendo meticulosos, el neurotransmisor GABA actúa a través de dos receptores diferentes —GABAA [Sigel, E., y Steinmann, M. E. (2012). Structure, function, and modulation of GABA(A) receptors. *The Journal of biological chemistry, 287*(48), 40224-40231.] y GABAB [Heaney, C. F., y Kinney, J. W. (2016). Role of GABAB receptors in learning and memory and neurological disorders. *Neuroscience y Biobehavioral Reviews, 63*, 1-28.]—, dos jugadores de futbol americano especializados en atrapar los envíos neuronales.

46. Puts, N. A., y Edden, R. A. (2012). In vivo magnetic resonance spectroscopy of GABA: a methodological review. *Progress in Nuclear Magnetic Resonance Spectroscopy, 60*, 29-41.

47. Dorrn, A. L., Yuan, K., Barker, A. J., Schreiner, C. E., y Froemke, R. C. (2010). Developmental sensory experience balances cortical excitation and inhibition. *Nature, 465*(7300), 932-936. Sun, Y. J., Wu, G. K., Liu, B. H., Li, P., Zhou, M., Xiao, Z., Tao, H. W., y Zhang, L. I. (2010). Fine-tuning of pre-balanced excitation and inhibition during auditory cortical development. *Nature, 465*(7300), 927-931.

48. Bütefisch, C. M., Davis, B. C., Wise, S. P., Sawaki, L., Kopylev, L., Classen, J., y Cohen, L. G. (2000). Mechanisms of use-dependent plasticity in the human motor cortex. *Proceedings of the National Academy of Sciences of the United States of America, 97*(7), 3661-3665. Nitsche, M. A., Schauenburg, A., Lang, N., Liebetanz, D., Exner, C., Paulus, W., y Tergau, F. (2003). Facilitation of implicit motor learning by weak transcranial direct current stimulation of the primary motor cortex in the human. *Journal of Cognitive Neuroscience, 15*(4), 619-626. Floyer-Lea, A., Wylezinska,

M., Kincses, T., y Matthews, P. M. (2006). Rapid modulation of GABA concentration in human sensorimotor cortex during motor learning. *Journal of neurophysiology, 95*(3), 1639-1644. Rosenkranz, K., Kacar, A., y Rothwell, J. C. (2007). Differential modulation of motor cortical plasticity and excitability in early and late phases of human motor learning. *The Journal of Neuroscience, 27*(44), 12058-12066. Sampaio-Baptista, C., Filippini, N., Stagg, C. J., Near, J., Scholz, J., y Johansen-Berg, H. (2015). Changes in functional connectivity and GABA levels with long-term motor learning. *NeuroImage, 106*, 15-20. Kolasinski, J., Hinson, E. L., Divanbeighi Zand, A. P., Rizov, A., Emir, U. E., y Stagg, C. J. (2019). The dynamics of cortical GABA in human motor learning. *The Journal of Physiology, 597*(1), 271-282.

49. Barron, H. C., Vogels, T. P., Emir, U. E., Makin, T. R., O'Shea, J., Clare, S., Jbabdi, S., Dolan, R. J., y Behrens, T. E. (2016). Unmasking Latent Inhibitory Connections in Human Cortex to Reveal Dormant Cortical Memories. *Neuron, 90*(1), 191-203. Stanley, J. A., Burgess, A., Khatib, D., Ramaseshan, K., Arshad, M., Wu, H., y Diwadkar, V. A. (2017). Functional dynamics of hippocampal glutamate during associative learning assessed with in vivo 1H functional magnetic resonance spectroscopy. *NeuroImage, 153*, 189-197. Wijtenburg, S. A., West, J., Korenic, S. A., Kuhney, F., Gaston, F. E., Chen, H., Roberts, M., Kochunov, P., Hong, L. E., y Rowland, L. M. (2017). Glutamatergic metabolites are associated with visual plasticity in humans. *Neuroscience letters, 644*, 30-36. Zacharopoulos, G., Sella, F., Cohen Kadosh, K., Hartwright, C., Emir, U., y Cohen Kadosh, R. (2021). Predicting learning and achievement using GABA and glutamate concentrations in human development. *PLoS Biol 19*(7), e3001325.

50. Rudolph, U., Crestani, F., y Möhler, H. (2001). GABA(A) receptor subtypes: dissecting their pharmacological functions. *Trends in pharmacological sciences, 22*(4), 188-194. Kleschevnikov, A. M., Belichenko, P. V., Villar, A. J., Epstein, C. J., Malenka, R. C., y Mobley, W. C. (2004). Hippocampal long-term potentiation suppressed by increased inhibition in the Ts65Dn mouse, a genetic model of Down syndrome. *The Journal of Neuroscience, 24*(37), 8153-8160. Anderson, M. C., Ochsner, K. N., Kuhl, B., Cooper, J., Robertson, E., Gabrieli, S. W., Glover, G. H., y Gabrieli, J. D. (2004). Neural systems underlying the suppression of unwanted memories. *Science (New York, N.Y.), 303*(5655), 232-235. Heaney, C. F., y Kinney, J. W. (2016). Role of GABAB receptors in learning and memory and neurological disorders. *Neuroscience & Biobehavioral Reviews, 63*, 1-28. Yoon, J. H., Grandelis, A., y Maddock, R. J. (2016). Dorsolateral Prefrontal Cortex GABA Concentration in Humans Predicts Working Memory Load Processing Capacity. *The Journal of neuroscience, 36*(46), 11788-11794. Anderson, M. C., Bunce, J. G., y Barbas, H. (2016). Prefrontal-hippocampal pathways underlying inhibitory control over memory. *Neurobiology of learning and memory, 134 Pt A(Pt A)*, 145-161. Gagnepain, P., Hulbert, J., y Anderson, M. C. (2017). Parallel Regulation of Memory and Emotion Supports the Suppression of Intrusive Memories. *The Journal of Neuroscience, 37*(27), 6423-6441.

51. Makkar, S. R., Zhang, S. Q., Cranney, J., (2010). Behavioral and neural analysis of GABA in the acquisition, consolidation, reconsolidation, and extinction of fear memory. *Neuropsychopharmacology 35*, 1625 1652.

52. Anderson, M. C., y Hanslmayr, S. (2014). Neural mechanisms of motivated forgetting. *Trends in Cognitive Sciences, 18*(6), 279-292. Benoit, R. G., Davies, D. J., y Anderson, M. C. (2016). Reducing future fears by suppressing the brain mechanisms underlying episodic simulation. *Proceedings of the National Academy of Sciences of the United States of America, 113*(52), E8492-E8501. Schmitz, T. W., Correia, M. M., Ferreira, C. S., Prescot, A. P., y Anderson, M. C. (2017). Hippocampal GABA enables inhibitory control over unwanted thoughts. *Nature Communications, 8*(1).

53. Benoit, R. G., Davies, D. J., y Anderson, M. C. (2016). Reducing future fears by suppressing the brain mechanisms underlying episodic simulation. *Proceedings of the National Academy of Sciences of the United States of America, 113*(52), E8492-E8501.

54. Matsumura, M., Sawaguchi, T., Oishi, T., Ueki, K., y Kubota, K. (1991). Behavioral deficits induced by local injection of bicuculline and muscimol into the primate motor and premotor cortex. *Journal of neurophysiology, 65*(6), 1542-1553. Matsumura, M., Sawaguchi, T., y Kubota, K. (1992). GABAergic inhibition of neuronal activity in the primate motor and premotor cortex during voluntary movement. *Journal of neurophysiology, 68*(3), 692-702. Stagg, C. J., Bachtiar, V., y Johansen-Berg, H. (2011). The role of GABA in human motor learning. *Current biology, 21*(6), 480-484.

55. Küpper, C. S., Benoit, R. G., Dalgleish, T., y Anderson, M. C. (2014). Direct suppression as a mechanism for controlling unpleasant memories in daily life. *Journal of experimental psychology: General, 143*(4), 1443-1449.

56. Anderson, M. C., y Hanslmayr, S. (2014). Neural mechanisms of motivated forgetting. *Trends in cognitive sciences, 18*(6), 279-292. Apšvalka, D., Ferreira, C. S., Schmitz, T. W., Rowe, J. B., y Anderson, M. C. (2022). Dynamic targeting enables domain-general inhibitory control over action and thought by the prefrontal cortex. *Nature communications, 13*(1), 274.

57. Anderson, M. C., Ochsner, K. N., Kuhl, B., Cooper, J., Robertson, E., Gabrieli, S. W., Glover, G. H., y Gabrieli, J. D. (2004). Neural systems underlying the suppression of unwanted memories. *Science (New York, N.Y.), 303*(5655), 232-235. Depue, B. E., Curran, T., y Banich, M. T. (2007). Prefrontal regions orchestrate suppression of emotional memories via a two-phase process. *Science (New York, N.Y.), 317*(5835), 215-219. Benoit, R. G., y Anderson, M. C. (2012). Opposing mechanisms support the voluntary forgetting of unwanted memories. *Neuron, 76*(2), 450-460. Gagnepain, P., Henson, R. N., y Anderson, M. C. (2014). Suppressing unwanted memories reduces their unconscious influence via targeted cortical inhibition. *Proceedings of the National Academy of Sciences of the United States of America, 111*(13), E1310-E1319. Anderson, M. C., y Hanslmayr, S. (2014). Neural mechanisms of mo-

tivated forgetting. *Trends in cognitive sciences, 18*(6), 279-292. Benoit, R. G., Hulbert, J. C., Huddleston, E., y Anderson, M. C. (2015). Adaptive top-down suppression of hippocampal activity and the purging of intrusive memories from consciousness. *Journal of cognitive neuroscience, 27*(1), 96-111. Anderson, M. C., Bunce, J. G., y Barbas, H. (2016). Prefrontal-hippocampal pathways underlying inhibitory control over memory. *Neurobiology of learning and memory, 134 Pt A(Pt A)*, 145-161. Benoit, R. G., Davies, D. J., y Anderson, M. C. (2016). Reducing future fears by suppressing the brain mechanisms underlying episodic simulation. *Proceedings of the National Academy of Sciences of the United States of America, 113*(52), E8492-E8501. Anderson, M. C., y Green, C. (2001). Suppressing unwanted memories by executive control. *Nature, 410*(6826), 366-369.

58. Anderson, M. C., y Green, C. (2001). Suppressing unwanted memories by executive control. *Nature, 410*(6826), 366-369. Anderson, M. C., y Hanslmayr, S. (2014). Neural mechanisms of motivated forgetting. *Trends in cognitive sciences, 18*(6), 279-292. Anderson, M. C., Bunce, J. G., y Barbas, H. (2016). Prefrontal-hippocampal pathways underlying inhibitory control over memory. *Neurobiology of learning and memory, 134 Pt A(Pt A)*, 145-161.

59. Anderson, M. C., y Green, C. (2001). Suppressing unwanted memories by executive control. *Nature, 410*(6826), 366-369. Anderson, M. C., y Hanslmayr, S. (2014). Neural mechanisms of motivated forgetting. *Trends in Cognitive Sciences, 18*(6), 279-292. Anderson, M. C., Bunce, J. G., y Barbas, H. (2016). Prefrontal-hippocampal pathways underlying inhibitory control over memory. *Neurobiology of learning and memory, 134 Pt A(Pt A)*, 145-161.

60. Anderson, M. C., Bunce, J. G., y Barbas, H. (2016). Prefrontal-hippocampal pathways underlying inhibitory control over memory. *Neurobiology of learning and memory, 134 Pt A(Pt A)*, 145-161.

61. Levy, B. J., y Anderson, M. C. (2012). Purging of memories from conscious awareness tracked in the human brain. *The Journal of neuroscience, 32*(47), 16785-16794. Benoit, R. G., Hulbert, J. C., Huddleston, E., y Anderson, M. C. (2015). Adaptive top-down suppression of hippocampal activity and the purging of intrusive memories from consciousness. *Journal of Cognitive Neuroscience, 27*(1), 96-111.

62. Küpper, C. S., Benoit, R. G., Dalgleish, T., y Anderson, M. C. (2014). Direct suppression as a mechanism for controlling unpleasant memories in daily life. *Journal of experimental psychology: General, 143*(4), 1443-1449.

63. Wimber, M., Schott, B. H., Wendler, F., Seidenbecher, C. I., Behnisch, G., Macharadze, T., Bäuml, K. H., y Richardson-Klavehn, A. (2011). Prefrontal dopamine and the dynamic control of human long-term memory. *Translational psychiatry, 1*(7), e15. Wimber, M., Alink, A., Charest, I., Kriegeskorte, N., y Anderson, M. C. (2015). Retrieval induces adaptive forgetting of competing memories via cortical pattern suppression. *Nature Neuroscience, 18*(4), 582-589. Hellerstedt, R., Johansson, M., y Anderson, M. C. (2016). Tracking the intrusion of unwanted memories into

awareness with event-related potentials. *Neuropsychologia, 89*, 510-523. Anderson, M. C., y Hulbert, J. C. (2020). Active Forgetting: Adaptation of Memory by Prefrontal Control. *Annual Review of Psychology, 72*(1). Mary, A., Dayan, J., Leone, G., Postel, C., Fraisse, F., Malle, C., Vallée, T., Klein-Peschanski, C., Viader, F., de la Sayette, V., Peschanski, D., Eustache, F., y Gagnepain, P. (2020). Resilience after trauma: The role of memory suppression. *Science (New York, N.Y.), 367*(6479), eaay8477. Anderson, M. C., y Hulbert, J. C. (2020). Active Forgetting: Adaptation of Memory by Prefrontal Control. *Annual Review of Psychology, 72*(1).

64. Kuhl, B. A., Dudukovic, N. M., Kahn, I., y Wagner, A. D. (2007). Decreased demands on cognitive control reveal the neural processing benefits of forgetting. *Nature Neuroscience, 10*(7), 908-914.

65. Legrand, N., Etard, O., Vandevelde, A., Pierre, M., Viader, F., Clochon, P., Doidy, F., Peschanski, D., Eustache, F., y Gagnepain, P. (2020). Long-term modulation of cardiac activity induced by inhibitory control over emotional memories. *Scientific Reports, 10*(1). Harrington, M. O., Ashton, J. E., Sankarasubramanian, S., Anderson, M. C., y Cairney, S. A. (2021). Losing Control: Sleep Deprivation Impairs the Suppression of Unwanted Thoughts. *Clinical Psychological Science, 9*(1), 97-113.

66. Jones, J. P., y Palmer, L. A. (1987). An evaluation of the two-dimensional Gabor filter model of simple receptive fields in cat striate cortex. *Journal of Neurophysiology, 58*(6), 1233-1258.

67. Kristjánsson, Á. (2006b). Simultaneous priming along multiple feature dimensions in a visual search task. *Vision Research, 46*, 2554-2570.

68. Kristjánsson, Á., y Campana, G. (2010). Where perception meets memory: A review of repetition priming in visual search tasks. *Attention, Perception, & Psychophysics, 72*(1), 5-18.

69. Schwarz, N., y Clore, G. L. (1983). Mood, misattribution, and judgments of well-being: Informative and directive functions of affective states. *Journal of Personality and Social Psychology, 45*, 513-523. Clore, G. L., y Schnall, S. (2005). *The influence of affect on attitude.* Hillsdale, NJ: Lawrence Erlbaum Associates, Inc. Duncan, S., y Barrett, L. F. (2007). Affect is a form of cognition: A neurobiological analysis. *Cognition & Emotion, 21*(6), 1184-1211.

70. Utilizar el mantra «¿Me sirve este pensamiento para vivir este momento?» es un gesto mental conocido en el mundo del escáner y el cuestionario como «estrategia de sustitución»: Anderson, M. C., y Green, C. (2001). Suppressing unwanted memories by executive control. *Nature, 410*(6826), 366-369.

71. Hertel, P. T., y Calcaterra, G. (2005). Intentional forgetting benefits from thought substitution. *Psychonomic bulletin & review, 12*(3), 484-489.

72. Berridge, K. C., y Aldridge, J. W. (2008). Decision Utility, the Brain, and Pursuit of Hedonic Goals. *Social cognition, 26*(5), 621-646. Kahneman, D., Diener, E., y Schwarz, N. (Eds.). (1999). *Well-being: Foundations of hedonic psychology*. Russell Sage Foundation. Robinson, M. D., y Clore, G. L. (2002). Belief and feeling: evi-

dence for an accessibility model of emotional self-report. *Psychological bulletin, 128*(6), 934-960. Berridge, K. C., y Aldridge, J. W. (2008). Decision Utility, the Brain, and Pursuit of Hedonic Goals. *Social cognition, 26*(5), 621-646.

73. Dickinson, A., Balleine, B. (2002). The role of learning in the operation of motivational systems. En: Gallistel, C. R. (Ed.). *Stevens' Handbook of Experimental Psychology: Learning, Motivation, and Emotion*. Wiley and Sons. (pp. 497-534).

74. Liljeholm, M., Tricomi, E., O'Doherty, J. P., y Balleine, B. W. (2011). Neural Correlates of Instrumental Contingency Learning: Differential Effects of Action-Reward Conjunction and Disjunction. *Journal of Neuroscience, 31*(7), 2474-2480.

75. Joshi, V., Graziani P., y Del-Monte, J. (2021). The Role of Interoceptive Attention and Appraisal in Interoceptive Regulation. *Frontiers in Psychology, 12*, 714641.

76. Wang, X., Wu, Q., Egan, L., Gu, X., Liu, P., Gu, H., Yang, Y., Luo, J., Wu, Y., Gao, Z., y Fan, J. (2019). Anterior insular cortex plays a critical role in interoceptive attention. *eLife, 8*, e42265.

Capítulo 8. Aprender a sentir

1. Csikszentmihalyi, M. (1997). *Finding flow: The psychology of engagement with everyday life*. HarperCollins. Nakamura, J., y Csikszentmihalyi, M. (2002a). The concept of flow. En: Snyder, C. R., y Lopez, S. J. (Eds.). *Handbook of positive psychology*. Oxford University Press. (pp. 89-105). Asakawa, K. (2004). Flow experience and autotelic personality in Japanese college students: How do they experience challenges in daily life? *Journal of Happiness Studies, 5*, 123-154. Nakamura, J., y Csikszentmihalyi, M. (2008). Flow theory and research. En: Snyder, C. R., y Lopez, S. J. (Eds.). *Handbook of positive psychology, segunda edición*. Oxford University Press.

2. Duncan, S., y Barrett, L. F. (2007). Affect is a form of cognition: A neurobiological analysis. *Cognition y Emotion, 21*(6), 1184-1211.

3. Russell, J. A., y Barrett, L. F. (1999). Core affect, prototypical emotional episodes, and other things called emotion: dissecting the elephant. *Journal of personality and social psychology, 76*(5), 805-819.

4. En la literatura se conoce como «afecto central» [Barrett, L. F., y Russell, J. A. (1999). The Structure of Current Affect. *Current Directions in Psychological Science, 8*(1), 10-14. Barrett, L. F. (2006). Solving the emotion paradox: categorization and the experience of emotion. *Personality and social psychology review: an official journal of the Society for Personality and Social Psychology, Inc, 10*(1), 20-46. Barrett, L. F. (2006). Valence is a basic building block of emotional life. *Journal of Research in Personality, 40*(1), 35-55.], aunque, a veces, al «sentir básico» también lo ha llamado

«estado de ánimo» [Russell, J. A. (2017). Cross-Cultural Similarities and Differences in Affective Processing and Expression. *Emotions and Affect in Human Factors and Human-Computer Interaction,* 123-141.] o «sentimiento de fondo [Lane, R. D., y Garfield, D. A. (2005). Becoming aware of feelings: Integration of cognitive-developmental, neuroscientific, and psychoanalytic perspectives. *Neuropsychoanalysis, 7*(1), 5-30.].

5. Mesquita, B. (2003). *Handbook of Affective Sciences.* Capítulo 4. Russell, J. A. (1983). Pancultural aspects of the human conceptual organization of emotions. *Journal of personality and social psychology, 45*(6), 1281. Scherer, K. (1997). Profiles of emotion-antecedent appraisal: Testing theoretical predictions across cultures. *Cognition & Emotion, 11*(2), 113-150.

6. Russell, J. A. (2003). Core affect and the psychological construction of emotion. *Psychological review, 110*(1), 145-172.

7. Mackinnon, A. J., Jorm, A. F., Christensen, H., Korten, A. E., Jacomb, P. A., y Rodgers, B. (1999). A short form of the Positive and Negative Affect Scale: Evaluation of factorial validity and invariance across demographic variables in a community sample. *Personality and Individual Differences*, 405-416. Thomson, D. M. H., y Crocker, C. (2013). A data-driven classification of feelings. *Food Quality and Preference, 27*(2), 137-152.

8. Van Leijenhorst, L., Zanolie, K., Van Meel, C. S., Westenberg, P. M., Rombouts, S. A., y Crone, E. A. (2010). What motivates the adolescent? Brain regions mediating reward sensitivity across adolescence. *Cerebral cortex (New York, N.Y.: 1991), 20*(1), 61-69. Hoops, D., y Flores, C. (2017). Making Dopamine Connections in Adolescence. *Trends in neurosciences, 40*(12), 709-719.

9. Spear, L. P. (2000). The adolescent brain and age-related behavioral manifestations. *Neuroscience and Biobehavioral Reviews, 24*(4), 417-463. Chambers, R. A., Taylor, J. R., y Potenza, M. N. (2003). Developmental neurocircuitry of motivation in adolescence: a critical period of addiction vulnerability. *The American Journal of Psychiatry, 160*(6), 1041-1052. Steinberg, L. (2008). A Social Neuroscience Perspective on Adolescent Risk-Taking. *Developmental review: DR, 28*(1), 78-106.

10. La «asunción de riesgo» es una forma de denominar a la mayor tolerancia de estados de alta actividad mental entre la niñez y la adolescencia [Steinberg L. (2008). A Social Neuroscience Perspective on Adolescent Risk-Taking. *Developmental Review, 28*(1), 78-106.] debidos, al parecer, a cambios en el desarrollo del sistema dopaminérgico durante la pubertad [Chambers, R. A., Taylor, J. R., y Potenza, M. N. (2003). Developmental neurocircuitry of motivation in adolescence: a critical period of addiction vulnerability. *The American journal of psychiatry, 160*(6), 1041-1052. Spear L. P. (2000). The adolescent brain and age-related behavioral manifestations. *Neuroscience and Biobehavioral Reviews, 24*(4), 417-463.], cuyos nodos principales comprenden la amígdala, el núcleo accumbens, la corteza orbitofrontal, la corteza prefrontal medial y el surco temporal superior [Nelson, E. E., Leibenluft, E., McClure,

E. B., y Pine, D. S. (2005). The social re-orientation of adolescence: a neuroscience perspective on the process and its relation to psychopathology. *Psychological medicine, 35*(2), 163-174.].

11. Figner, B., Mackinlay, R. J., Wilkening, F., y Weber, E. U. (2009). Risky choice in children, adolescents, and adults: Affective versus deliberative processes and the role of executive functions. *Proceedings of the society for research in child development.* Cauffman, E., Shulman, E. P., Steinberg, L., Claus, E., Banich, M. T., Graham, S., y Woolard, J. (2010). Age differences in affective decision making as indexed by performance on the Iowa Gambling Task. *Developmental psychology, 46*(1), 193-207.

12. El arousal elevado también parece influir en la percepción de lo positivo en adultos mayores ya que tienden a recordar más palabras cuando el nivel de activación mental es bajo: Kensinger, E. A., y Corkin, S. (2004). Two routes to emotional memory: distinct neural processes for valence and arousal. *Proceedings of the National Academy of Sciences of the United States of America, 101*(9), 3310-3315. Lang, P. J., Bradley, M. M., y Cuthbert, B. N. (2008). International Affective Picture System (IAPS): Affective ratings of pictures and instruction manual. Technical Report A-8. University of Florida. Gainesville, F. L., Grühn, D., y Scheibe, S. (2008). Age-related differences in valence and arousal ratings of pictures from the International Affective Picture System (IAPS): do ratings become more extreme with age? *Behavior research methods, 40*(2), 512-521.

13. Feldman, L. A. (1995). Valence focus and arousal focus: Individual differences in the structure of affective experience. *Journal of Personality and Social Psychology, 69*, 153-166. Tsai, J. L., Knutson, B., y Fung, H. H. (2006). Cultural variation in affect valuation. *Journal of Personality and Social Psychology, 90*, 288-307. Kuppens, P. (2008). Individual differences in the relation between pleasure and arousal. *Journal of Research in Personality, 42*, 1053-1059. Kuppens, P., Tuerlinckx, F., Yik, M., Koval, P., Coosemans, J., Zeng, K. J., y Russell, J. A. (2016). The Relation Between Valence and Arousal in Subjective Experience Varies With Personality and Culture. *Journal of Personality, 85*(4), 530-542.

14. Bergström, Z. M., de Fockert, J. W., y Richardson-Klavehn, A. (2009). ERP and behavioural evidence for direct suppression of unwanted memories. *NeuroImage, 48*(4), 726-737. Benoit, R. G., y Anderson, M. C. (2012). Opposing mechanisms support the voluntary forgetting of unwanted memories. *Neuron, 76*(2), 450-460.

15. Depue, B. E., Curran, T., y Banich, M. T. (2007). Prefrontal regions orchestrate suppression of emotional memories via a two-phase process. *Science (New York, N.Y.), 317*(5835), 215-219.

16. Anderson, M. C., Ochsner, K. N., Kuhl, B., Cooper, J., Robertson, E., Gabrieli, S. W., Glover, G. H., y Gabrieli, J. D. (2004). Neural systems underlying the suppression of unwanted memories. *Science (New York, N.Y.), 303*(5655), 232-235. Küpper, C. S., Benoit, R. G., Dalgleish, T., y Anderson, M. C. (2014). Direct suppres-

sion as a mechanism for controlling unpleasant memories in daily life. *Journal of experimental psychology: General, 143*(4), 1443-1449.

Capítulo 9. De la supervivencia a la presencia

1. Craig, A. D. (2002). How do you feel? Interoception: the sense of the physiological condition of the body. *Nature Reviews Neuroscience, 3*(8), 655-666. Craig, A. D. (2003). A new view of pain as a homeostatic emotion. *Trends in Neurosciences, 26*(6), 303-307.

2. Barlow, D. H., Allen, L. B., y Choate, M. L. (2004). Toward a unified treatment for emotional disorders. *Behavior Therapy, 35*(2), 205-230. Domschke, K., Stevens, S., Pfleiderer, B., y Gerlach, A. L. (2010). Interoceptive sensitivity in anxiety and anxiety disorders: An overview and integration of neurobiological findings. *Clinical Psychology Review, 30*(1), 1-11. Paulus, M. P., y Stein, M. B. (2010). Interoception in anxiety and depression. *Brain Structure and Function, 214*(5-6), 451-463.

3. Dunn, B. D., Stefanovitch, I., Evans, D., Oliver, C., Hawkins, A., y Dalgleish, T. (2010). Can you feel the beat? Interoceptive awareness is an interactive function of anxiety- and depression-specific symptom dimensions. *Behaviour Research and Therapy, 48*(11), 1133-1138. Paulus, M. P., y Stein, M. B. (2010). Interoception in anxiety and depression. *Brain Structure and Function, 214*(5-6), 451-463.

4. Stern, E. R. (2014). Neural Circuitry of Interoception: New Insights into Anxiety and Obsessive-Compulsive Disorders. *Current Treatment Options in Psychiatry, 1*(3), 235-247.

5. Pollatos, O., Kurz, A. L., Albrecht, J., Schreder, T., Kleemann, A. M., Schöpf, V., Kopietz, R., Wiesmann, M., y Schandry, R. (2008). Reduced perception of bodily signals in anorexia nervosa. *Eating Behaviors, 9*(4), 381-388.

6. Pollatos, O., y Georgiou, E. (2016). Normal interoceptive accuracy in women with bulimia nervosa. *Psychiatry Research, 240*, 328-332.

7. Herbert, B. M., y Pollatos, O. (2014). Attenuated interoceptive sensitivity in overweight and obese individuals. *Eating Behaviors, 15*(3), 445-448.

8. Paulus, M. P., Tapert, S. F., y Schulteis, G. (2009). The role of interoception and alliesthesia in addiction. *Pharmacology Biochemistry and Behavior, 94*(1), 1-7. Naqvi, N. H., y Bechara, A. (2010). The insula and drug addiction: an interoceptive view of pleasure, urges, and decision-making. *Brain Structure and Function, 214*(5-6), 435-450. Verdejo-Garcia, A., Clark, L., y Dunn, B. D. (2012). The role of interoception in addiction: A critical review. *Neuroscience y Biobehavioral Reviews, 36*(8), 1857-1869. Ateş Çöl, I., Sönmez, M. B., y Vardar, M. E. (2016). Evaluation of Interoceptive Awareness in Alcohol-Addicted Patients. *Noro psikiyatri arsivi, 53*(1), 17-22.

9. En detalle, los trastornos depresivos y psicóticos presentan alteraciones estructurales en la corteza cingulada anterior, zonas subcorticales, sistema límbico

[Bora, E., Fornito, A., Pantelis, C., y Yücel, M. (2012). Gray matter abnormalities in Major Depressive Disorder: a meta-analysis of voxel based morphometry studies. *Journal of affective disorders, 138*(1-2), 9-18.] y lóbulo frontal [Salvadore, G., Nugent, A. C., Lemaitre, H., Luckenbaugh, D. A., Tinsley, R., Cannon, D. M., Neumeister, A., Zarate, C. A., Jr, y Drevets, W. C. (2011). Prefrontal cortical abnormalities in currently depressed versus currently remitted patients with major depressive disorder. *NeuroImage, 54*(4), 2643-2651. Lagopoulos, J., Hermens, D. F., Naismith, S. L., Scott, E. M., y Hickie, I. B. (2012). Frontal lobe changes occur early in the course of affective disorders in young people. *BMC psychiatry, 12*, 4.]. En los cerebros de personas con trastornos afectivos se ha detectado además un desequilibrio en los fluidos ventriculares [Czéh, B., y Lucassen, P. J. (2007). What causes the hippocampal volume decrease in depression? *European Archives of Psychiatry and Clinical Neuroscience, 257*(5), 250-260.].

10. Russell, J. A., Weiss, A., y Mendelsohn, G. A. (1989). Affect Grid: A single-item scale of pleasure and arousal. *Journal of Personality and Social Psychology, 57*(3), 493-502. Mehrabian, A. (1997). Comparison of the PAD and PANAS as models for describing emotions and for differentiating anxiety from depression. *Journal of Psychopathology and Behavioral Assessment, 19*(4), 331-357. Clark, L. A., y Watson, D. (1991). Tripartite model of anxiety and depression: Psychometric evidence and taxonomic implications. *Journal of Abnormal Psychology, 100*, 316-336. Watson, D., Clark, L. A., Weber, K., Assenheimer, J. S., Strauss, M. E., y McCormick, R. A. (1995). Testing a tripartite model: II. Exploring the symptom structure of anxiety and depression in student, adult, and patient samples. *Journal of Abnormal Psychology, 104*, 15-25. Watson, D., Weber, K., Assenheimer, J. S., Clark, L. A., Strauss, M. E., y McCormick, R. A. (1995). Testing a tripartite model: I. Evaluating the convergent and discriminant validity of anxiety and depression symptom scales. *Journal of Abnormal Psychology, 104*, 3-14.

11. Van der Does, W. A. J., Van Dyck, D. R., y Spinhoven, P. (1997). Accurate heartbeat perception in panic disorder: Fact and artefact. *Journal of Affective Disorders, 43*, 121-130. Van der Does, W. A. J., Antony, M. M., Ehlers, A., y Barsky, A. J. (2000). Heartbeat perception in panic disorder: A reanalysis. *Behaviour Research and Therapy, 38*, 47-62. Dunn, B. D., Dalgleish, T., Ogilvie, A. D., Lawrence, A. D., 2007. Heartbeat perception in depression. *Behaviour Research and Therapy 45* (8), 1921-1930. Domschke, K., Stevens, S., Pfleiderer, B., y Gerlach, A. L. (2010). Interoceptive sensitivity in anxiety and anxiety disorders: An overview and integration of neurobiological findings. *Clinical Psychology Review, 30*(1), 1-11.

12. Salvadore, G., Nugent, A. C., Lemaitre, H., Luckenbaugh, D. A., Tinsley, R., Cannon, D. M., Neumeister, A., Zarate, C. A., Jr, y Drevets, W. C. (2011). Prefrontal cortical abnormalities in currently depressed versus currently remitted patients with major depressive disorder. *NeuroImage, 54*(4), 2643-2651.

13. Stevenson, R. J., Mahmut, M., y Rooney, K. (2015). Individual differences in the interoceptive states of hunger, fullness and thirst. *Appetite, 95*, 44-57.

14. Un posible mecanismo para explicar los efectos de la pobreza infantil en la salud es el estrés crónico. En: Evans, G. W. (2004). The environment of childhood poverty. *The American psychologist, 59*(2), 77-92. Las familias con bajos ingresos están expuestas constantemente a factores estresantes y tienen efectos negativos a largo plazo en los sistemas reguladores del estrés fisiológico. [McEwen B. S. (1998). Protective and damaging effects of stress mediators. *The New England Journal of Medicine, 338*(3), 171-179. Lupien, S. J., King, S., Meaney, M. J., y McEwen, B. S. (2000). Child's stress hormone levels correlate with mother's socioeconomic status and depressive state. *Biological psychiatry, 48*(10), 976-980. Evans, G. W., y Kim, P. (2010). Multiple risk exposure as a potential explanatory mechanism for the socioeconomic status-health gradient. *Annals of the New York Academy of Sciences*, 1186, 174-189.]. La cantidad de cortisol en saliva de un niño cuya familia presenta un nivel socioeconómico bajo es significativamente más elevado que los niños que van a la escuela en un Tesla o visten de Versace. [Lupien, S. J., King, S., Meaney, M. J., y McEwen, B. S. (2000). Child's stress hormone levels correlate with mother's socioeconomic status and depressive state. *Biological psychiatry, 48*(10), 976-980.]. El estrés crónico y la adversidad socioeconómica producen cambios neurobiológicos duraderos visibles a la luz de los escáneres cerebrales. [Boyce, W. T., Sokolowski, M. B., y Robinson, G. E. (2012). Toward a new biology of social adversity. *Proceedings of the National Academy of Sciences of the United States of America, 109 Suppl 2(Suppl 2)*, 17143-17148. McEwen, B. S. (2012). Brain on stress: how the social environment gets under the skin. *Proceedings of the National Academy of Sciences of the United States of America, 109 Suppl 2(Suppl 2)*, 17180-17185.].

15. Brannigan, M., Stevenson, R. J., y Francis, H. (2015). Thirst interoception and its relationship to a Western-style diet. *Physiology y Behavior, 139*, 423-429. Stevenson, R. J., Mahmut, M., y Rooney, K. (2015). Individual differences in the interoceptive states of hunger, fullness and thirst. *Appetite, 95*, 44-57.

16. En un contexto académico hablaríamos del eje hipotálamo-pituitario-suprarrenal pues es al cortisol lo que Pau Gasol al baloncesto. Ni que decir que ¿por qué las cebras no tienen úlcera? (2013) de Robert M. Sapolsky y publicado en Alianza editorial es de lectura obligatoria para todos aquellos que quieran comprender el estrés. (Vale la pena).

17. El cortisol es, en principio, antiinflamatorio y promueve la liberación de glucosa [Reagan, L. P. (2002). Glucose, stress, and hippocampal neuronal vulnerability. *International review of neurobiology, 51*, 289-324. Hannibal, K. E., y Bishop, M. D. (2014). Chronic stress, cortisol dysfunction, and pain: a psychoneuroendocrine rationale for stress management in pain rehabilitation. *Physical Therapy, 94*(12), 1816-1825.]. Puede medirse en sangre, orina y saliva [Gatti, R., Antonelli, G., Prearo, M., Spinella, P., Cappellin, E., y De Palo, E. F. (2009). Cortisol assays and diagnostic

laboratory procedures in human biological fluids. *Clinical biochemistry, 42*(12), 1205-1217.] o también en cabello [Russell, E., Koren, G., Rieder, M., y Van Uum, S. (2012). Hair cortisol as a biological marker of chronic stress: current status, future directions and unanswered questions. *Psychoneuroendocrinology, 37*(5), 589-601.].

18. Andolina, D., y Borreca, A. (2017). *The Key Role of the Amygdala in Stress.* InTech.

19. Zhang, X., y Li, B. (2018). Population coding of valence in the basolateral amygdala. *Nature Communications, 9*(1). Pignatelli, M., y Beyeler, A. (2019). Valence coding in amygdala circuits. *Current Opinion in Behavioral Sciences, 26*, 97-106.

20. Además del tálamo [Barber, A. D., John, M., DeRosse, P., Birnbaum, M. L., Lencz, T., y Malhotra, A. K. (2020). Parasympathetic arousal-related cortical activity is associated with attention during cognitive task performance. *NeuroImage, 208*, 116469.], la ínsula, la amígdala, la corteza prefrontal medial, somatosensorial y cingulada anterior se mojan a la hora de calcular el nivel de activación actual o arousal [Critchley, H. D. (2009). Psychophysiology of neural, cognitive and affective integration: fMRI and autonomic indicants. *International Journal of Psychophysiology: Official Journal of the International Organization of Psychophysiology, 73*(2), 88-94. Shoemaker, J. K., Norton, K. N., Baker, J., y Luchyshyn, T. (2015). Forebrain organization for autonomic cardiovascular control. *Autonomic Neuroscience: Basic & Clinical, 188*, 5-9.].

21. A ver. Ni Maléfica es tan perversa ni el cortisol es siempre el malo de la película. Ahí van palabras bonitas. Para empezar, es el cerebro y no el cortisol quien altera nuestra sensación básica. De hecho, la hormona intenta por todos los medios protegernos de emociones desagradables anestesiando nuestra sensación básica y reduciendo la conciencia interoceptiva [Schulz, A., y Vögele, C. (2015). Interoception and stress. *Frontiers in psychology, 6*, 993. Hoyt, L. T., Zeiders, K. H., Ehrlich, K. B., y Adam, E. K. (2016). Positive upshots of cortisol in everyday life. *Emotion (Washington, D.C.), 16*(4), 431-435.]. Mira. En un estudio realizado por Serkan Het y Oliver Wolf de la universidad alemana de Bielefeld, se administró una buena dosis de cortisol a un grupo de participantes antes de ser expuestos a un evento estresante e informaron una sensación básica promedio más positiva que el grupo de control, quienes, a pesar de ser sometidos al mismo evento estresante, recibieron placebo en lugar de cortisol [Het, S., y Wolf, O. T. (2007). Mood changes in response to psychosocial stress in healthy young women: effects of pretreatment with cortisol. *Behavioral Neuroscience, 121*(1), 11-20. Het, S., Schoofs, D., Rohleder, N., y Wolf, O. T. (2012). Stress-induced cortisol level elevations are associated with reduced negative affect after stress: indications for a mood-buffering cortisol effect. *Psychosomatic medicine, 74*(1), 23-32. Kazén, M., Kuenne, T., Frankenberg, H., y Quirin, M. (2012). Inverse relation between cortisol and anger and their relation to performance and explicit memory. *Biological psychology, 91*(1), 28-35.]. Ahora bien, cuando hacemos de la biología de la supervivencia una forma de vida, el exceso de cortisol despista al ce-

rebro y termina maniatando a la sensación básica en la zona desagradable del diagrama de Russell. Es como si el organismo tratara de decirnos: «Amigo, algo no va bien».

22. Otros investigadores llegaron a conclusiones muy similares a las nuestras escarbando en la misma dirección [Liapis, A., Katsanos, C., Sotiropoulos, D., Xenos, M., y Karousos, N. (2015). Subjective Assessment of Stress in HCI. Proceedings of the 11th Biannual Conference on Italian SIGCHI Chapter - CHItaly 2015. Liapis, A., Katsanos, C., Sotiropoulos, D. G., Karousos, N., y Xenos, M. (2016). Stress in interactive applications: analysis of the valence-arousal space based on physiological signals and self-reported data. *Multimedia Tools and Applications, 76*(4), 5051-5071. Liapis, Katsanos, C., Karousos, N., Xenos, M., y Orphanoudakis, T. (2019). UDSP+. Adjunct Proceedings of the 2019 ACM International Joint Conference on Pervasive and Ubiquitous Computing and Proceedings of the 2019 ACM International Symposium on Wearable Computers.].

23. Promoviendo la depresión [Mello, A. F., Mello, M. F., Carpenter, L. L., y Price, L. H. (2003). Update on stress and depression: the role of the hypothalamic-pituitary-adrenal (HPA) axis. *Revista brasileira de psiquiatria (Sao Paulo, Brazil: 1999), 25*(4), 231-238. Hammen C. (2005). Stress and depression. *Annual Review of Clinical Psychology, 1*, 293-319. Liu, R. T., y Alloy, L. B. (2010). Stress generation in depression: A systematic review of the empirical literature and recommendations for future study. *Clinical Psychology Review, 30*(5), 582-593. Qin, D. D., Rizak, J., Feng, X. L., Yang, S. C., Lü, L. B., Pan, L., Yin, Y., y Hu, X. T. (2016). Prolonged secretion of cortisol as a possible mechanism underlying stress and depressive behaviour. *Scientific Reports, 6*(1).] y la ansiedad [Shaw J. A. (2003). Children exposed to war/terrorism. *Clinical child and family psychology review, 6*(4), 237-246. Bystritsky, A., Khalsa, S. S., Cameron, M. E., y Schiffman, J. (2013). Current diagnosis and treatment of anxiety disorders. *P & T: a peer-reviewed journal for formulary management, 38*(1), 30-57.], las más populares.

24. Radley, J. J., y Morrison, J. H. (2005). Repeated stress and structural plasticity in the brain. *Ageing Research Reviews, 4*(2), 271-287. Czéh, B., Müller-Keuker, J. I., Rygula, R., Abumaria, N., Hiemke, C., Domenici, E., y Fuchs, E. (2007). Chronic social stress inhibits cell proliferation in the adult medial prefrontal cortex: hemispheric asymmetry and reversal by fluoxetine treatment. *Neuropsychopharmacology, 32*(7), 1490-1503. Banasr, M., Valentine, G. W., Li, X. Y., Gourley, S. L., Taylor, J. R., y Duman, R. S. (2007). Chronic unpredictable stress decreases cell proliferation in the cerebral cortex of the adult rat. *Biological Psychiatry, 62*(5), 496-504.

25. En este estudio se hizo un seguimiento del nivel de cortisol —saliva— de 107 estudiantes de medicina antes y después de los exámenes [Cay, M., Ucar, C., Senol, D., Cevirgen, F., Ozbag, D., Altay, Z., y Yildiz, S. (2018). Effect of increase in cortisol level due to stress in healthy young individuals on dynamic and static balance scores. *Northern Clinics of Istanbul, 5*(4), 295-301.], y se llegó a la conclusión de que

los niveles promedio de cortisol aumentan nueve veces en periodos estresantes. Como se suele decir: «En casa del herrero cuchillo de palo».

26. Blackburn-Munro, G., y Blackburn-Munro, R. (2003). Pain in the brain: are hormones to blame? Trends in endocrinology and metabolism. *TEM, 14*(1), 20-27. Dedovic, K., Duchesne, A., Andrews, J., Engert, V., y Pruessner, J. C. (2009). The brain and the stress axis: the neural correlates of cortisol regulation in response to stress. *NeuroImage, 47*(3), 864-871. Hannibal, K. E., y Bishop, M. D. (2014). Chronic stress, cortisol dysfunction, and pain: a psychoneuroendocrine rationale for stress management in pain rehabilitation. *Physical Therapy, 94*(12), 1816-1825.

27. Berridge, K. C. (2019). Affective valence in the brain: modules or modes? Nature reviews. *Neuroscience, 20*(4), 225-234.

28. Concatenando entre ocho y doce situaciones estresantes un día y otro día, el cortisol y sus secuaces —la cortisona y su prima hermana la corticosterona— pueden llegar a degenerar el tejido neuronal [Woolley, C. S., Gould, E., y McEwen, B. S. (1990). Exposure to excess glucocorticoids alters dendritic morphology of adult hippocampal pyramidal neurons. *Brain Research, 531*(1-2), 225-231.] afectando a los quehaceres del hipocampo [Sapolsky, R. M., Uno, H., Rebert, C. S., y Finch, C. E. (1990). Hippocampal damage associated with prolonged glucocorticoid exposure in primates. *The Journal of Neuroscience, 10*(9), 2897-2902. Gould, E., Tanapat, P., McEwen, B. S., Flügge, G., y Fuchs, E. (1998). Proliferation of granule cell precursors in the dentate gyrus of adult monkeys is diminished by stress. *Proceedings of the National Academy of Sciences of the United States of America, 95*(6), 3168-3171. Lupien, S. J., y Lepage, M. (2001). Stress, memory, and the hippocampus: can't live with it, can't live without it. *Behavioural Brain Research, 127*(1-2), 137-158. Schwabe, L., Joëls, M., Roozendaal, B., Wolf, O. T., y Oitzl, M. S. (2012). Stress effects on memory: an update and integration. *Neuroscience and Biobehavioral Reviews, 36*(7), 1740-1749.] —aprendizaje y memoria [Anand, K. S., y Dhikav, V. (2012). Hippocampus in health and disease: An overview. *Annals of Indian Academy of Neurology, 15*(4), 239-246.]— y a la amígdala [Joëls, M., Fernandez, G., y Roozendaal, B. (2011). Stress and emotional memory: a matter of timing. *Trends in Cognitive Sciences, 15*(6), 280-288. Schwabe, L., Joëls, M., Roozendaal, B., Wolf, O. T., y Oitzl, M. S. (2012). Stress effects on memory: an update and integration. *Neuroscience and Biobehavioral Reviews, 36*(7), 1740-1749.] —emociones, atención y toma de decisiones [Pessoa L. (2010). Emotion and cognition and the amygdala: from «what is it?» to «what's to be done?». *Neuropsychologia, 48*(12), 3416-3429.]—, así como al resto del lóbulo temporal [McEwen, B. S., y Sapolsky, R. M. (1995). Stress and cognitive function. *Current Opinion in Neurobiology, 5*(2), 205-216.] y a la corteza prefrontal [Radley, J. J., y Morrison, J. H. (2005). Repeated stress and structural plasticity in the brain. *Ageing Research Reviews, 4*(2), 271-287. Czéh, B., Müller-Keuker, J. I., Rygula, R., Abumaria, N., Hiemke, C., Domenici, E., y Fuchs, E. (2007). Chronic social stress inhibits cell proliferation in the adult medial prefrontal cortex: hemispheric asymmetry and rever-

sal by fluoxetine treatment. *Neuropsychopharmacology, 32*(7), 1490-1503. Banasr, M., Valentine, G. W., Li, X. Y., Gourley, S. L., Taylor, J. R., y Duman, R. S. (2007). Chronic unpredictable stress decreases cell proliferation in the cerebral cortex of the adult rat. *Biological psychiatry, 62*(5), 496-504.] —usar o tirar—, disminuyendo su peso neto [Reznikov, L. R., Grillo, C. A., Piroli, G. G., Pasumarthi, R. K., Reagan, L. P., y Fadel, J. (2007). Acute stress-mediated increases in extracellular glutamate levels in the rat amygdala: differential effects of antidepressant treatment. *The European Journal of Neuroscience, 25*(10), 3109-3114. Lupien, S. J., McEwen, B. S., Gunnar, M. R., y Heim, C. (2009). Effects of stress throughout the lifespan on the brain, behaviour and cognition. Nature reviews. *Neuroscience, 10*(6), 434-445. Czéh, B., y Fuchs, E. (2016). Remodeling of Neural Networks by Stress. *Stress: Concepts, Cognition, Emotion, and Behavior*, 117-126. Yaribeygi, H., Panahi, Y., Sahraei, H., Johnston, T. P., y Sahebkar, A. (2017). The impact of stress on body function: A review. *EXCLI journal, 16*, 1057–1072.]. Con todo, las neuronas son completamente capaces de decir adiós a la biología de la supervivencia en tres semanas gracias a la plasticidad cerebral y sus superpoderes [Henze, D. A., Urban, N. N., y Barrionuevo, G. (2000). The multifarious hippocampal mossy fiber pathway: a review. *Neuroscience, 98*(3), 407-427. Sloviter, R. S., Dichter, M. A., Rachinsky, T. L., Dean, E., Goodman, J. H., Sollas, A. L., y Martin, D. L. (1996). Basal expression and induction of glutamate decarboxylase and GABA in excitatory granule cells of the rat and monkey hippocampal dentate gyrus. *The Journal of Comparative Neurology, 373*(4), 593-618. Czéh, B., y Fuchs, E. (2016). Remodeling of Neural Networks by Stress. *Stress: Concepts, Cognition, Emotion, and Behavior*, 117-126.].

29. Eklund, A., Flykt, A., Frank, J., y Johansson, M. (2020). Animal owners' appraisal of large carnivore presence and use of interventions to prevent carnivore attacks on domestic animals in Sweden. *European Journal of Wildlife Research, 66*:31.

30. Hagen, B., Albright, A., Sargeant, J., Winder, C. B., Harper, S. L., O'Sullivan, T. L., y Jones-Bitton, A. (2019). Research trends in farmers' mental health: A scoping review of mental health outcomes and interventions among farming populations worldwide. *PloS one, 14*(12), e0225661. Daghagh Yazd, S., Wheeler, S. A., y Zuo, A. (2019). Key Risk Factors Affecting Farmers' Mental Health: A Systematic Review. *International Journal of Environmental Research and Public Health, 16*(23), 4849.

31. Puedes leer la historia de Michael aquí de su puño y letra: Kaplan, M. S. (2001). Environment complexity stimulates visual cortex neurogenesis: death of a dogma and a research career. *Trends in Neurosciences, 24*(10), 617-620.

32. McEwen, B. S., Weiss, J. M., y Schwartz, L. S. (1968). Selective Retention of Corticosterone by Limbic Structures in Rat Brain. *Nature, 220*(5170), 911-912.

33. El primero en reivindicar la naturaleza cambiante del cerebro humano fue Joseph Altman, quien en 1962 habló de «neurogénesis adulta» [Altman, J. (1962). Are

New Neurons Formed in the Brains of Adult Mammals? *Science, 135*(3509), 1127-1128. Altman, J., y Das, G. D. (1965). Autoradiographic and histological evidence of postnatal hippocampal neurogenesis in rats. *The Journal of Comparative Neurology, 124*(3), 319-335.]. Más adelante vinieron otros como Bruce McEwen [Gould, E., y McEwen, B. S. (1993). Neuronal birth and death. *Current Opinion in Neurobiology, 3*(5), 676-682.], Elizabeth Gould [Cameron, H. A., y Gould, E. (1994). Adult neurogenesis is regulated by adrenal steroids in the dentate gyrus. *Neuroscience, 61*(2), 203-209. Gould, E., y Gross, C. G. (2002). Neurogenesis in Adult Mammals: Some Progress and Problems. *The Journal of Neuroscience, 22*(3), 619-623.] o Michael Kaplan [Kaplan, M., y Hinds, J. (1977). Neurogenesis in the adult rat: electron microscopic analysis of light radioautographs. *Science, 197*(4308), 1092-1094. Kaplan M. S. (1981). Neurogenesis in the 3-month-old rat visual cortex. *The Journal of Comparative Neurology, 195*(2), 323-338.].

34. Horwitz, R. I., Singer, B. H., y Seeman, T. E. (2020). Biology and Lived Experience in Health and Disease: A Tribute to Bruce McEwen (1938-2020), a Scientist without Silos. *Psychotherapy and Psychosomatics, 1*-6.

45. Cameron, H. A., y Gould, E. (1994). Adult neurogenesis is regulated by adrenal steroids in the dentate gyrus. *Neuroscience, 61*(2), 203-209. Cameron, H. A., y McKay, R. D. (1999). Restoring production of hippocampal neurons in old age. *Nature Neuroscience, 2*(10), 894-897. Tanapat, P., Hastings, N. B., Rydel, T. A., Galea, L. A., y Gould, E. (2001). Exposure to fox odor inhibits cell proliferation in the hippocampus of adult rats via an adrenal hormone-dependent mechanism. *The Journal of Comparative Neurology*, 437(4), 496-504.

36. El concepto de «alostasis» fue introducido por Sterling y Eyer a finales de los ochenta [Sterling, P., y Eyer, J. (1988). Allostasis: A new paradigm to explain arousal pathology. En: Fisher, S., y Reason, J. (Eds.). *Handbook of Life Stress, Cognition and Health*. John Wiley & Sons. (pp. 629-649).] y sentó los cimientos del trabajo de Bruce [McEwen, B. S., y Stellar, E. (1993). Stress and the individual. Mechanisms leading to disease. *Archives of internal medicine, 153*(18), 2093–2101. McEwen B. S. (1998). Stress, adaptation, and disease. Allostasis and allostatic load. *Annals of the New York Academy of Sciences, 840*, 33-44. McEwen, B. S. (2007). Physiology and neurobiology of stress and adaptation: central role of the brain. Physiological reviews, 87(3), 873-904.]. Una revisión reciente de la idea de «carga alostática» aquí: Guidi, J., Lucente, M., Sonino, N., y Fava, G. A. (2021). Allostatic Load and Its Impact on Health: A Systematic Review. *Psychotherapy and Psychosomatics, 90*(1), 11-27.

37. McEwen, B. S., y Stellar, E. (1993). Stress and the individual. Mechanisms leading to disease. *Archives of internal medicine, 153*(18), 2093-2101. McEwen, B. S. (1998). Stress, adaptation, and disease. Allostasis and allostatic load. *Annals of the New York Academy of Sciences, 840*, 33-44. McEwen, B. S. (2007). Physiology and neurobiology of stress and adaptation: central role of the brain. *Physiological Reviews, 87*(3), 873-904. McEwen, B. S. (2012). Brain on stress: how the social environment

gets under the skin. *Proceedings of the National Academy of Sciences of the United States of America, 109 Suppl 2(Suppl 2)*, 17180-17185.

38. Karlamangla, A. S., Singer, B. H., y Seeman, T. E. (2006). Reduction in allostatic load in older adults is associated with lower all-cause mortality risk: MacArthur studies of successful aging. *Psychosomatic Medicine, 68*(3), 500-507. Seeman, T. E., Crimmins, E., Huang, M. H., Singer, B., Bucur, A., Gruenewald, T., Berkman, L. F., y Reuben, D. B. (2004). Cumulative biological risk and socio-economic differences in mortality: MacArthur studies of successful aging. *Social Science and Medicine, 58*(10), 1985-1997. Hasson, D., Von Thiele Schwarz, U., y Lindfors, P. (2009). Self-rated Health and Allostatic Load in Women Working in Two Occupational Sectors. *Journal of Health Psychology, 14*(4), 568-577.

39. Seeman, T. E., Singer, B. H., Rowe, J. W., Horwitz, R. I., y McEwen, B. S. (1997). Price of adaptation: Allostatic load and its health consequences: MacArthur studies of successful aging. *Archives of Internal Medicine, 157*(19), 2259-2268. Karlamangla, A. S., Singer, B. H., McEwen, B. S., Rowe, J. W., y Seeman, T. E. (2002). Allostatic load as a predictor of functional decline: MacArthur studies of successful aging. *Journal of Clinical Epidemiology, 55*(7), 696-710. Karlamangla, A. S., Singer, B. H., y Seeman, T. E. (2006). Reduction in allostatic load in older adults is associated with lower all-cause mortality risk: MacArthur studies of successful aging. *Psychosomatic Medicine, 68*(3), 500-507. Lindfors, P., Lundberg, O., y Lundberg, U. (2006). Allostatic load and clinical risk as related to sense of coherence in middle-aged women. *Psychosomatic Medicine, 68*(5), 801-807.

40. Lazarus, R. S. (1999). *Stress and emotion: A new synthesis*. Springer Publishing Co. Zautra, A. J. (2003). *Emotions, stress, and health*. Oxford University Press. Almeida, D. M. (2005). Resilience and Vulnerability to Daily Stressors Assessed via Diary Methods. *Current Directions in Psychological Science, 14*(2), 64-68.

41. Van Eck, M., Berkhof, H., Nicolson, N., y Sulon, J. (1996). The effects of perceived stress, traits, mood states, and stressful daily events on salivary cortisol. *Psychosomatic Medicine, 58*(5), 447-458. McEwen, B. S. (2003). Mood disorders and allostatic load. *Biological Psychiatry, 54*(3), 200-207.

42. McEwen B. S. (1998). Protective and damaging effects of stress mediators. *The New England Journal of Medicine, 338*(3), 171-179. McEwen, B. S., y Wingfield, J. C. (2003). The concept of allostasis in biology and biomedicine. *Hormones and Behavior, 43*(1), 2-15. Fava, G. A., McEwen, B. S., Guidi, J., Gostoli, S., Offidani, E., y Sonino, N. (2019). Clinical characterization of allostatic overload. *Psychoneuroendocrinology, 108*, 94-101.

43. Müller, M. J. (2011). Helplessness and perceived pain intensity: relations to cortisol concentrations after electrocutaneous stimulation in healthy young men. *BioPsychoSocial Medicine, 5*, 8. Johansson, A. C., Gunnarsson, L. G., Linton, S. J., Bergkvist, L., Stridsberg, M., Nilsson, O., y Cornefjord, M. (2008). Pain, disability and coping reflected in the diurnal cortisol variability in patients scheduled for lumbar

disc surgery. *European Journal of Pain (London, England), 12*(5), 633-640. Quartana, P. J., Buenaver, L. F., Edwards, R. R., Klick, B., Haythornthwaite, J. A., y Smith, M. T. (2010). Pain catastrophizing and salivary cortisol responses to laboratory pain testing in temporomandibular disorder and healthy participants. *The Journal of Pain, 11*(2), 186-194. Hannibal, K. E., y Bishop, M. D. (2014). Chronic stress, cortisol dysfunction, and pain: a psychoneuroendocrine rationale for stress management in pain rehabilitation. *Physical Therapy, 94*(12), 1816-1825.

44. Supongamos que somos un cerebro decidido a poner fin a la dictadura de la supervivencia. Este es el plan. Una vez que el pensamiento inútil entra en escena, disponemos de un par de minutos para acceder al núcleo paraventricular en el hipotálamo y cerrar la llave de la hormona liberadora de corticotropina (CRH), evitando así que los corruptos glucocorticoides sigan devastando al organismo. Para ello debemos colarnos en la sala de máquinas del hipotálamo [Levy, B. H., y Tasker, J. G. (2012). Synaptic regulation of the hypothalamic-pituitary-adrenal axis and its modulation by glucocorticoids and stress. *Frontiers in cellular neuroscience, 6*, 24. Kakizawa, K., Watanabe, M., Mutoh, H., Okawa, Y., Yamashita, M., Yanagawa, Y., Itoi, K., Suda, T., Oki, Y., y Fukuda, A. (2016). A novel GABA-mediated corticotropin-releasing hormone secretory mechanism in the median eminence. *Science advances, 2*(8), e1501723.] y, una vez en ella, cortar el cable rojo que inhibe las neuronas CRH. No hay margen de error. Entretanto, Lady GABA debe ingresar en la amígdala e inhibir la respuesta superviviente. En condiciones no estresantes, Lady GABA ejerce una acción inhibitoria sobre las neuronas CRH del hipotálamo [Roland, B. L., y Sawchenko, P. E. (1993). Local origins of some GABAergic projections to the paraventricular and supraoptic nuclei of the hypothalamus in the rat. *The Journal of Comparative Neurology, 332*(1), 123-143. Tasker, J. G., y Dudek, F. E. (1993). Local inhibitory synaptic inputs to neurones of the paraventricular nucleus in slices of rat hypothalamus. *The Journal of physiology, 469*, 179-192. Levy, B. H., y Tasker, J. G. (2012). Synaptic regulation of the hypothalamic-pituitary-adrenal axis and its modulation by glucocorticoids and stress. *Frontiers in Cellular Neuroscience, 6*, 24. Miller, S., y Maguire, J. (2014). Deficits in KCC2 and activation of the HPA axis lead to depression-like behavior following social defeat. *Hormonal Studies, 2*(1), 2.]. La biología de la supervivencia interrumpe la comunicación de Lady GABA con la amígdala [Giachero, M., Calfa, G. D., y Molina, V. A. (2013). Hippocampal structural plasticity accompanies the resulting contextual fear memory following stress and fear conditioning. *Learning & memory (Cold Spring Harbor, N.Y.), 20*(11), 611-616.]. Tras sufrir una descarga eléctrica del orden de dos miliamperios, la amígdala basolateral de una manada de ratoncitos supervivientes presenta una activación GABAérgica deficiente [Jiao, X., Pang, K. C., Beck, K. D., Minor, T. R., y Servatius, R. J. (2011). Avoidance perseveration during extinction training in Wistar-Kyoto rats: an interaction of innate vulnerability and stressor intensity. *Behavioural Brain Research, 221*(1), 98-107.]. En cierto modo, el estrés crónico da lugar a una pérdida permanente de la

corriente del receptor tónico GABAA en las neuronas de proyección amigdalianas [Liu, Z. P., Song, C., Wang, M., He, Y., Xu, X. B., Pan, H. Q., Chen, W. B., Peng, W. J., y Pan, B. X. (2014). Chronic stress impairs GABAergic control of amygdala through suppressing the tonic GABAA receptor currents. *Molecular Brain, 7*, 32.]. Como cereza del pastel, una revisión que reúne evidencia acerca de los mecanismos que gobiernan los circuidos de Lady GABA y su relación con la biología de la supervivencia [Jie, F., Yin, G., Yang, W., Yang, M., Gao, S., Lv, J., y Li, B. (2018). Stress in Regulation of GABA Amygdala System and Relevance to Neuropsychiatric Diseases. *Frontiers in Neuroscience, 12*, 562.]. El tiempo apremia. Si un nuevo pensamiento inútil fuera usado durante este período de tiempo, el hipotálamo liberaría más CRH afianzando la presencia del cortisol en el organismo. La misión se iría al carajo. Y cualquier esfuerzo habrá sido en vano. Fisiológicamente es arriesgado. Pero factible.

45. Puedes encontrar una explicación larga y tendida de los principales factores de sobrecarga alostática en el trabajo de Bruce McEwen [McEwen B. S. (1998). Protective and damaging effects of stress mediators. *The New England Journal of Medicine, 338*(3), 171-179. McEwen, B. S. (2008). Central effects of stress hormones in health and disease: Understanding the protective and damaging effects of stress and stress mediators. *European journal of pharmacology, 583*(2-3), 174-185.].

46. Carroll, R. G. (2007). Endocrine System. *Elsevier's Integrated Physiology*, 157-176. Pilozzi, A., Carro, C., y Huang, X. (2020). Roles of -Endorphin in Stress, Behavior, Neuroinflammation, and Brain Energy Metabolism. *International Journal of Molecular Sciences, 22*(1), 338.

47. Wise, R. A. (2004). Dopamine, learning and motivation. *Nature Reviews Neuroscience, 5*(6), 483-494. Berke, J. D. (2018). What does dopamine mean? *Nature Neuroscience, 21*(6), 787-793.

48. A pesar de que se ha visto coquetear a la serotonina con más de uno (el estado de ánimo, la percepción, la recompensa, la ira, la agresión, el apetito, la memoria, la sexualidad o la atención [Berger, M., Gray, J. A., y Roth, B. L. (2009). The expanded biology of serotonin. *Annual review of medicine, 60*, 355-366.]), guarda una estrecha relación con la felicidad [Mitchell, R. L. C., y Phillips, L. H. (2007). The psychological, neurochemical and functional neuroanatomical mediators of the effects of positive and negative mood on executive functions. *Neuropsychologia, 45*(4), 617-629. Dfarhud, D., Malmir, M., y Khanahmadi, M. (2014). Happiness y Health: The Biological Factors- Systematic Review Article. *Iranian journal of public health, 43*(11), 1468-1477.].

49. Parker, G., Parker, I., y Brotchie, H. (2006). Mood state effects of chocolate. *Journal of Affective Disorders, 92*(2-3), 149-159. Macht, M., y Mueller, J. (2007). Immediate effects of chocolate on experimentally induced mood states. *Appetite, 49*(3), 667-674. Wong, S. Y., y Lua, P. L. (2011). Chocolate: food for moods. *Malaysian journal of nutrition, 17*(2), 259-269.

50. Gianoulakis, C. (2004). Endogenous Opioids and Addiction to Alcohol and other Drugs of Abuse. *Current Topics in Medicinal Chemistry, 4*(1), 39-50. Sarkar, D. K., Sengupta, A., Zhang, C., Boyadjieva, N., y Murugan, S. (2012). Opiate Antagonist Prevents μ- and Opiate Receptor Dimerization to Facilitate Ability of Agonist to Control Ethanol-altered Natural Killer Cell Functions and Mammary Tumor Growth. *Journal of Biological Chemistry, 287*(20), 16734-16747. Dunbar, R. I. M., Launay, J., Wlodarski, R., Robertson, C., Pearce, E., Carney, J., y MacCarron, P. (2016). Functional Benefits of (Modest) Alcohol Consumption. *Adaptive Human Behavior and Physiology, 3*(2), 118-133.

51. Dietrich, O., Heun, M., Notroff, J., Schmidt, K., y Zarnkow, M. (2012). The role of cult and feasting in the emergence of Neolithic communities. New evidence from Göbekli Tepe, south-eastern Turkey. *Antiquity, 86*(333), 674-695.

52. Investigadores de la Universidad de Barcelona encontraron rastros de vino blanco en la tumba del faraón: Guasch-Jané, M. R., Andrés-Lacueva, C., Jáuregui, O., y Lamuela-Raventós, R. M. (2006). First evidence of white wine in ancient Egypt from Tutankhamun's tomb. *Journal of Archaeological Science, 33*(8), 1075-1080.

53. En la actualidad existe una controversia con respecto al consumo moderado de alcohol. Mientras los de KAS naranja aseguran que la cervecita del fin de semana está relacionada con más de doscientos problemas de salud [Global status report on alcohol and health 2018. Geneva: World Health Organization; 2018. Disponible a 30 de agosto de 2022 en: <https://iogt.org/wp-content/uploads/2018/09/WHO-GSR-Alcohol-2018.pdf>.] y sesenta enfermedades [Rehm, J., Room, R., Graham, K., Monteiro, M., Gmel, G., y Sempos, C. T. (2003). The relationship of average volume of alcohol consumption and patterns of drinking to burden of disease: an overview. *Addiction (Abingdon, England), 98*(9), 1209-1228. Rehm, J. (2011). The risks associated with alcohol use and alcoholism. *Alcohol research & health, 34*(2), 135-143. GBD 2016 Alcohol Collaborators (2018). Alcohol use and burden for 195 countries and territories, 1990-2016: a systematic analysis for the Global Burden of Disease Study 2016. *Lancet (London, England), 392*(10152), 1015-1035.], los de KAS limón reúnen evidencias de que una copita de vino al día tiene efectos beneficiosos sobre la cognición [Dunbar, R. I. M., Launay, J., Wlodarski, R., Robertson, C., Pearce, E., Carney, J., y MacCarron, P. (2016). Functional Benefits of (Modest) Alcohol Consumption. *Adaptive Human Behavior and Physiology, 3*(2), 118-133.], protege nuestro corazón [Ronksley, P. E., Brien, S. E., Turner, B. J., Mukamal, K. J., y Ghali, W. A. (2011). Association of alcohol consumption with selected cardiovascular disease outcomes: a systematic review and meta-analysis. *BMJ (Clinical research ed.), 342*, d671.] y reduce el riesgo de padecer diabetes [Howard, A. A., Arnsten, J. H., y Gourevitch, M. N. (2004). Effect of alcohol consumption on diabetes mellitus: a systematic review. *Annals of internal medicine, 140*(3), 211-219.]. Un *review* interesante en: Iranpour, A., y Nakhaee, N. (2019). A Review of Alcohol-Related Harms: A Recent Update. *Addiction & health, 11*(2), 129-137.

54. Grivetti y Shapiro (2009). *Chocolate: History, Culture, and Heritage*. Apéndice 8. John Wiley y Sons, Inc. Cornejo, O. E., Yee, M. C., Dominguez, V., Andrews, M., Sockell, A., Strandberg, E., Livingstone, D., 3rd, Stack, C., Romero, A., Umaharan, P., Royaert, S., Tawari, N. R., Ng, P., Gutierrez, O., Phillips, W., Mockaitis, K., Bustamante, C. D., y Motamayor, J. C. (2018). Population genomic analyses of the chocolate tree, Theobroma cacao L., provide insights into its domestication process. *Communications Biology, 1*(1).

55. Del Prete, M., y Samoggia, A. (2020). Chocolate Consumption and Purchasing Behaviour Review: Research Issues and Insights for Future Research. *Sustainability, 12*(14), 5586.

56. Anthenelli, R. M. (2012). Overview: stress and alcohol use disorders revisited. *Alcohol research: current reviews, 34*(4), 386-390. Van Draanen, J., Prelip, M., y Upchurch, D. M. (2018). Consumption of fast food, sugar-sweetened beverages, artificially-sweetened beverages and allostatic load among young adults. *Preventive Medicine Reports, 10*, 212-217. Rogers, J. M., Epstein, D. H., Phillips, K., Strickland, J. C., y Preston, K. L. (2021). Exploring the Relationship Between Substance Use and Allostatic Load in a Treatment/Research Cohort and in a US Probability Sample (NHANES 2009-2016). *Frontiers in psychiatry, 12*, 630195.

57. National Center for Health Statistics. (2005). QuickStats: Percentage of adults who reported an average of 6 hours of sleep per 24-hour period, by sex and age group-United States, 1985 and 2004. *MMWR Morb Mortal Wkly Rep, 54*(37), 933.

58. Bonnet, M. H., y Arand, D. L. (1995). We are chronically sleep deprived. *Sleep, 18*(10), 908-911. Hale, L., y Guan, S. (2015). Screen time and sleep among school-aged children and adolescents: a systematic literature review. *Sleep Medicine Reviews, 21*, 50-58.

59. McEwen, B. S. (1993). Stress and the Individual. *Archives of Internal Medicine, 153*(18), 2093. Van Cauter, E., y Spiegel, K. (1999). Sleep as a Mediator of the Relationship between Socioeconomic Status and Health: A Hypothesis. *Annals of the New York Academy of Sciences, 896*(1), 254-261. McEwen, B. S. (2006). Sleep deprivation as a neurobiologic and physiologic stressor: allostasis and allostatic load. *Metabolism, 55*, S20-S23. Clark, A. J., Dich, N., Lange, T., Jennum, P., Hansen, Å. M., Lund, R., y Rod, N. H. (2014). Impaired sleep and allostatic load: cross-sectional results from the Danish Copenhagen Aging and Midlife Biobank. *Sleep Medicine, 15*(12), 1571-1578. Liu, J. C. J., Verhulst, S., Massar, S. A. A., y Chee, M. W. L. (2015). Sleep Deprived and Sweating It Out: The Effects of Total Sleep Deprivation on Skin Conductance Reactivity to Psychosocial Stress. *Sleep, 38*(1), 155-159. Van Dalfsen, J. H., y Markus, C. R. (2018). The influence of sleep on human hypothalamic-pituitary-adrenal (HPA) axis reactivity: A systematic review. *Sleep Medicine Reviews, 39*, 187-194.

60. Aquí todos los detalles en cuanto a los niveles matutinos de cortisol [Leproult, R., Copinschi, G., Buxton, O., y Van Cauter, E. (1997). Sleep loss results in

an elevation of cortisol levels the next evening. *Sleep, 20*(10), 865-870.]. Una aclaración: el cortisol se suele utilizar como biomarcador en el ámbito del estrés [Law, R., Hucklebridge, F., Thorn, L., Evans, P., y Clow, A. (2013). State variation in the cortisol awakening response. *Stress, 16*(5), 483-492.]. Sin embargo, dando un paseo por repositorios científicos es fácil encontrar estudios que arrojan resultados contradictorios. Y es que la hormona tiene sus manías. El cortisol es altamente sensible al ritmo natural del organismo [Russell, E., Koren, G., Rieder, M., y Van Uum, S. (2012). Hair cortisol as a biological marker of chronic stress: current status, future directions and unanswered questions. *Psychoneuroendocrinology, 37*(5), 589-601.], a los famosos ritmos circadianos, y es algo que los investigadores que deciden utilizar muestras de sangre, orina o saliva deben tener en cuenta. Lamentablemente no siempre se hace. La solución más efectiva a la hora de estudiar el cortisol si no queremos entrar en el tema de los ritmos circadianos, es medir la cantidad de cortisol en el cabello. Tres centímetros de cabello son capaces de contarnos las historias del cortisol en los últimos tres meses [Stalder, T., y Kirschbaum, C. (2012). Analysis of cortisol in hair-state of the art and future directions. *Brain, behavior, and immunity, 26*(7), 1019-1029.].

61. Van Cauter, E., y Spiegel, K. (1999). Sleep as a Mediator of the Relationship between Socioeconomic Status and Health: A Hypothesis. *Annals of the New York Academy of Sciences, 896*(1), 254-261. Meier-Ewert, H. K., Ridker, P. M., Rifai, N., Regan, M. M., Price, N. J., Dinges, D. F., y Mullington, J. M. (2004). Effect of sleep loss on C-reactive protein, an inflammatory marker of cardiovascular risk. *Journal of the American College of Cardiology, 43*(4), 678-683. Van Leeuwen, W. M., Lehto, M., Karisola, P., Lindholm, H., Luukkonen, R., Sallinen, M., Härmä, M., Porkka-Heiskanen, T., y Alenius, H. (2009). Sleep restriction increases the risk of developing cardiovascular diseases by augmenting proinflammatory responses through IL-17 and CRP. *PloS one, 4*(2), e4589. Mullington, J. M., Haack, M., Toth, M., Serrador, J. M., y Meier-Ewert, H. K. (2009). Cardiovascular, inflammatory, and metabolic consequences of sleep deprivation. *Progress in cardiovascular diseases, 51*(4), 294-302.

62. Brunborg, G. S., Mentzoni, R. A., Molde, H., Myrseth, H., Skouverøe, K. J., Bjorvatn, B., y Pallesen, S. (2011). The relationship between media use in the bedroom, sleep habits and symptoms of insomnia. *Journal of sleep research, 20*(4), 569-575. Lanaj, K., Johnson, R. E., y Barnes, C. M. (2014). Beginning the workday yet already depleted? Consequences of late-night smartphone use and sleep. *Organizational Behavior and Human Decision Processes, 124*(1), 11-23. Clark, A. J., Dich, N., Lange, T., Jennum, P., Hansen, Å. M., Lund, R., y Rod, N. H. (2014). Impaired sleep and allostatic load: cross-sectional results from the Danish Copenhagen Aging and Midlife Biobank. *Sleep Medicine, 15*(12), 1571-1578.

63. Posner, M. I., y Petersen, S. E. (1990). The Attention System of the Human Brain. *Annual Review of Neuroscience, 13*(1), 25-42. Corbetta, M., Patel, G., y Shul-

man, G. L. (2008). The Reorienting System of the Human Brain: From Environment to Theory of Mind. *Neuron, 58*(3), 306-324.

64. Madore, K. P., y Wagner, A. D. (2019). Multicosts of Multitasking. *Cerebrum: the Dana forum on brain science, 2019*, cer-04-19.

65. Wetherell, M. A., y Carter, K. (2013). The Multitasking Framework: The Effects of Increasing Workload on Acute Psychobiological Stress Reactivity. *Stress and Health, 30*(2), 103-109. Becker, L., Kaltenegger, H. C., Nowak, D., Weigl, M., y Rohleder, N. (2022). Physiological stress in response to multitasking and work interruptions: Study protocol. *PloS one, 17*(2), e0263785.

66. Brod, C. (1982). Managing technostress: optimizing the use of computer technology. *The Personnel journal, 61*(10), 753-757. Salanova, M., Llorens, S., y Cifre, E. (2013). The dark side of technologies: technostress among users of information and communication technologies. *International journal of psychology: Journal international de psychologie, 48*(3), 422-436. Reinecke, L., Aufenanger, S., Beutel, M. E., Dreier, M., Quiring, O., Stark, B., Wölfling, K., y Müller, K. W. (2016). Digital Stress over the Life Span: The Effects of Communication Load and Internet Multitasking on Perceived Stress and Psychological Health Impairments in a German Probability Sample. *Media Psychology, 20*(1), 90-115.

67. Berman, M. G., Jonides, J., y Kaplan, S. (2008). The cognitive benefits of interacting with nature. *Psychological science, 19*(12), 1207-1212. Hartig, T., Mitchell, R., de Vries, S., y Frumkin, H. (2014). Nature and health. *Annual review of public health, 35*, 207-228.

68. Kaplan, S. (1995). The restorative benefits of nature: Toward an integrative framework. *Journal of Environmental Psychology, 15*, 169-182. Kaplan, S. (2001). Meditation, restoration, and the management of mental fatigue. *Environment and Behavior, 33*, 480-506. Fan, J., McCandliss, B. D., Fossella, J., Flombaum, J. I., y Posner, M. I. (2005). The activation of attentional networks. *NeuroImage, 26*, 471-479. Buschman, T. J., y Miller, E. K. (2007). Top-down versus bottom-up control of attention in the prefrontal and posterior parietal cortices. *Science, 315*, 1860-1862.

69. Corbetta, M., y Shulman, G. L. (2002). Control of goal-directed and stimulus-driven attention in the brain. *Nature Reviews Neuroscience, 3*, 201-215.

70. Dehaene, S., y Changeux, J. P. (2011). Experimental and theoretical approaches to conscious processing. *Neuron, 70*(2), 200-227.

71. Fan, J., McCandliss, B. D., Sommer, T., Raz, A., y Posner, M. I. (2002). Testing the efficiency and independence of attentional networks. *Journal of Cognitive Neuroscience, 14*, 340-347.

72. Moruzzi, G., y Magoun, H. W. (1949). Brain stem reticular formation and activation of the EEG. *Electroencephalography and Clinical Neurophysiology, 1*(1-4), 455-473.

73. Posner, M. I., y Petersen, S. E. (1990). The Attention System of the Human Brain. *Annual Review of Neuroscience, 13*(1), 25-42.

74. Berman, M. G., Jonides, J., y Kaplan, S. (2008). The cognitive benefits of interacting with nature. *Psychological science, 19*(12), 1207-1212.

75. Kaplan, S. (1995). The restorative benefits of nature: Toward an integrative framework. *Journal of Environmental Psychology, 15*, 169-182.

76. Ulrich, R. S. (1984). View through a window may influence recovery from surgery. *Science (New York, N.Y.), 224*(4647), 420-421. Verderber, S. (1986). Dimensions Ofperson-Window. *Transactionsin the Hospital Environment. Environment and Behavior, 18*(4), 450-466. Elf, M., Anåker, A., Marcheschi, E., Sigurjónsson, Á., y Ulrich, R. S. (2020). The built environment and its impact on health outcomes and experiences of patients, significant others and staff-A protocol for a systematic review. *Nursing open, 7*(3), 895-899.

77. Moore, E. O. (1981). A Prison Environment's Effect on Health Care Service Demands. *Journal of Environmental Systems, 11*, 17-34.

78. Acerca de los beneficios de la relación humano-mascota [Binfet, J.-T., y Passmore, H.-A. (2016). Hounds and Homesickness: The Effects of an Animal-assisted Therapeutic Intervention for First-Year University Students. *Anthrozoös, 29*(3), 441-454. Crossman, M. K. (2017). Effects of Interactions With Animals On Human Psychological Distress. *Journal of clinical psychology, 73*(7), 761-784. Binfet, J. T., Passmore, H. A., Cebry, A., Struik, K., y McKay, C. (2018). Reducing university students' stress through a drop-in canine-therapy program. *Journal of mental health (Abingdon, England), 27*(3), 197-204. Machová, K., Procházková, R., Vadroňová, M., Součková, M., y Prouzová, E. (2020). Effect of Dog Presence on Stress Levels in Students under Psychological Strain: A Pilot Study. *International journal of environmental research and public health, 17*(7), 2286.]. Una propuesta tan atrevida como brillante sugiere que los mecanismos de agencia neuronales perciben el espacio como si fuera una criatura [Bernardet, U., Aleixandri, J. S., y Verschure, P. F. (2017). An Interactive Space as a Creature: Mechanisms of Agency Attribution and Autotelic Experience. *International Journal of Virtual and Augmented Reality (IJVAR), 1*(1), 1-15.]. ¿Alguien da más?

79. Cimprich, B., y Ronis, D. L. (2003). An Environmental Intervention to Restore Attention in Women With Newly Diagnosed Breast Cancer. *Cancer Nursing, 26*(4), 284-292. Stark, M. A. (2003). Restoring Attention in Pregnancy. *Clinical Nursing Research, 12*(3), 246-265.

80. Li, Q., Morimoto, K., Nakadai, A., Inagaki, H., Katsumata, M., Shimizu, T., Hirata, Y., Hirata, K., Suzuki, H., Miyazaki, Y., Kagawa, T., Koyama, Y., Ohira, T., Takayama, N., Krensky, A. M., y Kawada, T. (2007). Forest bathing enhances human natural killer activity and expression of anti-cancer proteins. *International journal of immunopathology and pharmacology, 20*(2 Suppl 2), 3-8. Li, Q., Morimoto, K., Kobayashi, M., Inagaki, H., Katsumata, M., Hirata, Y., Hirata, K., Shimizu, T., Li, Y. J., Wakayama, Y., Kawada, T., Ohira, T., Takayama, N., Kagawa, T., y Miyazaki, Y. (2008). A forest bathing trip increases human natural killer activity and expression of

anti-cancer proteins in female subjects. *Journal of biological regulators and homeostatic agents, 22*(1), 45-55. Li, Q., Kobayashi, M., Inagaki, H., Hirata, Y., Li, Y. J., Hirata, K., Shimizu, T., Suzuki, H., Katsumata, M., Wakayama, Y., Kawada, T., Ohira, T., Matsui, N., y Kagawa, T. (2010). A day trip to a forest park increases human natural killer activity and the expression of anti-cancer proteins in male subjects. *Journal of biological regulators and homeostatic agents, 24*(2), 157-165.

81. Li, Q., Otsuka, T., Kobayashi, M., Wakayama, Y., Inagaki, H., Katsumata, M., Hirata, Y., Li, Y., Hirata, K., Shimizu, T., Suzuki, H., Kawada, T., y Kagawa, T. (2011). Acute effects of walking in forest environments on cardiovascular and metabolic parameters. *European journal of applied physiology, 111*(11), 2845-2853. Yu, C. P., Lin, C. M., Tsai, M. J., Tsai, Y. C., y Chen, C. Y. (2017). Effects of Short Forest Bathing Program on Autonomic Nervous System Activity and Mood States in Middle-Aged and Elderly Individuals. *International journal of environmental research and public health, 14*(8), 897.

82. Bowler, D. E., Buyung-Ali, L. M., Knight, T. M., y Pullin, A. S. (2010). A systematic review of evidence for the added benefits to health of exposure to natural environments. *BMC public health, 10*, 456. Lee, J., Tsunetsugu, Y., Takayama, N., Park, B. J., Li, Q., Song, C., Komatsu, M., Ikei, H., Tyrväinen, L., Kagawa, T., y Miyazaki, Y. (2014). Influence of forest therapy on cardiovascular relaxation in young adults. *Evidence-based complementary and alternative medicine: eCAM, 2014*, 834360. Hansen, M. M., Jones, R., y Tocchini, K. (2017). Shinrin-Yoku (Forest Bathing) and Nature Therapy: A State-of-the-Art Review. *International journal of environmental research and public health, 14*(8), 851. Twohig-Bennett, C., y Jones, A. (2018). The health benefits of the great outdoors: A systematic review and meta-analysis of greenspace exposure and health outcomes. *Environmental research, 166*, 628-637. Wen, Y., Yan, Q., Pan, Y., Gu, X., y Liu, Y. (2019). Medical empirical research on forest bathing (Shinrin-yoku): a systematic review. *Environmental health and preventive medicine, 24*(1), 70. Corazon, S. S., Sidenius, U., Poulsen, D. V., Gramkow, M. C., y Stigsdotter, U. K. (2019). Psycho-Physiological Stress Recovery in Outdoor Nature-Based Interventions: A Systematic Review of the Past Eight Years of Research. *International journal of environmental research and public health, 16*(10), 1711. Stier-Jarmer, M., Throner, V., Kirschneck, M., Immich, G., Frisch, D., y Schuh, A. (2021). The Psychological and Physical Effects of Forests on Human Health: A Systematic Review of Systematic Reviews and Meta-Analyses. *International journal of environmental research and public health, 18*(4), 1770.

83. Ochiai, H., Ikei, H., Song, C., Kobayashi, M., Miura, T., Kagawa, T., Li, Q., Kumeda, S., Imai, M., y Miyazaki, Y. (2015). Physiological and Psychological Effects of a Forest Therapy Program on Middle-Aged Females. *International journal of environmental research and public health, 12*(12), 15222-15232. Jia, B. B., Yang, Z. X., Mao, G. X., Lyu, Y. D., Wen, X. L., Xu, W. H., Lyu, X. L., Cao, Y. B., y Wang, G. F. (2016). Health Effect of Forest Bathing Trip on Elderly Patients with Chronic Ob-

structive Pulmonary Disease. *Biomedical and environmental sciences: BES, 29*(3), 212-218. Kobayashi, H., Song, C., Ikei, H., Park, B. J., Lee, J., Kagawa, T., y Miyazaki, Y. (2017). Population-Based Study on the Effect of a Forest Environment on Salivary Cortisol Concentration. *International journal of environmental research and public health, 14*(8), 931.

84. Ochiai, H., Ikei, H., Song, C., Kobayashi, M., Takamatsu, A., Miura, T., Kagawa, T., Li, Q., Kumeda, S., Imai, M., y Miyazaki, Y. (2015). Physiological and psychological effects of forest therapy on middle-aged males with high-normal blood pressure. *International journal of environmental research and public health, 12*(3), 2532-2542. Li, Q., Kobayashi, M., Kumeda, S., Ochiai, T., Miura, T., Kagawa, T., Imai, M., Wang, Z., Otsuka, T., y Kawada, T. (2016). Effects of Forest Bathing on Cardiovascular and Metabolic Parameters in Middle-Aged Males. *Evidence-based complementary and alternative medicine: eCAM, 2016,* 2587381.

85. Cimprich, B. (1993). Development of an intervention to restore attention in cancer patients. *Cancer Nursing, 16*, 83-92. Tennessen, C. M., y Cimprich, B. (1995). Views to nature: Effects on attention. *Journal of Environmental Psychology, 15*, 77-85. Faber Taylor, A. F., Kuo, F. E., y Sullivan, W. C. (2002). Views of nature and self-discipline: Evidence from inner city children. *Journal of Environmental Psychology, 22*, 49-63. Hartig, T., Evans, G. W., Jamner, L. D., Davis, D. S., y Garling, T. (2003). Tracking restoration in natural and urban field settings. *Journal of Environmental Psychology, 23*, 109-123. Cimprich, B., y Ronis, D. L. (2003). An environmental intervention to restore attention in women with newly diagnosed breast cancer. *Cancer Nursing, 26*, 284-292. Berto, R. (2005). Exposure to restorative environments helps restore attentional capacity. *Journal of Environmental Psychology, 25*, 249-259. Ottosson, J., y Grahn, P. (2005). A comparison of leisure time spent in a garden with leisure time spent indoors: On measures of restoration in residents in geriatric care. *Landscape Research, 30*, 23-55. Berman, M. G., Jonides, J., y Kaplan, S. (2008). The cognitive benefits of interacting with nature. *Psychological Science, 19*(12), 1207-1212. Stigsdotter, U. K., Palsdottir, A. M., Burls, A., Chermaz, A., Ferrini, F., y Grahn, P. (2011). Nature-based therapeutic interventions. En *Forests, trees and human health*. Springer. (pp. 309-342).

86. Engström, L.-M. (2008). Who is physically active? Cultural capital and sports participation from adolescence to middle age—a 38-year follow-up study. *Physical Education & Sport Pedagogy, 13*(4), 319-343. Eime, R. M., Young, J. A., Harvey, J. T., Charity, M. J., y Payne, W. R. (2013). A systematic review of the psychological and social benefits of participation in sport for children and adolescents: informing development of a conceptual model of health through sport. *International Journal of Behavioral Nutrition and Physical Activity, 10*(1), 98. Fossati, C., Torre, G., Vasta, S., Giombini, A., Quaranta, F., Papalia, R., y Pigozzi, F. (2021). Physical Exercise and Mental Health: The Routes of a Reciprocal Relation. *International journal of environmental research and public health, 18*(23), 12364.

87. Rhodes, R. E., Fiala, B., y Conner, M. (2009). A Review and Meta-Analysis of Affective Judgments and Physical Activity in Adult Populations. *Annals of Behavioral Medicine, 38*(3), 180-204. Rhodes, R. E., y Kates, A. (2015). Can the Affective Response to Exercise Predict Future Motives and Physical Activity Behavior? A Systematic Review of Published Evidence. *Annals of Behavioral Medicine, 49*(5), 715-731. Jekauc, D., y Brand, R. (2017). Editorial: How do Emotions and Feelings Regulate Physical Activity? *Frontiers in Psychology, 8.*

88. Carrera, M., Royer, H., Stehr, M., y Sydnor, J. (2018). Can financial incentives help people trying to establish new habits? Experimental evidence with new gym members. *Journal of Health Economics, 58*, 202-214.

89. En realidad, más que la motivación, la clave es ver el deporte como una experiencia autotélica. Según parece, ver el ejercicio desde los ojos de un niño —en palabras adultas «como algo lúdico concebido como un fin en sí mismo»—, tiene más probabilidad de mejorar el bienestar y aliviar la carga alostática que practicar deporte por cosas de adultos —evadirnos de nuestros problemas, tener los bíceps de Schwarzenegger o perder peso [Jetzke, M. y Mutz, M. (2020). Sport for Pleasure, Fitness, Medals or Slenderness? Differential Effects of Sports Activities on Well-Being. Applied Research in Quality of Life, Springer. *International Society for Quality-of-Life Studies, vol. 15*(5), pp. 1519-1534.]—. Y si a esto le sumamos un entorno social sano y relajado, los resultados son asombrosos [Maturo, C. C., y Cunningham, S. A. (2013). Influence of Friends on Children's Physical Activity: A Review. *American Journal of Public Health, 103*(7), e23-e38. Alvariñas-Villaverde, M., Giménez-de Ory, E., Toja-Reboredo, B., y González-Valeiro, M. (2021). Sport practice with friends and perceived physical competence as predictors of physical activity in adolescents. *Journal of Human Sport and Exercise, 0.*]. Después de todo, el verdadero motivo por el que hacemos la cosas —ese que todavía nos cuesta admitir en sociedad y que en el fondo muchos compartimos— impacta directamente sobre la carga alostática [Ross, S. R., y Keiser, H. N. (2014). Autotelic personality through a five-factor lens: Individual differences in flow-propensity. *Personality and Individual Differences, 59*, 3-8. Tse, D. C. K., Nakamura, J., y Csikszentmihalyi, M. (2020). Living well by «flowing» well: The indirect effect of autotelic personality on well-being through flow experience. *The Journal of Positive Psychology*, 1-12.

90. Warburton, D. E., Charlesworth, S., Ivey, A., Nettlefold, L., y Bredin, S. S. (2010). A systematic review of the evidence for Canada's Physical Activity Guidelines for Adults. *The international journal of behavioral nutrition and physical activity, 7*, 39. World Health Organization. Recommended levels of physical activity for adults aged 18-64 years. 2012.

91. Colley, R. C., Garriguet, D., Janssen, I., Craig, C. L., Clarke, J., y Tremblay, M. S. (2011). Physical activity of Canadian adults: accelerometer results from the 2007 to 2009 Canadian Health Measures Survey. *Health reports, 22*(1), 7-14. Troiano, R. P.,

Berrigan, D., Dodd, K. W., Mâsse, L. C., Tilert, T., y McDowell, M. (2008). Physical activity in the United States measured by accelerometer. *Medicine and science in sports and exercise, 40*(1), 181-188.

92. Eöry, A., Békési, D., Eöry, A., y Rózsa, S. (2021). Physical Exercise as a Resilience Factor to Mitigate COVID-Related Allostatic Overload. *Psychotherapy and Psychosomatics, 90*(3), 200-206. Schuch, F. B., y Vancampfort, D. (2021). Physical activity, exercise, and mental disorders: it is time to move on. *Trends in psychiatry and psychotherapy, 43*(3), 177-184.

93. Pedersen, B. K., y Saltin, B. (2015). Exercise as medicine - evidence for prescribing exercise as therapy in 26 different chronic diseases. *Scandinavian journal of medicine & science in sports, 25 Suppl 3*, 1-72.

94. Ruegsegger, G. N., y Booth, F. W. (2018). Health Benefits of Exercise. *Cold Spring Harbor perspectives in medicine, 8*(7), a029694.

95. Loneliness And The WorkPlace: 2020 U. S. Report. Consultado el 12 de septiembre de 2022 en <https://www.cigna.com/static/www-cigna-com/docs/about-us/newsroom/studies-and-reports/combatting-loneliness/cigna-2020-loneliness-report.pdf>.

96. Holt-Lunstad, J., y otros (2010). «Social relationships and mortality risk: a meta-analytic review». *PLoS Med. Vol. 7*(7). Ref.: e1000316-e1000316. Holt-Lunstad, J., Smith, T. B., Baker, M., Harris, T., y Stephenson, D. (2015). Loneliness and Social Isolation as Risk Factors for Mortality. *Perspectives on Psychological Science, 10*(2), 227-237. Rico, L. A., y otros (2016). «Loneliness, Social Networks, and Health: A Cross-Sectional Study in Three Countries.» *PLoS ONE. Vol 11*(1).

97. En un estudio clásico, un grupo considerable de investigadores registró los lazos sociales de 6 928 personas en el condado de Alameda (California). Hicieron un seguimiento exhaustivo de su salud durante nueve años para llegar a la conclusión de que aquellas personas que carecen de vínculos sociales y comunitarios tienen más probabilidades de estirar la pata, independientemente tanto de su estado de salud en el momento de la entrevista como de su cuenta bancaria, hábitos alimenticios, vicios reconocidos y actividad física [Berkman, L. F., y Syme, S. L. (1979). Social networks, host resistance, and mortality: a nine-year follow-up study of Alameda County residents. *American journal of epidemiology, 109*(2), 186-204.]. El dato citado en el texto puedes encontrarlo en [Holt-Lunstad, J., y otros (2010). Social relationships and mortality risk: a meta-analytic review. *PLoS Med. Vol. 7*(7). Ref.: e1000316-e1000316.].

98. Turner-Cobb, J. M., Sephton, S. E., Koopman, C., Blake-Mortimer, J., y Spiegel, D. (2000). Social Support and Salivary Cortisol in Women With Metastatic Breast Cancer. *Psychosomatic medicine, 62*(3), 337-345.

99. Turner-Cobb, J. M., Sephton, S. E., Koopman, C., Blake-Mortimer, J., y Spiegel, D. (2000). Social Support and Salivary Cortisol in Women With Metastatic Breast Cancer. *Psychosomatic Medicine, 62*(3), 337-345.

100. Dunbar, R. I. M., Baron, R., Frangou, A., Pearce, E., Van Leeuwen, E. J. C., Stow, J., Partridge, P., MacDonald, I., Barra, V., y Van Vugt, M. (2012). Social laughter is correlated with an elevated pain threshold. *Proceedings of the Royal Society, London, 279B*, 1161-1167.

101. Tarr, B., Launay, J., Cohen, E., y Dunbar, R. (2015). Synchrony and exertion during dance independently raise pain threshold and encourage social bonding. *Biology Letters, 11*(10), 20150767. Tarr, B., Launay, J., y Dunbar, R. I. M. (2016). Silent disco: dancing in synchrony leads to elevated pain thresholds and social closeness. *Evolution and Human Behavior, 37*(5), 343-349.

102. Dunbar, R. I. M., Teasdale, B., Thompson, J., Budelmann, F., Duncan, S., Van Emde Boas, E., y Maguire, L. (2016). Emotional arousal when watching drama increases pain threshold and social bonding. *Royal Society Open Science, 3*(9), 160288.

103. Pearce, E., Launay, J., y Dunbar, R. I. M. (2015). The ice-breaker effect: singing mediates fast social bonding. *Royal Society Open Science, 2*(10), 150221.

104. Sarkar, D. K., Sengupta, A., Zhang, C., Boyadjieva, N., y Murugan, S. (2012). Opiate Antagonist Prevents μ- and a-Opiate Receptor Dimerization to Facilitate Ability of Agonist to Control Ethanol-altered Natural Killer Cell Functions and Mammary Tumor Growth. *Journal of Biological Chemistry, 287*(20), 16734-16747.

105. Oliver, G., Wardle, J., y Gibson, E. L. (2000). Stress and food choice: a laboratory study. *Psychosomatic medicine, 62*(6), 853-865. Rutters, F., Nieuwenhuizen, A. G., Lemmens, S. G., Born, J. M., y Westerterp-Plantenga, M. S. (2009). Acute stress-related changes in eating in the absence of hunger. *Obesity (Silver Spring, Md.), 17*(1), 72-77. Block, J. P., He, Y., Zaslavsky, A. M., Ding, L., y Ayanian, J. Z. (2009). Psychosocial stress and change in weight among US adults. *American journal of epidemiology, 170*(2), 181-192. Jastreboff, A. M., Sinha, R., Lacadie, C., Small, D. M., Sherwin, R. S., y Potenza, M. N. (2013). Neural correlates of stress- and food cue-induced food craving in obesity: association with insulin levels. *Diabetes care, 36*(2), 394-402.

106. Wehling, H., y Lusher, J. M. (2019). Cognitive and Emotional Influences on Eating Behaviour: A Qualitative Perspective. *Nutrition and metabolic insights, 12*, 1178638819855936.

107. Zellner, D. A., Loaiza, S., Gonzalez, Z., Pita, J., Morales, J., Pecora, D., y Wolf, A. (2006). Food selection changes under stress. *Physiology & behavior, 87*(4), 789-793.

108. Macht, M., y Dettmer, D. (2006). Everyday mood and emotions after eating a chocolate bar or an apple. *Appetite, 46*(3), 332-336.

109. Craig, A. D. (2002). How do you feel? Interoception: the sense of the physiological condition of the body. *Nature Reviews Neuroscience, 3*(8), 655-666. Craig, A. D. (2009). How do you feel — now? The anterior insula and human awareness. *Nature Reviews Neuroscience, 10*(1), 59-70.

110. La ínsula es la «televisión mental» que nos permite sintonizar el canal de cómo nos sentimos y es de las primeras estructuras corticales que se desarrollan en el

feto. [Wai, M. S. M., Shi, C., Kwong, W. H., Zhang, L., Lam, W. P., y Yew, D. T. (2008). Development of the human insular cortex: differentiation, proliferation, cell death, and appearance of 5HT-2A receptors. *Histochemistry and Cell Biology, 130*(6), 1199-1204.], en la sexta semana de vida fetal aproximadamente [Kalani, M. Y., Kalani, M. A., Gwinn, R., Keogh, B., y Tse, V. C. (2009)..Embryological development of the human insula and its implications for the spread and resection of insular gliomas. *Neurosurgical focus, 27*(2), E2.]. La estimulación eléctrica de la ínsula provoca sensaciones somáticas y viscerales [Isnard, J., Guénot, M., Sindou, M., y Mauguière, F. (2004). Clinical manifestations of insular lobe seizures: a stereo-electroencephalographic study. *Epilepsia, 45*(9), 1079-1090. Ostrowsky, K., Magnin, M., Ryvlin, P., Isnard, J., Guenot, M., y Mauguière, F. (2002). Representation of pain and somatic sensation in the human insula: a study of responses to direct electrical cortical stimulation. *Cerebral cortex (New York, N.Y.: 1991), 12*(4), 376-385.], y lesiones insulares se asocian con anomalías somatosensoriales y la conciencia corporal [Ibañez, A., Gleichgerrcht, E., y Manes, F. (2010). Clinical effects of insular damage in humans. *Brain structure & function, 214*(5-6), 397-410.].

111. También es posible llevando a cabo un plan de entrenamiento interoceptivo —en la ínsula anterior veremos fuegos artificiales [Critchley, H. D., Wiens, S., Rotshtein, P., Ohman, A., y Dolan, R. J. (2004). Neural systems supporting interoceptive awareness. *Nature Neuroscience, 7*(2), 189-195. Zaki, J., Davis, J. I., y Ochsner, K. N. (2012). Overlapping activity in anterior insula during interoception and emotional experience. *NeuroImage, 62*(1), 493-499. Terasawa, Y., Fukushima, H., y Umeda, S. (2013). How does interoceptive awareness interact with the subjective experience of emotion? An fMRI study. *Human brain mapping, 34*(3), 598-612. Farb, N. A., Segal, Z. V., y Anderson, A. K. (2013). Attentional modulation of primary interoceptive and exteroceptive cortices. *Cerebral cortex (New York, N.Y.: 1991), 23*(1), 114-126. Simmons, W. K., Avery, J. A., Barcalow, J. C., Bodurka, J., Drevets, W. C., y Bellgowan, P. (2013). Keeping the body in mind: insula functional organization and functional connectivity integrate interoceptive, exteroceptive, and emotional awareness. *Human brain mapping, 34*(11), 2944-2958.]. El nivel de Lady GABA insular será proporcional a la capacidad de la persona para percibir su sensación básica [Wiebking, C., Duncan, N. W., Tiret, B., Hayes, D. J., Marjanska, M., Doyon, J., Bajbouj, M., y Northoff, G. (2014). GABA in the insula - a predictor of the neural response to interoceptive awareness. *NeuroImage, 86*, 10-18.]. Normalmente, para medir en el laboratorio la conciencia interoceptiva nos fijamos en qué medida una persona detecta sus señales corporales como, por ejemplo, los latidos de su corazón [Schandry, R. (1981). Heartbeat perception and emotional experience. *Psychophysiology, 18*, 483-488. Schandry, R., Sparrer, B., y Weitkunat, R. (1986). From the heart to the brain: A study of heartbeat contingent scalp potentials. *The International Journal of Neuroscience, 30*, 261-275. Garfinkel, S. N., Seth, A. K., Barrett, A. B., Suzuki, K., y Critchley, H. D. (2015). Knowing your own heart: Dis-

tinguishing interoceptive accuracy from interoceptive awareness. *Biological Psychology, 104*, 65-74. Price, C. J., y Hooven, C. (2018). Interoceptive Awareness Skills for Emotion Regulation: Theory and Approach of Mindful Awareness in Body-Oriented Therapy (MABT). *Frontiers in Psychology, 9*.].

112. Brannigan, M., Stevenson, R. J., y Francis, H. (2015). Thirst interoception and its relationship to a Western-style diet. *Physiology & Behavior, 139*, 423-429. Stevenson, R. J., Mahmut, M., y Rooney, K. (2015). Individual differences in the interoceptive states of hunger, fullness and thirst. *Appetite, 95*, 44-57.

113. López-Cepero, A., O'Neill, J., Tamez, M., Falcón, L. M., Tucker, K. L., Rodríguez-Orengo, J. F., y Mattei, J. (2021). Associations Between Perceived Stress and Dietary Intake in Adults in Puerto Rico. *Journal of the Academy of Nutrition and Dietetics, 121*(4), 762-769. Zhou, M. S., Hasson, R. E., Baylin, A., y Leung, C. W. (2022). Associations between Diet Quality and Allostatic Load in US Adults: Findings from the National Health and Nutrition Examination Survey, 2015-2018. *Journal of the Academy of Nutrition and Dietetics, 122*(12), 2207–2217.

114. Soltani, H., Keim, N. L., y Laugero, K. D. (2018). Diet Quality for Sodium and Vegetables Mediate Effects of Whole Food Diets on 8-Week Changes in Stress Load. *Nutrients, 10*(11), 1606.

115. Wambach, G., Bleienheuft, C., y Bönner, G. (1986). Sodium loading raises urinary cortisol in man. *Journal of endocrinological investigation, 9*(3), 257-259. Lewicka, S., Nowicki, M., y Vecsei, P. (1998). Effect of sodium restriction on urinary excretion of cortisol and its metabolites in humans. *Steroids, 63*(7-8), 401-405. Baudrand, R., Campino, C., Carvajal, C. A., Olivieri, O., Guidi, G., Faccini, G., Vöhringer, P. A., Cerda, J., Owen, G., Kalergis, A. M., y Fardella, C. E. (2014). High sodium intake is associated with increased glucocorticoid production, insulin resistance and metabolic syndrome. *Clinical endocrinology, 80*(5), 677-684.

116. Daniel, M., Guttmann, Y., y Raviv, A. (2011). Cooking and Maslow's hierarchy of needs: a qualitative analysis of amateur chefs' perspectives. *International Journal of Humanities and Social Science, 1*(20), 86-94. Mosko, J. E., y Delach, M. J. (2021). Cooking, Creativity, and Well-Being: An Integration of Quantitative and Qualitative Methods. *The Journal of Creative Behavior, 55*(2), 348-361.

117. Herbert, B. M., Herbert, C., Pollatos, O., Weimer, K., Enck, P., Sauer, H., y Zipfel, S. (2012). Effects of short-term food deprivation on interoceptive awareness, feelings and autonomic cardiac activity. *Biological Psychology, 89*(1), 71-79.

Capítulo 10. El último experimento

1. Brown, K. W., y Ryan, R. M. (2003). The benefits of being present: mindfulness and its role in psychological well-being. *Journal of personality and social psycho-*

logy, 84(4), 822-848. Campbell-Sills, L., Barlow, D. H., Brown, T. A., y Hofmann, S. G. (2006). Acceptability and suppression of negative emotion in anxiety and mood disorders. *Emotion, 6*(4), 587-595. Jazaieri, H., McGonigal, K., Jinpa, T., Doty, J. R., Gross, J. J., y Goldin, P. R. (2013). A randomized controlled trial of compassion cultivation training: Effects on mindfulness, affect, and emotion regulation. *Motivation and Emotion, 38*(1), 23-35. Dickenson, J., Berkman, E. T., Arch, J., y Lieberman, M. D. (2013). Neural correlates of focused attention during a brief mindfulness induction. *Social cognitive and affective neuroscience, 8*(1), 40-47. Bunjak, A., Černe, M., y Schölly, E. L. (2022). Exploring the past, present, and future of the mindfulness field: A multitechnique bibliometric review. *Frontiers in psychology, 13*, 792599.

2. Lang, P. J., Greenwald, M. K., Bradley, M. M., y Hamm, A. O. (1993). Looking at pictures: affective, facial, visceral, and behavioral reactions. *Psychophysiology, 30*(3), 261-273. Bradley, M. M., y Lang, P. J. (2007). The International Affective Picture System (IAPS) in the study of emotion and attention. En: J. Coan, A, y Allen, J. J. (Eds.). *Handbook of emotion elicitation and assessment*. Oxford University Press. (pp. 29-46).

3. Eisenberger, N. I., Lieberman, M. D., y Williams, K. D. (2003). Does rejection hurt? An FMRI study of social exclusion. *Science (New York, N.Y.), 302*(5643), 290-292. Singer, T., Seymour, B., O'Doherty, J., Kaube, H., Dolan, R. J., y Frith, C. D. (2004). Empathy for pain involves the affective but not sensory components of pain. *Science (New York, N.Y.), 303*(5661), 1157-1162. Xu, X., Zuo, X., Wang, X., y Han, S. (2009). Do you feel my pain? Racial group membership modulates empathic neural responses. *The Journal of neuroscience, 29*(26), 8525-8529. Timmers, I., Park, A. L., Fischer, M. D., Kronman, C. A., Heathcote, L. C., Hernandez, J. M., y Simons, L. E. (2018). Is Empathy for Pain Unique in Its Neural Correlates? A Meta-Analysis of Neuroimaging Studies of Empathy. *Frontiers in behavioral neuroscience, 12*, 289. Zhang, Ming, Zhang, Yuqi, y Kong, Yazhuo (2019). Interaction between social pain and physical pain. *Brain Science Advances, 5*(4), 265-273.

4. Tracey, I., y Mantyh, P. W. (2007). The cerebral signature for pain perception and its modulation. *Neuron, 55*(3), 377-391. Reddan, M. C., y Wager, T. D. (2018). Modeling Pain Using fMRI: From Regions to Biomarkers. *Neuroscience bulletin, 34*(1), 208-215.

5. En el ámbito del sabelotodo y la cerebrito hablaríamos del «efecto posesión» [Kahneman, D., Knetsch, J. L., y Thaler, R. H. (1990). Experimental tests of the endowment effect and the Coase theorem. *Journal of political Economy, 98*(6), 1325-1348.] y daríamos detalles exhaustivos acerca de cómo el cerebro categoriza un recipiente vacío hasta obtener un significado autorreferencial. Aquí referencias anatómicas [Amodio, D. M., y Frith, C. D. (2006). Meeting of minds: the medial frontal cortex and social cognition. *Nature Reviews Neuroscience, 7*(4), 268-277. Northoff, G., Heinzel, A., de Greck, M., Bermpohl, F., Dobrowolny, H., y Panksepp, J. (2006). Self-referential processing in our brain: a meta-analysis of imaging

studies on the self. *NeuroImage, 31*(1), 440-457. Mason, M. F., Norton, M. I., Van Horn, J. D., Wegner, D. M., Grafton, S. T., y Macrae, C. N. (2007). Wandering Minds: The Default Network and Stimulus-Independent Thought. *Science, 315*(5810), 393-395. Van Buuren, M., Gladwin, T. E., Zandbelt, B. B., Kahn, R. S., y Vink, M. (2010). Reduced functional coupling in the default-mode network during self-referential processing. *Human brain mapping, 31*(8), 1117-1127.].

6. La línea media de la corteza cerebral es, a los ojos de la neurociencia, un todo desde el punto de vista estructural y funcional [Northoff, G., y Bermpohl, F. (2004). Cortical midline structures and the self. *Trends in Cognitive Sciences, 8*(3), 102-107.]. Además, es más agradecido decir «línea media» que enumerar sus zonas minuciosamente: corteza prefrontal orbital medial, ventromedial y dorsomedial, córtex cingulado anterior sub/pre, supragenual y posterior, corteza parietal medial y la corteza retrosplenial [Gillihan, S. J., y Farah, M. J. (2005). Is Self Special? A Critical Review of Evidence From Experimental Psychology and Cognitive Neuroscience. *Psychological Bulletin, 131*(1), 76-97.].

7. Durante el primer año de vida, entre los muchos aprendizajes que tenemos por delante, debemos aprender a diferenciar entre el mundo y «yo». Entre los quince y los dieciocho meses de edad los seres humanos ya diferenciamos el recipiente vacío «cuerpo humano» del revoltijo de información llamado «mundo» [Slaughter, V., y Heron, M. (2004). Origins and early development of human body knowledge. *Monographs of the Society for Research in Child Development, 69*(2), vii-102. Brownell, C. A., Zerwas, S., y Ramani, G. B. (2007). «So big»: the development of body self-awareness in toddlers. *Child development, 78*(5), 1426-1440.].

8. Kahneman, D., Knetsch, J. L., y Thaler, R. H. (1990). Experimental tests of the endowment effect and the Coase theorem. *Journal of political Economy, 98*(6), 1325-1348. Knutson, B., Wimmer, G. E., Rick, S., Hollon, N. G., Prelec, D., y Loewenstein, G. (2008). Neural antecedents of the endowment effect. Neuron, 58(5), 814-822. Morewedge, C. K., y Giblin, C. E. (2015). Explanations of the endowment effect: an integrative review. *Trends in cognitive sciences, 19*(6), 339-348.

9. Hofstede, G. (1991). Empirical models of cultural differences. En: Drenth, P. J. D., y Bleichrodt, N. (Eds.). *Contemporary issues in cross-cultural psychology Lisse.* Swets y Zeitlinger. (pp. 4-20). Nisbett, R. E., Peng, K., Choi, I., y Norenzayan, A. (2001). Culture and systems of thought: holistic versus analytic cognition. *Psychological review, 108*(2), 291-310. Oyserman, D., Coon, H. M., y Kemmelmeier, M. (2002). Rethinking individualism and collectivism: Evaluation of theoretical assumptions and meta-analysis. *Psychological Bulletin, 128*, 3-72. Nisbett, R. E. (2003). *The geography of thought: How Asians and Westerners think differently…, and why.* New York: Free Press. Lehman, D. R., Chiu, C. Y., y Schaller, M. (2004). Psychology and culture. *Annual review of psychology, 55*, 689-714.

10. Nakamura, H. (1985). *Ways of thinking of Eastern peoples.* University of Hawaii Press. (Obra original publicada en 1964). Munro, D. J. (1985). Introduction.

En: Munro, D. (Ed.). *Individualism and holism: Studies in Confucian and Taoist values.* University of Michigan, Center for Chinese Studies.

11. Chua, H. F., Boland, J. E., y Nisbett, R. E. (2005). Cultural variation in eye movements during scene perception. *Proceedings of the National Academy of Sciences, 102*, 12629-12633.

12. Masuda, T., y Nisbett, R. E. (2001). Attending holistically versus analytically: comparing the context sensitivity of Japanese and Americans. *Journal of personality and social psychology, 81*(5), 922-934.

13. Presson, P. K., y Benassi, V. A. (1996). Illusion of control: A metaanalytic review. *Journal of Social Behavior and Personality, 11*, 493-510. Ji, L.-J., Peng, K., y Nisbett, R. E. (2000). Culture, control, and perception of relationships in the environment. *Journal of Personality and Social Psychology, 78*(5), 943-955.

14. La ilusión de control vendría a ser, así a lo bruto, inflar la expectativa de probabilidad de éxito personal muy por encima de la probabilidad real: Langer, E. J. (1975). The illusion of control. *Journal of Personality and Social Psychology, 32*, 311-328.

15. El estudio en cuestión utiliza para detectar la mentalidad una escala de cuarenta ítems: Choi, I., Koo, M., y Jong An Choi (2007). Individual differences in analytic versus holistic thinking. *Personality and social psychology bulletin, 33*(5), 691-705. Sobre si el entrenamiento puede cambiar la mentalidad: Kitayama, S., Duffy, S., Kawamura, T., y Larsen, J. T. (2003). Perceiving an object and its context in different cultures: a cultural look at new look. *Psychological science, 14*(3), 201-206. Koo, M., y Choi, I. (2005). Becoming a holistic thinker: training effect of oriental medicine on reasoning. *Personality and social psychology bulletin, 31*(9), 1264-1272.

Tú has escrito este libro ha sido posible gracias al trabajo
de su autor, David del Rosario, así como del ilustrador Ed Carosia,
la correctora Laura Vaqué, el diseñador José Ruiz-Zarco,
el equipo de Realización Planeta, la maquetista Toni Clapés,
la directora editorial Marcela Serras, la editora ejecutiva
Rocío Carmona, la editora Ana Marhuenda,
y el equipo comercial, de comunicación
y marketing de Diana.

En Diana hacemos libros que fomentan
el autoconocimiento e inspiran a los lectores
en su propósito de vida. Si esta lectura te ha gustado,
te invitamos a que la recomiendes y que así, entre todos,
contribuyamos a seguir expandiendo
la conciencia.